植物基础
与植物分类

◎ 李永金　朱建玲　马玉兰　主编

中国农业科学技术出版社

图书在版编目（CIP）数据

植物基础与植物分类 / 李永金，朱建玲，马玉兰主编． -- 北京：中国农业科学技术出版社，2024. 9.
ISBN 978-7-5116-7094-6

Ⅰ．Q949

中国国家版本馆 CIP 数据核字第 2024KJ8465 号

责任编辑　刁　毓
责任校对　马广洋
责任印制　姜义伟　王思文

出 版 者　中国农业科学技术出版社
　　　　　北京市中关村南大街 12 号　　邮编：100081
电　　话　（010）82106641（编辑室）　（010）82106624（发行部）
　　　　　（010）82109709（读者服务部）
网　　址　https://castp.caas.cn
经 销 者　各地新华书店
印 刷 者　北京捷迅佳彩印刷有限公司
开　　本　185 mm×260 mm　1/16
印　　张　20.75
字　　数　435 千字
版　　次　2024 年 9 月第 1 版　2024 年 9 月第 1 次印刷
定　　价　68.00 元

内容简介

　　本教材是高等职业教育植物生产类专业基础课教材，是根据高等职业教育培养"高素质技术技能人才"目标要求，由学校主导、校企合作开发，学校教师和企业专家共同编写的高等职业教材，在编写前编者对相关植物生产类企业进行了调研，了解了"植物基础与植物分类"课程对应岗位对学生识别植物的能力要求，并根据当前高等职业教育教学改革的主要目标和方向，以强化学生能力和素质培养为基本出发点，重新组合了教学内容，以项目任务为载体，以行动导向六步法（任务准备→任务筹划→任务实施→任务演练→任务检测→任务评价）教学模式为依据设计工作任务，体现理实一体化教学理念，突出实践。通过学习，学生能够掌握"必需、够用"的植物分类基本理论，能够识别北方地区常见牧草、作物、园林植物等植物种类。

　　本教材分为7个项目，分别为了解植物细胞学知识、被子植物营养器官的结构、被子植物繁殖器官的结构、掌握植物分类方法、识别常见饲用植物和毒杂草、识别常见栽培作物、识别青藏高原常见观赏植物等。本书可以作为高职高专草业技术、园林、种植等相关专业学生的教材，也可供中等职业学校和成人教育院校相关专业选用。

编写委员会

主　　编　李永金（青海农牧科技职业学院）

　　　　　　朱建玲（青海省湟中区西堡镇中心学校）

　　　　　　马玉兰（锡林郭勒职业学院）

副 主 编　周雪平（青海农牧科技职业学院）

　　　　　　欧阳亚琴（青海农牧科技职业学院）

　　　　　　刘　杰（西藏职业技术学院）

参　　编　张东杰（青海农牧科技职业学院）

　　　　　　闫国苍（青海农牧科技职业学院）

　　　　　　郑艳霞（青海农牧科技职业学院）

　　　　　　王晓蒙（青海农牧科技职业学院）

　　　　　　田广庆（青海农牧科技职业学院）

　　　　　　徐少南（青海农牧科技职业学院）

　　　　　　靳　伟（青海农牧科技职业学院）

　　　　　　苗金萍（青海农牧科技职业学院）

　　　　　　杨晓龙（青海农牧科技职业学院）

　　　　　　马小雯（青海农牧科技职业学院）

　　　　　　颜昌兰（青海农牧科技职业学院）

　　　　　　格桑卓玛（青海省乡村产业发展指导中心）

行业编者　陈贵林（青海颐林生态有限责任公司）

主　　审　汪新川（青海省草原改良试验站）

前言

"植物基础与植物分类"是草业技术、园林技术及作物生产与经营管理等相关专业的基础课程之一。本教材以"智能化＋融媒体＋新形态"形式组织编写，内容丰富，体例新颖，以被子植物的生活史为主线，系统介绍了植物的细胞学知识、植物的营养器官与繁殖器官的形态及解剖结构，融汇了植物分类的形态学基础知识，重点介绍了青藏高原常见牧草种类、草原及饲草地常见杂类草及毒杂草；青藏高原常见栽培作物的种类，包括粮食作物、常见蔬菜及果菜的种类；青藏高原常见的园林观赏植物的种类。本书具有以下显著特点。

第一，任务驱动。本书分为7个项目28项任务，按照行动导向六步法，对每项任务设计了"任务准备→任务筹划→任务实施→任务演练→任务检测→任务评价"实操流程，全程以行动为导向，同时穿插"知识准备"模块，合理引入植物基础与植物分类的理论知识及丰富的植物图片、教学课件等资源，做到了理实一体化教学。

第二，无缝衔接、渗透思政。以践行习近平生态文明思想为主线，设计了植物基础与植物分类课程的思政目标，把植物基础与植物分类教学与思政教育融为一体，实现思政目标的有机融入。

第三，资源丰富、方便教学。本书配套资源丰富，包括拓展资源、在线测试题等，极大地方便了教师的课程教学与学习者的自主学习。

第四，平台支撑，在线跟踪。为方便植物基础与植物分类课程的教师教学与学生自学，配套专业化的融媒体平台；学习者可以在平台上实时进行在线自学、在线提问和在线测试。教师能够实时跟踪学生的自主学习动态，学生能够全天候进行自主学习。

本教材由李永金、朱建玲、马玉兰任主编，周雪平、欧阳亚琴、刘杰任副主编，汪新川任主审，张东杰、闫国苍、郑艳霞、王晓蒙、田广庆、徐少南、靳伟、苗金萍、杨晓龙、马小雯、颜昌兰、格桑卓玛、陈贵林参编。具体分工为：李永金编写项目五任务一、二、三、五并负责全书统稿，朱建玲编写项目四任务一、二、三、四，马玉兰编写项目一任务一、二、三，周雪平编写项目七任务一，欧阳亚琴编写项目三任务一，刘杰编写项目五任务四、项目六任务二，张东杰编写项目三任务二，闫国苍编写项目七任务四，郑艳霞编写项目二任务一、二、三，王晓蒙编写项目七任务三，田广庆编写项目六任务一，徐少南编写项目三任务三，靳伟编写项目三任务四，苗金萍编写项目二任务四，杨晓龙编写项目三任务五，马小雯编写项目六任务二，颜昌兰编写项目六任务三，陈贵林、格桑卓玛编写项目七任务二。

本书编写过程中，参阅了崔大方老师主编的《植物分类学（第三版）》以及《中国植物志》《青海植物志》等书籍，吸取了相关专家学者的研究成果和有益的经验，在此谨向原作者表示衷心感谢！由于编者水平有限，再加上编写体例创新，打破了传统分类学教材编写模式，书中错漏和不足之处在所难免，敬请专家学者和广大读者批评指正。

编　者
2024 年 3 月

目 录

项目一 了解植物细胞学知识

项目导读

从生命出现至今，地球经历了近35亿年的漫长发展和进化过程，形成了200多万种的现存生物。植物在地球上分布极广，从赤道至两极地带，从平地到高山，从海洋到陆地，都有其踪迹。植物在不同的生态环境中形成的营养方式和生态习性多种多样。本项目旨在了解植物的基本特征，掌握植物细胞、组织的结构类型，掌握细胞繁殖的方式，对于我们认识植物有着重要的意义。

知识目标

了解植物的基本特征，熟练掌握细胞的形态、结构、繁殖方式，以及植物组织的类型。

能力目标

能够正确识别植物显微结构，掌握植物的多样性特征，掌握细胞的基本结构及功能，学会利用生物显微镜制作切片，观察植物细胞及组织的方法，能够将植物细胞学知识应用到生产实践工作。

素养+思政目标

提升动手操作能力，学会使用生物显微镜观察植物细胞、组织等，并将植物细胞学知识融会贯通。提升生态环保理念，保护植物多样性，保护环境。

任务一　了解植物细胞的显微结构

任务导入

现有一棵植物，请基于所学知识和方法，利用显微镜观察了解植物细胞的显微结构。

任务 准备

● 知识准备

1　植物的特征

18世纪瑞典的生物学家林奈将生物划分为两大界：植物界和动物界。随着生命科学研究的不断发展，人们对生物认识逐步深化，对生物的划分原则提出了不同的见解。根据两界系统一般认为植物有以下基本特征：具有细胞壁（纤维素、半纤维素）；绿色植物可借助阳光、非绿色植物可借助化学能将简单的无机物制造为复杂的有机物，行自养生活；大多数植物在个体发育过程中能不断产生新的器官或组织结构，即具有无限生长的特性。

植物学是研究植物（界）的生活和发展规律及其与环境和人类的相互关系的科学。研究的目的在于全面了解植物、利用植物和保护植物，使植物更好地为人类的生活和生产服务。

植物学基础的知识内容包括植物的形态解剖部分和系统分类的基础知识两大部分。植物的形态解剖部分主要讲授植物的细胞和组织、根、茎、叶、花和果实各器官的主要特征，植物的生长、发育的基础知识；在系统分类部分主要介绍种子植物分类的基本知识和常见主要科的一般特征以及代表属种的特征。

2　植物的多样性

从生命出现至今，地球经历了近35亿年的漫长发展和进化过程，形成了200多万种的现存生物。按两界系统，植物界约有50余万种，约占现存生物的1/4，包括：藻类、菌类、地衣类、苔藓植物、蕨类植物和种子植物六大类群。

植物在地球上分布极广，从赤道至两极地带，从平地到高山，从海洋到陆地，都有其踪迹。植物在不同的生态环境中形成的营养方式和生态习性多种多样。植物的形态结构各式各样、大小悬殊，有小到几纳米的单细胞个体，也有高达数百米有复杂的组织和结构的高大乔木。植物的寿命也长短不一，有生活几分钟后就传代的细菌，有一年生、二年生的草本，也有寿命长达数千年的多年生乔木，如柏树。因此，植物的多样性是指自然界植物自身及与其生存环境所发生的各种关系的总和。

3　植物细胞的概念

细胞是除病毒外的一切生物体的基本结构和功能单位，是生命物质——原生质的存在形式。在自然界，存在各种各样的美丽植物，有大树、小草，千姿百态，在显微镜下，可以看到成千上万种植物都是由细胞构成的。细胞不仅是植物结构单位，也是功能单位。细胞可分为原核细胞和真核细胞两大类。细胞具有运动、营养和繁殖等功能，是生物生长发育的基础，也是遗传的基本单位，具有遗传的全能性。最简单的生物体仅由一个细胞组成。而复杂的生物，如蘑菇等低等植物，以及所有的高等植物都是由几十甚至上亿个细胞所组成的。植物细胞和动物细胞在结构上有所不同，植物细胞具有细胞壁和质体，动物细胞则有中心体。

4 植物细胞的形状和大小

4.1 植物细胞的形状

植物细胞的形状是多种多样的，有圆球形、多面体形、纺锤形、长梭形、管状、长柱形、分枝状等（图1-1）。

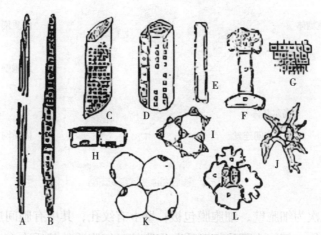

图1-1 种子植物各种形状的体细胞

注：A为纤维；B为管胞；C为导管分子；D为筛管分子和伴胞；E为木薄壁组织细胞；F为分泌毛；G为分生组织细胞；H为表皮细胞；I为厚角组织细胞；J为分枝状石细胞；K为薄壁组织细胞；L为表皮和保卫细胞。

理论上典型的未经分化的薄壁细胞是十四面体结构，由于适应不同的功能，出现了多种多样的形状。细胞的形状主要取决于担负的生理功能及其所处的环境条件。例如，种子植物的导管细胞，在长期适应输导水分和无机盐的情况下，细胞呈长筒形，并连接成相通的"管道"；又如，起支持作用的纤维细胞，一般呈长梭形，并聚集在一起，实现加强支持的作用。细胞形状的多样性，也体现了功能决定形态、形态适应于功能这样一个规律。

4.2 植物细胞的大小

植物细胞是很小的，一般种子植物的细胞直径为10～100 μm，最小的球菌细胞直径只有0.5 μm，也有些细胞是肉眼可见的，如棉花种子表皮细胞长达75 mm，苎麻纤维细胞为550 mm，番茄、西瓜果肉细胞直径为1 mm。绝大多数植物细胞体积都很小，体积小，则表面积大，有利于和外界进行物质交换，对细胞生活具有重要意义。

5   植物细胞的基本结构

植物细胞虽然大小不一，形状多样，但一般都具有相同的基本结构，即都由原生质体和细胞壁组成（图1-2）。

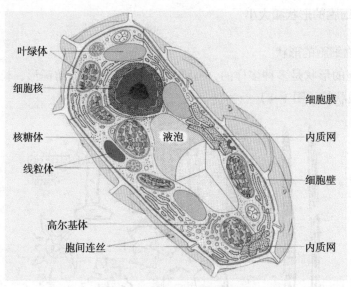

图 1-2   植物细胞结构模式图

细胞表面依次为细胞壁、细胞膜包被；壁上有纹孔，其中有胞间连丝穿过，形成细胞间的联络结构；细胞内部为细胞质与细胞核，细胞质的基质内有多种细胞器及细胞骨架系统。此外，还有一些细胞代谢产物，如蛋白质、淀粉等，常呈一定结构分布于细胞质内，统称后含物。

5.1   原生质体

原生质是细胞内有生命活性的物质。一般将细胞内由原生质组成的各种结构，统称为原生质体，包括细胞质和细胞核。它是细胞内有生命的物质，是细胞的最主要部分，细胞的一切代谢活动都在这里进行。

5.1.1   细胞核

植物中除了最低等的类群——细菌和蓝藻外，所有的生活细胞都具有细胞核，在真核细胞中，除高等植物成熟的筛管以及哺乳类动物成熟的红细胞外，都含有细胞核（图1-3）。细胞核是生活细胞中最显著的结构。细胞内的遗传物质脱氧核糖核酸（DeoxyriboNucleic Acid, DNA）几乎全部存在于核内，它控制蛋白质的合成，控制细胞的生长、发育和遗传。因此，细胞核被强调为"细胞的控制中心"，在细胞遗传和代谢方面起着主导作用。

细胞核一般呈球形或椭圆形，存在于细胞质内。高等植物细胞核的直径为5～10 μm，低等植物的细胞核直径一般在1～4 μm。通常一个细胞只有一个细胞核，少数也有两个或多个。

在细胞的生活周期内，细胞核有两个不同时期：分裂间期和分裂期。间期核的结构可分为核膜、核仁、核质三部分。

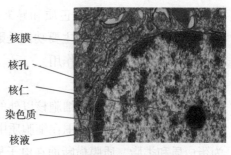

（1）核膜。核膜（图1-4）是双层膜，包被在核的外围，有时外膜上附有核糖体，在一定的部位，外膜可以向外延伸到细胞质中并和内质网相连，内膜光滑。两层膜在一定

图1-3　细胞核的结构组成

间隔愈合形成小孔，称为核孔。核孔是控制细胞核与细胞质之间物质交换的通道。核孔很小，随着植物的生理状况不同，核孔可以开或闭。例如，分蘖盛期小麦的核孔相对较大，随着温度的降低，抗寒品种小麦的核孔逐渐关闭，而不抗寒品种小麦的核孔却依然张开。

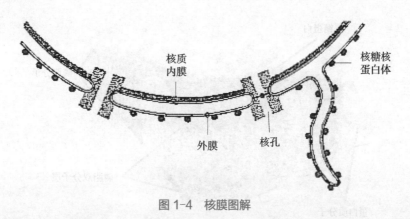

图1-4　核膜图解

（2）核仁。一般核中有一个核仁，但也有不少细胞有两个以上核仁。核仁中的成分有蛋白质、核糖核酸（Ribonucleic Acid, RNA）和DNA。核仁的结构也十分复杂，是合成RNA的场所。核仁是合成和贮藏RNA的场所，形成细胞质的核蛋白体的亚单位。

（3）核质。核仁以外，核膜以内的物质是核质。核质分为核液和染色质。无结构。

①核液为充满核内空隙的无定形基质，其中布满细丝构成的网络，染色质悬浮其上。核液中含有蛋白质、RNA（包括信使RNA和转移RNA）和多种酶，这些物质保证了DNA的复制和RNA的转录。

②染色质是指细胞核内易于被碱性染料（如洋红、苏木精、龙胆紫等）染上颜色的物质，这些物质是由DNA、蛋白质（组蛋白和非组蛋白）和少量RNA组成。在光学显微镜下呈现颗粒状、块状、细丝状交织成网状的结构。染色质存在于间期细胞核内，是细胞间期遗传物质的存在形式。实质上染色质就是间期核内伸展开来的DNA-

蛋白质纤维。可分为常染色质和异染色质两部分。DNA 是染色质中的主要成分，是遗传物质。因此细胞核的主要功能是贮存和传递遗传信息。此外，细胞核对细胞的生理活动，也起重要的控制作用。

5.1.2　细胞质

细胞质是质膜以内、细胞核以外的原生质，包括质膜、细胞器和胞基质三部分。

（1）质膜。质膜是包围在细胞质中表面的一层薄膜。厚度为 6～10 nm。基本成分为蛋白质和类脂。质膜横断面在电子显微镜下呈现"暗－明－暗"三条平行带，暗带由蛋白质分子组成，明带由脂类物质组成，称为单位膜。1972 年，有学者在"单位膜"模型的基础上提出"流动镶嵌模型"，强调膜的流动性和膜蛋白分布的不对称性。脂质双分子层构成膜的骨架，蛋白质结合在脂质双分子层的内外表面，嵌入脂质双分子层或者贯穿整个双分子层（图 1-5）。膜及其组成物质是高度动态的、易变的，脂质和蛋白质都有一定的流动性，使膜的结构处于不断变动状态。

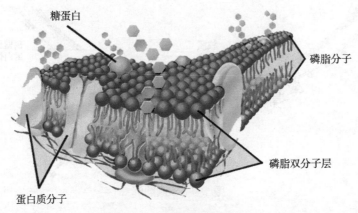

糖蛋白

磷脂分子

磷脂双分子层

蛋白质分子

图 1-5　质膜的结构示意图

细胞膜使细胞的内外环境分隔开，为生命活动提供相对稳定的内环境；具有"选择透性"，控制膜内外之间的物质交换，选择性地进行物质运输；参与主动运输，被动运输和胞饮作用，为多种酶提供结合位点，使酶促反应高效而有序进行；提供细胞识别位点，完成细胞内外信息跨膜传递；促进纤维素合成和微纤丝的组装。随着研究的深入，质膜的功能还将不断地被认识。

（2）细胞器。细胞器是细胞质中具有一定的形态结构和具有特定功能的小"器官"。

①质体。质体是植物细胞特有的细胞器，它与碳水化合物的合成与贮藏有密切关系，幼期未分化成熟的质体，称为前质体。分化成熟的质体可根据其颜色和功能不同，分为叶绿体、有色体和白色体三种主要类型。

a. 叶绿体。高等植物的叶绿体（图 1-6）主要存在于叶肉细胞内，含有叶绿素。电子显微镜观察表明：叶绿体外有光滑的双层单位膜，内膜向内叠成内囊体，若干内囊体垛叠成基粒。基粒内的某些内囊体内向外伸展，连接不同基粒。连接基粒的类囊体部分，称为基质片层；构成基粒的类囊体部分，称为基粒片层。在个体发育上，叶绿体来自前质体，由前质体发育成叶绿体。

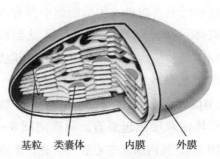

基粒　　类囊体　　内膜　　外膜

图 1-6　叶绿体的结构示意图

绿色植物的叶片、幼嫩茎的皮层细胞中都可找到叶绿体。高等植物的叶绿体形状大小比较接近，呈卵形而略扁，直径为 4～10 μm，厚度为 1～2 μm。叶绿体的主要功能是吸收光能进行光合作用。高等植物的叶绿体含四种色素：叶绿素 a（蓝绿色）、叶绿素 b（黄绿色）、胡萝卜素（橙黄色）、叶黄素（黄色）。叶绿素 a 和叶绿素 b 含量较多，能吸收太阳光能，直接参与光合作用，其余两种色素协助捕捉太阳光能，把吸收的光能传递给叶绿素，不能直接进行光合作用。光合作用的实质是将光能转化为化学能的过程。

b. 有色体。有色体含叶黄素和胡萝卜素及类胡萝卜素，呈橙红色、橙黄色。存在于植物的花瓣、果实和根中，如番茄、辣椒果实和胡萝卜根。有色体形状多样——球形、椭圆形、纺锤形，使植物的果实、花瓣呈现鲜艳的颜色，吸引昆虫等动物，有利于传粉和果实种子的传播。

c. 白色体。白色体不含色素，存在于甘薯、马铃薯等植物的地下贮藏器官中。按照功能不同，可以分为：造粉体、造油体和造蛋白质体。在植物发育过程中，质体可以相互转化（图 1-7）。

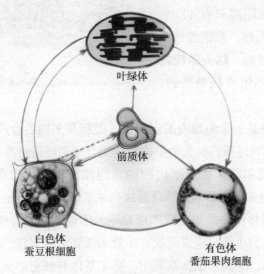

叶绿体

前质体

白色体
蚕豆根细胞

有色体
番茄果肉细胞

图 1-7　质体转化的图解

②线粒体。线粒体是动物、植物细胞中普遍存在的一种细胞器，除了细菌、蓝

藻和厌氧真菌外，生活细胞中都有线
粒体。在光学显微镜下，可见到线
粒体是一些大小不一的球状、棒状或
细丝状颗粒结构，一般直径为0.5～
1.0 μm，长度是1～2 μm（图1-8）。线
粒体由双层膜包裹着，两膜之间8～
10 nm，其内膜向中心腔内折叠，形成

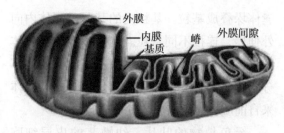

图1-8　线粒体的结构示意图

许多隔板状或管状凸起，称为嵴。内膜与嵴上有带柄的球形小体称为基粒。在内膜与
脊的内表面上均匀分布着许多圆形小颗粒，叫作电子传递粒。线粒体基质内有自身的
DNA、RNA及蛋白质、酶系和生化过程中间产物等液态物质。因此，DNA可自我复
制，具有一定的遗传独立性。

线粒体是细胞进行呼吸作用的场所。呼吸作用是将光合作用所合成的复杂有机物
分解成二氧化碳和水，同时放出能量的过程。细胞内的糖、脂肪和氨基酸的最终氧化
是在线粒体内进行的，释放的能量供细胞生命活动需要。因此，线粒体被比喻为细胞
中的"动力工厂"。

　　③内质网。内质网是分布于细胞质中的网状膜系统，由管状、囊泡状或片状结
构的膜构成（图1-9），是由一层单位
膜围成的管状、泡状、片状结构，分
枝形成网状复杂结构。在电子显微镜
下，内质网为两层平行的膜，中间夹
有一个窄的空间。每层膜的厚度约为
0.5 nm，两层膜之间距离只有40.0～
70.0 nm。内质网有两种，在膜的外侧
附有许多核糖体颗粒的，称为粗糙内
质网；在膜的外侧不附有核糖体的，
称为光滑内质网。

图1-9　内质网的结构示意图

　　一般认为内质网是一个细胞内的蛋白质、类脂和多糖的合成、贮藏及运输系统。
粗糙内质网能合成和转运蛋白，光滑型内质网能合成和转运脂类和多糖。

　　④高尔基体。高尔基体由扁平内凹的囊泡或槽库、致密小泡和分泌小泡组成
（图1-10）。致密小泡来自内质网，结合形成高尔基体囊泡，囊泡的凸面称形成面，凹
面称成熟面。高尔基体由一层单位膜围成扁平的泡囊"槽库"，若干泡囊叠合成复合
体。泡囊周边有分枝的小管，连成网状，小管末端膨大成泡状，小泡由膨大部分收缩
断裂而脱离高尔基体，游离到细胞基质中。高尔基体与细胞的分泌作用有关，把从粗
糙内质网运来的蛋白质物质进行加工、浓缩、储存、运输，最后形成分泌小泡，小泡
脱离高尔基体成熟后最后排出细胞外。高尔基体参与细胞壁的形成，即高尔基体能合

成纤维素、半纤维素等构成细胞壁的物质，在有丝分裂时，参与新壁的构成。高尔基体还具有分泌作用，如根冠细胞中的高尔基体能分泌黏液。

⑤核糖体。生活细胞中都存在核糖核蛋白体，分布在粗糙面内质网上或分散在细胞质中。叶绿体基质中或线粒体中也有核糖体。核糖体的化学成分是核酸和蛋白质，其中核酸约占60%，蛋白质占40%。在细

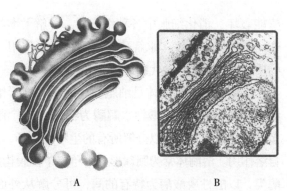

图1-10 高尔基体结构示意图（A）和电子显微镜下的亚显微结构（B）

胞质中，它们既可以游离状态存在，也可以附着于粗糙型内质网的膜上。核糖体大小为15～30 nm的小颗粒，由大小两个亚单位组成。核糖体是合成蛋白质的主要场所。所以，蛋白质合成旺盛的细胞，尤其在快速增殖的细胞中，往往含有更多的核糖体颗粒。

⑥液泡（图1-11）。具有一个大的中央液泡是成熟的植物生活细胞的显著特征，也是植物细胞与动物细胞在结构上的明显区别之一。液泡膜是选择透性膜，通透性比质膜高。幼年细胞液泡多、小、分散，随着细胞生长，吸收水分，代谢产物增多，液泡合并、增大，最后形成中央大液泡，体积占整个细胞的90%，将细胞质挤在一边，细胞核及各种细胞器被挤到紧贴细胞壁，使细胞质与外界环境有较大的接触面，有利于物质交换和细胞代谢活动。

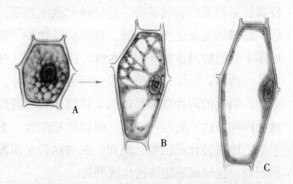

图1-11 洋葱表皮细胞的液泡及其发育

注：A至C表示液泡发育过程。A为分生组织中的幼小细胞具有多个小而分散的液泡；B为小液泡逐渐合并；C为发育成1个很大的中央液泡。

液泡内细胞液的主要成分是水及溶于水中的碳水化合物、脂肪、蛋白质、无机盐、有机酸、植物碱、花青素等。如甘蔗的液泡内含有大量蔗糖，柿、番石榴未成熟时细胞液中含有单宁，罂粟中有吗啡碱，烟草中有尼古丁。色素主要是花青素，呈溶解状态，如果实、花的颜色，有红、蓝、紫等色。花瓣、果实呈红色或蓝色是因含有花青素，花青素的颜色随着细胞液的酸碱性不同而变化，酸性时呈红色，碱性时呈蓝色。如牵牛花，早上为蓝色，中午为红色。液泡能够维持细胞的渗透压，使细胞具有吸水能力，当细胞液的浓度高，水分就从浓度低的外部流入浓度高的液泡中；当细胞液的浓度低，水分就从液泡流出。这个过程叫渗透作用，植物取得水分主要靠渗透作用。液泡也是细胞代谢产物的贮藏场所，参与细胞中的物质循环，必要时细胞液中的

酶能破坏、消化细胞中各种细胞器，分解贮藏物质等。液泡的生理功能，主要是贮藏作用。但因含有许多水解酶，也具有消化作用，在一定条件下，能分解液泡中的贮藏物质，重新参与各种代谢活动。

⑦溶酶体。溶酶体是细胞质内的一种球形细胞器。直径约 0.5 μm，外有一层膜与细胞质分隔，以含有酸性水解酶为特征，具有消化作用。溶酶体是分解蛋白质、核酸、多糖的细胞器，它可以分解所有的生物大分子，可以进行异体吞噬、自体吞噬甚至发生自溶作用。溶酶体常为圆球形，由单层单位膜构成，含有活性范围非常广泛的各种水解酶类，以酸性磷酸酶为特有的酶，可分解从外面进入到细胞内的物质，也可消化局部细胞器或整个细胞。溶酶体是内质网分离出来的小泡形成的。从高尔基体芽生出来的初级溶酶体与来自细胞内外的物质结合，就形成次级溶酶体。当与外来颗粒如细菌结合，就成为吞噬溶酶体，消化后剩余部分叫作残渣体。在正常细胞中，水解酶只局限于溶酶体内。当细胞坏死时，溶酶体外膜破裂，酶溢出进入细胞质，使细胞发生自溶。

⑧圆球体。圆球体是一层膜围成的球形小体，直径为 0.1～1.0 μm，具有一层单位膜，是积累脂肪的场所，是一种贮藏细胞器，贮藏油滴、脂肪等。当大量脂肪积累后，圆球体变成透明的油滴。在油料植物种子中含有很多圆球体，在一定条件下，圆球体中的脂肪酶也能将脂肪水解，圆球体也具有溶酶体的性质。

⑨微体。微体是由单位膜包围形成的小体，直径约 0.5 μm，呈球形。在植物细胞中，已明确的两种微体是过氧化物酶体和乙醛酸循环体。过氧化物酶体存在于高等植物叶肉细胞内，它与叶绿体、线粒体相配合，参与乙醇酸循环，将光合作用过程中产生的乙醇酸转化成己糖。例如，在油料种子萌发时，乙醛酸循环体与圆球体和线粒体相配合，把储藏的脂肪转化成糖类。

⑩细胞骨架。在细胞基质中还存在着一个复杂的、由蛋白质组成的支架，分别呈管状和纤丝状，称为细胞骨架。

a. 微管。微管普遍存在于植物细胞中，是由微管蛋白和微管结合蛋白组成的中空圆柱状结构。直径约 25 nm，管壁厚 4～5 nm，中心是电子透明的空腔。微管在细胞的有丝分裂中起重要作用：在细胞中起支架作用，使细胞保持一定的形状；微管参与构成纺锤丝；微管还参与细胞壁的形成和生长；微管也与胞质运动和鞭毛运动有关。

b. 微丝。微丝又称肌动蛋白丝，由肌动蛋白组成。微丝是双股肌动蛋白丝以螺旋的形式组成的纤维，两股肌动蛋白丝是同方向的。肌动蛋白丝也是一种极性分子，具有两个不同的末端，一个是正端（+），另一个是负端（－）。微丝是比微管更细的纤维，直径只有 7～9 nm，在细胞中呈纵横交织的网状，常连接在微管和细胞器之间，致使细胞内细胞核与细胞器有序地排列和运动。

微丝的成分是双股肌动蛋白丝以螺旋的形式组成的纤维肌动蛋白单体。肌动蛋白单体一个接一个连成一串肌动蛋白链，两串这样的肌动蛋白链互相缠绕扭曲成一股微丝。微丝的功能除了起支架作用外，还要配合微管，控制细胞器的运动。

c.中间纤维。一类直径介于微管与微丝之间（8～11 nm）的中空管状纤维称为中间纤维，大多数真核生物细胞中都有中间纤维蛋白。微管、微丝和中间纤维，三者在细胞内形成错综复杂的立体网络，将细胞内的各种结构连接和支撑起来，以维持在一定的部位上，使各种结构能执行各自的功能。

（3）胞基质。胞基质存在于细胞器的外围，是具有弹性和黏滞性的透明胶体溶液。胞基质的化学成分很复杂，含有水、无机盐和溶于水中的气体等小分子，以及脂类、葡萄糖、蛋白质、氨基酸、酶、核酸等，是一个复杂的胶体系统。生活细胞中胞基质总处于不断的运动状态，而且它还可以带动其中的细胞器，在细胞内作有规律的持续的流动，这种运动称胞质运动。胞基质是细胞内进行各种生化活动的场所，同时还不断为细胞器行使功能提供必需的营养原料。

5.2　细胞壁

细胞膜外围的一层厚壁，为植物细胞区别于动物细胞的特征之一。它是由原生质体分泌的物质所形成的，具有一定的硬度和弹性。细胞壁具有支持和保护原生质体的作用，并与植物的吸收、蒸腾、运输和分泌等方面和生理活动有很大的关系。

5.2.1　细胞壁的化学组成

高等植物细胞壁的主要成分是多糖和蛋白质。多糖包括纤维素、果胶质和半纤维素。植物体不同细胞的细胞壁成分有所不同，由于细胞在植物体内担负的机能不同，在形成次生壁时，原生质体常分泌不同的化学物质填充细胞壁内，与纤维素密切结合而使细胞壁的性质发生各种变化，常用的变化有木质化、角质化、栓质化、矿质化，并产生相应的物质。常见的物质有角质、木栓质和木质素等。

在构成细胞壁时，许多链状的纤维素分子有规则地排列成分子团（微团），由分子团进一步结合成为生物学上的结构单位，称为微纤丝（图1-12）。许多微纤丝再聚合成为光学显微镜下可见的大纤丝。所以，高等植物细胞壁的框架，是由纤维素分子组成的纤丝系统。其他组成壁的物质，如果胶质和半纤维素等，充填在"框架"的空隙中，从而在纤维素、微纤丝之间形成一个非纤维素的间质。由于这些物质都是亲水的，因此，细胞壁中一般含有较多的水分，溶于水中的任何物质，都能随水透过细胞壁。植物细胞壁间用于原生质通过的通道，称胞间连丝，也是细胞的通信系统。

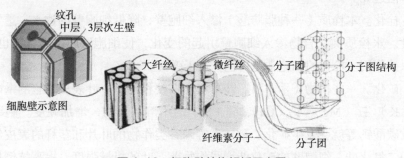

图1-12　细胞壁结构解析示意图

5.2.2 细胞壁的结构

细胞壁的结构大体可分为三层：胞间层、初生壁和次生壁（图 1-13）。一般认为，细胞分化完成后仍保持有生活原生质体的细胞不具有次生壁。

（1）胞间层。胞间层又称中胶层，是细胞分裂产生新细胞时形成的，是相邻细胞间共有的一层薄膜。它的主要成分是果胶质，果胶是一类多糖物质。它有一定的可塑性，能缓冲细胞间的挤压又不影响细胞的生长。果胶质能被果胶酶溶解，果实成熟时产生的果胶酶将果胶质分解，细胞彼此分开，使果实变软。

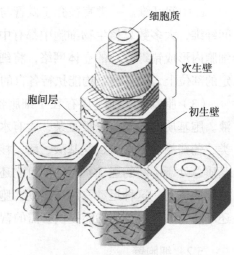

图 1-13 细胞壁结构组成示意图

（2）初生壁。在细胞生长过程中，原生质体分泌的造壁物质在胞间层上沉积，构成细胞的初生壁，存在于胞间层的内侧。初生壁主要成分是纤维素、半纤维素和果胶质。初生壁较薄，为 1～3 μm，质地较柔软，有较大的可塑性，能随着细胞的生长而延展。

（3）次生壁。次生壁是细胞体积停止增大后加在初生壁内表面的壁层。它的主要成分有纤维素，并含有少量的半纤维素。细胞在生长分化过程中，由原生质体合成一些不同性质的化学物质结合到细胞壁内，使次生壁发生质变。常见的变化有木质化、矿质化、角质化和栓质化。

5.2.3 细胞壁的质变

（1）木化。细胞在代谢过程中产生一种木质，它是由三种醇类化合物脱氢形成的高分子聚合物，填充于纤维素的框架内而木化，以增强细胞壁的硬度，增强细胞的支持力量。

（2）角化。在表皮细胞接触空气的一面壁上，形成覆于壁外的角质膜，使外壁不透水、不透气，增强了抵御病菌入侵等能力。叶和幼茎的表皮细胞外壁常为胶质（脂类化合物）所浸透，且常在细胞壁外堆积起来，形成角质层或膜。角化后细胞壁透水性降低，但透光。

（3）栓化。木栓质（一种脂肪酸）渗入细胞壁，降低细胞壁的透水、透气性，增加隔热性。水栓质类化合物渗入细胞壁引起的变化，使细胞壁既不透气，也不透水，增加了保护作用。栓化的细胞常呈褐色，富于弹性。

（4）矿化。一些植物（禾本科、莎草科、桔梗科）茎、叶表皮细胞的壁内渗入矿质如钾（K）、镁（Mg）、钙（Ca）、硅（Si）的不溶化合物，增加硬度。胞壁渗入二氧化硅或碳酸钙等就会发生矿化。稻、麦等禾谷类作物的叶片和茎秆的表皮细胞常含有大量的二氧化硅。细胞壁的矿化能增强作物茎、叶的机械强度，提高抗倒伏和抗病虫害的能力。

（5）黏液化（胶化）。黏液化是细胞壁中果胶质和纤维素变成黏液或树胶的一种变化，多见于果实或种子的表面。

5.2.4　细胞壁的生长

细胞壁生长有两种方式，即内填生长和敷加生长。

（1）内填生长。当初生壁刚形成时，微纤丝少，分布稀疏，随着细胞的伸展生长，原生质体分泌的纤维素微纤丝等物质填充于初生壁的无数网孔之间，使初生壁延展，表面积增加。

（2）敷加生长。即原生质体分泌的纤维素微纤丝等物质自外向内层层添加，使细胞壁增厚，这种生长方式主要发生在次生壁上。

5.2.5　纹孔和胞间连丝

（1）纹孔。细胞形成初生壁时，有某些较薄的凹洼区域，称为初生纹孔场。以后产生次生壁时，在初生纹孔场处往往不加厚，形成纹孔。相邻两个细胞的纹孔常成对存在，称纹孔对。中间的胞间层和初生壁称为纹孔膜，它的腔称纹孔腔。

纹孔可分为单纹孔和具缘纹孔。单纹孔呈圆筒形，纹孔的口、腔和膜同样大小；具缘纹孔由于次生壁增厚时，向细胞内方拱起形成纹孔缘，故口小，腔大而呈圆锥形。

（2）胞间连丝。它是穿过胞间层和初生壁的细胞质细丝，以此连接相邻细胞间的原生质体（图 1-14）。

胞间连丝在细胞间起着物质运输、传递刺激及控制细胞分化的作用。通过胞间连丝，使整个植物体的细胞原生质体连成一个整体。

胞间连丝是一个直径 30～60 nm 的穿过相邻细胞壁的圆柱形细胞质通道。内有质膜、胞基质，中部有时有更细的小管——连接管

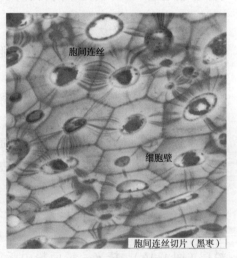

图 1-14　胞间连丝结构示意图

（链样管）（直径 =10 nm），将相邻细胞的内质网连接起来。筛管分子和某些传递细胞之间，胞间连丝特别多。胞间连丝的功能主要有：胞间物质运输——共质体运输，传递电刺激和发育、分化信息，原生质、生物大分子、细胞核进入另一细胞的通道，同时也是病毒迁移途径之一。

6　细胞后含物

后含物是植物细胞原生质体代谢过程的产物，它们可以在细胞生命的不同时期产生和消失，包括贮藏需要时可动用的营养物质和代谢废物。后含物的种类很多，主要

有淀粉、蛋白质、脂类、单宁、无机晶体和多种植物次生物。

6.1 淀粉

淀粉是植物细胞中最普遍的贮藏物质。贮藏的淀粉常呈颗粒状，称为淀粉粒。光合作用产生的葡萄糖在叶绿体中聚合成同化淀粉转成可溶性糖类，运输到造粉体中，由造粉体将它们再合成为贮藏淀粉。

在淀粉粒中，中间有脐，围绕脐形成许多同心的层次——轮纹。淀粉有单粒、复粒和半复粒（图1-15）。单粒有一个脐和许多轮纹围绕。复粒有两个以上脐和各自轮纹。半复粒是在复粒基础张上外围有共同的轮纹。淀粉粒主要存在于种子的胚乳，以及甘薯、萝卜等地下肉质根中。

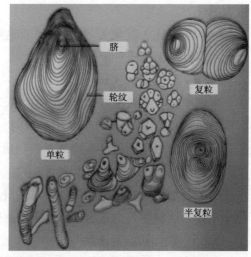

图1-15 淀粉粒的形状、构造及类型

6.2 蛋白质

贮藏蛋白质以多种形式存在于细胞质中。和作为原生质组成成分不同，后含物中的蛋白质是无生命的，化学性质稳定，无定形或以结晶形式存在。

（1）液泡中的蛋白质。豆科、油料作物的种子，以糊粉粒形式存在。糊粉粒由小液泡演变而来，小液泡内含有蛋白质，慢慢失去水分，每个小液泡变成坚硬、无定形的蛋白质颗粒，称为糊粉粒。在蛋白质膜（液泡膜）内有珠晶体、拟晶体和无定形胶层，构成糊粉粒。马铃薯的蛋白质在表皮下，呈方晶状。

（2）禾本科植物的胚乳。蛋白质包裹成小颗粒。如小麦、水稻的胚乳的最外层细胞，含有很多糊粉粒，这些细胞组成糊粉层（图1-16），精米、精面粉中无糊粉层，失去了蛋白质。糊粉层遇碘变黄色。

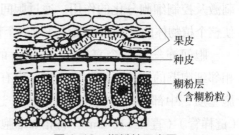

图1-16 糊粉粒示意图

6.3 油和脂肪

植物细胞中，油和脂肪或多或少都存在，脂类物质常存在于胚、胚乳等贮藏器官中，但通常是存在油料植物种子或果实中，由造油体合成。如花生、大豆、油菜的子叶，蓖麻的胚乳，都含有大量脂肪，可用苏丹Ⅲ染色。

6.4 单宁

单宁是一类酚类化合物，存在于细胞质、液泡和细胞壁中，在叶、周皮、维管组织以及未熟的果肉细胞中，使之具有涩味。单宁可保护植物免于脱水、腐烂或遭受动物伤害。用刀切开苹果后变黑，证明有单宁。

6.5 晶体

在植物细胞的液泡中，多余的钙离子常常会形成无机盐，以晶体的形式存在。最常见晶体的是草酸钙晶体，少数植物中也有碳酸钙晶体（图 1-17）。它们一般被认为是新陈代谢的废物，形成晶体后便避免了对细胞的毒害，随着老叶、树皮脱落而被清除。禾本科、莎草科植物茎，叶表皮细胞内常含有二氧化硅的晶体。

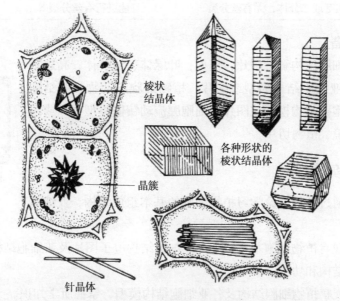

棱状结晶体

各种形状的棱状结晶体

晶簇

针晶体

图 1-17 晶体的结构示意图

6.6 色素

植物细胞中的色素，除存在于质体中的叶绿素、类胡萝卜素，还有存在于液泡中的一类水溶色素，称为花色素苷和黄酮或黄酮醇，在部分植物的花瓣以及果实细胞中有这类色素。花色素苷显示出颜色因细胞液的 pH 值而异。

后含物与人类生活关系密切，如淀粉和蛋白质是植物性食物的主要营养成分，食用与医药、工业用油是从种子中榨取的，单宁是制革工业中重要的化学原料，等等。

7 原核细胞与真核细胞

在自然界中，绝大多数植物都有核被膜包围的细胞核和多种细胞器，这样的细胞称为真核细胞。少数低等植物，如细菌和蓝藻，虽有细胞结构，但在细胞内没有细胞核和细胞器的形成，这类细胞成为原核细胞。

真核细胞和原核细胞的主要区别见表 1-1。

表 1-1　原核细胞和真核细胞的主要区别

特征	原核细胞	真核细胞
细胞大小	较小（1～10 μm）	较大（10～100 μm）
染色体	一个细胞只有一条染色体，其 DNA 没有和 RNA、蛋白质联结在一起	一个细胞有多条染色体，其 DNA 和 RNA、蛋白质联结在一起
细胞核	无核膜、核仁	有完整的核结构，有线粒体、质体、高尔基体、内质网等细胞器
内膜系统	简单	复杂
细胞分裂	出芽或二分体，无有丝分裂	能进行有丝分裂等

● **材料准备**

准备植物细胞结构解析图片，模型；叶绿体、线粒体、高尔基体、溶酶体等亚细胞结构模型或图片，植物细胞与动物细胞结构对比图片；细胞壁结构模型或图片，细胞膜流动镶嵌模型视频或图片；生物显微镜、植物切片。

知识拓展

植物细胞的
全能性

 任务 实施

步骤一：通过课件讨论学习植物细胞的基本组成结构，亚细胞结构及其作用。

步骤二：观看植物细胞基本组成，亚细胞结构电子图片及亚细胞结构视频资料讨论学习细胞的结构和功能。

步骤三：观察植物细胞结构及各亚细胞结构模型，掌握所学知识。

步骤四：利用电子显微镜观察植物细胞切片，掌握细胞基本结构组成。

步骤五：讨论学习并进行现场抽查考核。

步骤六：任务总结，通过观看图片与视频资料，对比亚细胞结构模型等，掌握植物细胞的基本组成结构，亚细胞结构及其作用，掌握细胞的各部分结构功能，了解细胞之间信息传递的方式及途径，了解个体与整体之间关系，树立集体观念和大局意识。

任务 检测

请扫描二维码答题。

项目一任务一
任务检测一

项目一任务一
任务检测二

任务 评价

班级：_____ 组别：_____ 姓名：_____

项目	评分标准	分值	自我评价	小组评价	教师评价
知识技能	说出植物的基本特征	10			
	叙述植物多样性的表现	10			
	叙述植物细胞与动物细胞的区别	10			
	叙述植物细胞的结构组成特点	10			
	叙述细胞壁的结构	10			
	叙述细胞流动镶嵌模型	10			
任务质量	整体效果很好为15～20分，较好为12～14分，一般为8～11分，较差为0～7分	20			
素养表现	学习态度端正，观察认真、爱护仪器，耐心细致	10			
思政表现	正确处理个体与整体之间关系，树立集体观念和大局意识	10			
合计		100			
自我评价与总结					
教师点评					

任务二 了解植物细胞的繁殖

任务 导入

植物都有生长的过程，细胞作为植物的基本结构单位，细胞的数目是如何增加的呢？它又是如何进行繁殖的？今天我们就利用生物显微镜，观察一下植物细胞繁殖的过程。

任务 **准备**

● **知识准备**

1 植物细胞繁殖的过程

任何植物体，从单细胞的藻类到参天大树，都是通过细胞分裂，增加细胞数目，使植物体能完成从生长、发育到繁殖的整个生命过程。细胞分裂主要有三种方式：无丝分裂、有丝分裂和减数分裂。

1.1 无丝分裂

无丝分裂又称直接分裂。在低等植物中普遍存在，在高等植物中也常见。例如，胚乳发育过程愈伤组织形成、不定根产生。无丝分裂的方式有：横缢、纵缢、出芽、碎裂等。无丝分裂的特点：过程简单，无染色体和纺锤丝的形成，能量消耗少，分裂速度快，分裂中细胞还能进行正常活动。核仁分裂为两个，细胞核伸长为哑铃状，中间分开，形成两个细胞核，两细胞核中间产生新壁形成两个细胞。

1.2 有丝分裂

最普通的一种分裂方式，植物的营养细胞分裂，如根尖、茎尖。

细胞周期：从一次细胞分裂到下一次分裂前的过程（图 1-18）。细胞周期包括一个间期和一个有丝分裂期。植物细胞的周期从十多个小时至几十个小时不等。

1.2.1 细胞分裂间期

因有丝分裂是周期性进行的，处于两个分裂期之间称分裂间期，是有丝分裂的准备阶段，细胞表面无明显变化，只是细胞核较一般细胞大，核中有分散的染色质。内部发生一系列生化变化，主要是DNA 的合成复制，核蛋白的加倍。可以人为分为三个时期。

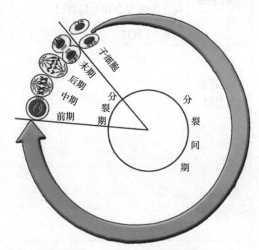

图 1-18 有丝分裂的细胞周期

（1）DNA 合成前期（G1 期）。DNA 合成前期指从前一次分裂结束开始到合成DNA 以前的间隔时期，此期内主要合成 RNA、蛋白质和磷脂等。这一时期最明显的细胞学指标是核仁由于积累了大量的 RNA 而迅速增大。

（2）DNA 合成期（S 期）。DNA 合成期是细胞核 DNA 复制开始到 DNA 复制结束的时期。DNA 含量比原细胞增加了一倍。DNA 量成倍增加是细胞进入分裂前的最重要事件，经过细胞分裂，加倍的遗传物质准确、等量地分配到子细胞，从而保证了细胞中 DNA 含量和遗传物质的稳定性。

（3）DNA 合成后期（G2 期）。DNA 合成后期指从 S 期结束到有丝分裂开始前的时期。G2 期持续时间较短，细胞对将要到来的分裂期进行了物质与能量的准备。

1.2.2　细胞分裂期（M 期）

细胞分裂期包括两个过程：细胞核分裂，一个细胞核分裂成两个细胞核；细胞质分裂，形成新的细胞壁，把细胞分成两个子细胞。核分裂和胞质分裂在时间上是紧接的。

（1）核分裂。核分裂是一个连续的过程，根据细胞核发生的可见变化分为前期、中期、后期和末期（图 1-19）。

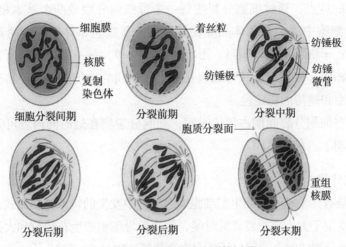

图 1-19　细胞有丝分裂的过程

①前期。核内染色体聚集成染色质丝，由染色质丝通过螺旋化作用，变短变粗，成为形态上可辨认的染色体。每个染色体由两条螺旋状的染色单体组成。染色体上的狭窄区域称着丝粒（着丝点），着丝粒两端称臂。除了着丝粒，两条染色单体是不相连的。前期的特征是细胞核出现染色体，核膜、核仁消失，同时纺锤丝也开始出现。

②中期。染色体聚集到细胞中央赤道面上，纺锤体完全形成。纺锤丝有两种：一是染色体纺锤丝，纺锤丝和染色体的着丝点相连，向两极延伸；二是连续纺锤丝，纺锤丝不与染色体相连，而是从一极延伸到另一极。纺锤丝由微管构成。中期成对的染色体形状缩短到比较固定的状态，排列比较有规律，是观察染色体和染色体数目的最好时期。

③后期。成对染色体在着丝点处分开，分成两条独立的染色体，分开后的染色单体称为子染色体，两组子染色体由纺锤丝牵引分别向细胞两极移动，使每一极都有一套和母细胞相同的染色体。

④末期。两组子染色体分别到达两极时，标志着末期的开始，两组子染色体到达两极后聚集成团，每一染色体渐渐延伸成染色丝，再染色丝演变成染色质，核仁、核

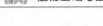

膜重新出现，形成新的子核。

（2）细胞质分裂。核分裂后期，染色体接近两极时，细胞质分裂开始。在两个子核之间的连续丝中增加了许多短的纺锤丝，形成一个密集着纺锤丝的桶状区域，称之为成膜体。微管的数量增加，成膜体中有来自高尔基体和内质网的泡囊（含多糖类物质），沿着微管指引方向，聚集、融合，释放出多核物质，构成细胞板，从中间开始向周围扩展，直至与母细胞壁相连，成为胞间层——初生壁，新质膜由泡囊的被膜融合而成。新细胞壁形成后，把两个新形成的细胞核和它们周围的细胞质分隔成为两个子细胞。

有丝分裂的特点：通过细胞分裂使每一个母细胞分裂成两个基本相同的子细胞，在分裂前期母细胞中每个染色体能准确复制成两条染色单体；后期两条染色单体分开，移向两极；子细胞染色体数目、形状、大小一样，每一染色单体所含的遗传信息与母细胞基本相同，使子细胞从母细胞获得大致相同的遗传信息，使物种保持比较稳定的染色体组型和遗传的稳定性。

有丝分裂在细胞分裂间期占最长时间，细胞分裂期在短时间内就可完成。在间期中 S 期（复制期）占最长时间。

1.3　减数分裂

减数分裂是有性生殖生物在生殖细胞成熟过程中发生的特殊分裂方式。在被子植物中，减数分裂发生于大小孢子发育的时候，即花粉母细胞产生花粉粒和大孢子母细胞发育的时候，减数分裂的整个过程包括两次连续分裂，DNA 只复制一次。因此，一个母细胞经过减数分裂后形成四个子细胞，每个子细胞的染色体数目为母细胞的一半，减数分裂因此得名。减数分裂过程比较复杂，包括两次连续分裂（图 1-20），现简要叙述如下。

1.3.1　减数分裂Ⅰ

可划分为前、中、后、末四期。

（1）前期Ⅰ。变化复杂，经历时间长，又分为五个阶段。

①细线期。前期开始，细胞核中染色质聚集成细线状的染色体（染色丝），细丝上有很多染色粒。

②偶线期（合线期）。外形相同的两条染色体两两配对［同源染色体：两条染色体，一条来自父本（父源染色体），另一条来自母本（母源染色体），它们的外形、大小都很相似］。同源染色体配对的现象叫联会。完成配对后，成对的同源染色体各自纵裂，每条染色体形成两条染色单体，每对同源染色体有四条染色单体。

③粗线期。细线状染色体由于螺旋卷曲，缩短，变粗。四条染色单体相邻的两条染色单体在局部位置发生横裂，进行染色体片断的互换（外围两条染色单体没有），使一条染色单体具有另一条染色单体的片断，这种染色单体片断互换现象称"交叉"，遗传学上称"基因互换"，对生物的遗传变异有重大意义。

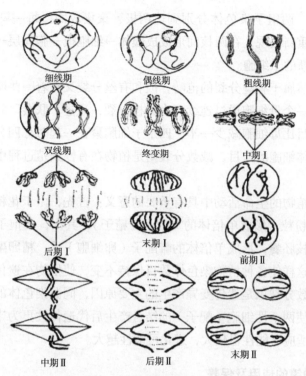

细线期　　　　　　　偶线期　　　　　　　粗线期

双线期　　　　　　　终变期　　　　　　　中期Ⅰ

后期Ⅰ　　　　　　　末期Ⅰ　　　　　　　前期Ⅱ

中期Ⅱ　　　　　　　后期Ⅱ　　　　　　　末期Ⅱ

图 1-20　细胞减数分裂过程示意图

④双线期。两对染色单体继续进一步变粗，变短，并开始分离，由于交叉的关系，两条交叉染色体在局部的位置仍然连在一起，就会出现 "X" "O" "V" "8" 等形状。

⑤终变期。染色体继续变短变粗，是观察染色体形态、染色体数目的最好时期，核仁、核膜消失。

（2）中期Ⅰ。纺锤体出现，成对的同源染色体排在赤道面上。

（3）后期Ⅰ。成对的同源染色体各自分开，在纺锤丝的牵引下分别移向两极，每极染色体数目只有原来母细胞的一半。

（4）末期Ⅰ。两组染色体到达两极，聚集成团，每条染色体呈细线状，核仁、核膜重新出现。

1.3.2　减数分裂Ⅱ

减数分裂第二次分裂，两个子细胞经过很短间期或紧接着末期就进行和有丝分裂相似的过程，但不进行染色体加倍（复制），亦可分为前期、中期、后期和末期。

（1）前期Ⅱ。每一子细胞看到有细线状的染色体，每一染色体是由两条染色单体所组成，染色体变粗变短，核仁、核膜消失。

（2）中期Ⅱ。纺锤体形成，成对染色单体排列在纺锤体的赤道面上。

（3）后期Ⅱ。成对染色单体在着丝点上裂开，成为两条子染色体，两组染色体在纺锤丝的牵引下到达两极。

（4）末期Ⅱ。两组子染色体分别到达两极，聚集成团，每一染色体拉长成细线状，核仁、核膜重新出现，在两核间形成成膜体→细胞板→胞间层→初生壁。一个子细胞再分成两个新的子细胞。

减数分裂虽然属于有丝分裂的范畴，但和有丝分裂又有着一些明显的不同。减数分裂的过程中，一个母细胞通过连续两次的核分裂，通过"联会"和"交叉"每个子细胞的染色体数目比母细胞减少一半，四个子细胞聚在一起时称四分体；同时，有丝分裂增加了植物体细胞的数目，减数分裂则是植物在有性繁殖过程中生殖细胞形成时才进行的。

减数分裂在植物的生命活动中具有重要的意义：首先，由于花粉母细胞分裂产生单倍体的单核花粉粒，形成单倍体的雄配子（精子）；其次，大孢子母细胞减数分裂产生了单倍体单核胚囊，形成单倍体的雌配子（卵细胞）后，精卵融合，又形成了二倍染色体的胚，这样使各种植物染色体数目保持不变，使植物在遗传上保持相对的稳定性；最后，减数分裂也是遗传变异产生的主要原因，同源染色体的交叉，产生遗传物质重新组合，使两个性细胞（配子）的结合产生后代遗传性更为丰富多样，产生的变异大，对环境适应可能性也较大，进化可能性越大。

2　生物显微镜的使用及保养

了解显微镜的结构和操作规程，并掌握正确的使用方法。

2.1　显微镜的结构

显微镜的种类很多，有的简单、有的复杂，基本结构如图1-21所示。

光学部分包括：物镜、目镜、镜筒、聚光器和光源。

机械部分包括：镜头转换器，粗聚焦器（用作初步聚焦）、细聚焦器（用作更精确地聚焦）、执手、镜台（也称为载物台、上面装有压片夹）、镜座和倾斜关节。

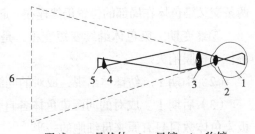

1—眼球；2—晶状体；3—目镜；4—物镜；5—样品；6—虚像。

图1-21　光学显微镜成像原理

2.2　显微镜的放大倍数

显微镜放大的倍数是由目镜、物镜和镜筒的长度所决定。常用的显微镜，物镜与目镜上都刻有放大倍数（一般目镜越短，放大倍数越高；物镜越长，放大倍数越高），如物镜上刻有 $10\times$、$20\times$、$40\times$ 和 $90\times$ 等；目镜上刻有 $5\times$、$10\times$、$15\times$ 和 $25\times$ 等。物体最后被放大的倍数为目镜和物镜二者放大倍数的乘积。

2.3　使用显微镜的操作规程

①自显微镜柜子或木盒内取出显微镜时，要用右手握紧执手，把显微镜轻轻拿

出。由于镜体较重，必须用左手托住镜座，才能做较远距离的搬动。

②将显微镜置于实验台上时，应放在身体的左前方，离桌子边缘约 30 mm 处。右侧可放记录本或绘图纸等。

③使用显微镜前，首先要调节好光源。

④把制片放在显微镜的镜台上，要观察的部位应准确地移到物镜的下面，然后用压片夹压紧。

⑤观察时要睁开双眼，用左眼观察显微镜目镜视野中的物像。

⑥进行观察时，应先用 10× 物镜。为了避免物镜压坏制片（在使用高倍物镜时最易发生），必须用下述方法聚焦：首先，从侧面注视物镜与制片间的距离，转动粗聚焦器，使镜筒逐渐下降，直到接近盖玻片为止；然后，用左眼观察目镜视野，慢慢转动粗聚焦器使镜筒逐渐上升，直到看清制片中的影像为止。

观察制片时，首先在低倍物镜下了解制片上切片的概况，如果所要观察部分位于视野的一侧，则要移动制片，将要观察的部位移到中央。移动制片时应注意显微镜中所形成的像是倒像，因此要改变图像在视野中的位置时，需向相反的方向移动制片。

有的显微镜带有 4× 物镜，使用时其焦距与 10× 和 40× 物镜不同，因此当由 4× 物镜转换为 10× 物镜观察制片时，需要重新聚焦。

⑦细聚焦器是显微镜上最易损坏的部件之一，要尽量保护。一般用低倍物镜观察时，用粗聚焦器就可以调好焦距，不用或尽量少用细聚焦器。使用高倍物镜如需要用细聚焦器聚焦时，其旋钮转动量最好不要大于半圈。

⑧需详细观察制片中某一部分细微结构时，可先在低倍物镜下找到最合适的地方，并移至视野中央，然后转动镜头转换器用高倍物镜（40× 或 44×）观察。当换到高倍物镜后，应该看到制片中的影像。如果影像不清楚时，顺时针或逆时针方向转动细聚焦器，直到影像清晰为止。如果转换高倍物镜后看不到影像，可能所观察的对象没有在视野中央的位置，需要转换到低倍物镜，重新调正制片位置。

2.4　使用显微镜时必须遵守的事项

①任何旋钮转动有困难时，绝不能用力过大，而应查明原因，排除障碍。如果自己不能解决时，要向指导教师说明，寻求帮助。

②保持显微镜的清洁，尽量避免灰尘落到镜头上，否则容易磨损镜头。必须尽量避免试剂或溶液沾污或滴到显微镜上，这些都能损坏显微镜。特别是高倍物镜很容易被染料或试剂沾污，如被沾污时，应立即用擦镜纸擦拭干净。显微镜用过后，应用清洁棉布轻轻擦拭（不包括物镜和目镜镜头）。

③要保护物镜、目镜和聚光器中的透镜。光学玻璃比一般玻璃的硬度小，易于损伤。擦拭光学透镜时，只能用专用的擦镜纸，不能用棉花、棉布或其他物品擦拭。擦时要先将擦镜纸折叠为几折（不少于四折），从一个方向轻轻擦拭镜头，每擦一次，

擦镜纸就要折叠一次。然后绕着物镜或目镜的轴旋转地轻轻擦拭。如不按上述方式擦拭，落在镜头上的灰尘很易损伤透镜，使透镜出现一条条的划痕。

④每次实验结束时，应将物镜转成八字形垂于镜筒下，以免物镜镜头下落与聚光器相碰撞。也可用清洁的白纱布，垫在镜台与物镜之间。

2.5 操作练习

对显微镜的构造和使用方法有初步了解后，可以进行下列操作练习。

①在低倍物镜下观察植物组织切片，掌握光源调节和聚焦器的使用方法。找到观察的物像后，用聚焦器把物像调节到最清晰程度。

②观察组织切片，计算显微镜放大倍数。

③分别在 4×、10×、40×（或 44×）物镜下，观察组织切片同一部位，比较不同放大倍数下观察的效果，建立放大倍数的概念。

④还镜。使用结束时将物镜转成八字形垂于镜筒下，将载物台调节到最低位置，以免物镜镜头下落与聚光器相碰撞，关闭电源。

- **材料准备**

准备植物细胞有丝分裂、减数分裂切片。

- **工具准备**

生物显微镜、绘图笔、绘图纸。

 任务 实施

步骤一：演示生物显微镜的使用方法，了解显微镜基本结构组成。

步骤二：学生学习显微镜的使用技术，利用生物显微镜观察植物有丝分裂的过程，并找出切片中细胞处于有丝分裂前期、中期、后期、末期的典型植物细胞。

步骤三：利用生物显微镜观察植物减数分裂的过程。

步骤四：任务总结。

任务 检测

请扫描二维码答题。

项目一任务二
任务检测一

项目一任务二
任务检测二

任务 评价

班级：_____　组别：_____　姓名：_____

项目	评分标准	分值	自我评价	小组评价	教师评价
知识技能	掌握植物细胞繁殖的方法	20			
	掌握植物有丝分裂的各个时期及特点	20			
	掌握植物减数分裂的过程	20			
任务进度	提前完成 10 分，正常完成 7～9 分，超时完成 3～6 分，未完成 0～2 分	10			
任务质量	整体效果很好为 15 分，较好为 12～14 分，一般为 8～11 分，较差为 0～7 分	15			
素养表现	学习态度端正，观察认真、爱护仪器，耐心细致	10			
思政表现	树立生态环保理念，爱护植物、保护植物多样性	5			
合计		100			
自我评价与总结					
教师点评					

任务三　了解植物组织

任务 导入

　　植物个体发育过程中形成类型不同、生理功能不一样的细胞群，同学们思考一下，这些多种类型的细胞群是怎么形成的？我们已经了解植物细胞的生长过程，细胞的生长是细胞在数量、体积和重量上发生的变化过程，那么细胞在形态结构和生理功能上的特化是如何实现的？

任务 准备

● 知识准备

1 植物细胞的分化和组织的形成

1.1 细胞的分化

细胞的形态结构与功能是相适应的，如叶肉细胞含叶绿体，进行光合作用；表皮细胞外壁角质化，行使保护功能；导管分子呈长管状，行使运输功能等。细胞在结构和功能上的特化，称为细胞分化。

1.2 组织的概念

细胞分化导致植物体中形成许多生理功能不同，形态结构相应发生变化的细胞组合。通常把形态结构相似、功能相同的一种或多种类型细胞组成的结构单位，称为组织。由一种类型细胞构成的组织，称为简单组织；由多种类型细胞构成的组织，称为复合组织。

在个体发育中，组织的形成是植物体内细胞分裂、生长、分化的结果。

2 植物组织的类型

根据组织的发育程度、形态结构及其生理功能的不同，通常将植物组织分为分生组织和成熟组织两大类。

2.1 分生组织

2.1.1 分生组织的概念

分生组织指植物体内有分裂能力的细胞群。

2.1.2 分生组织的类型

根据在植物体上的位置，可以把分生组织分为顶端分生组织、侧生分生组织和居间分生组织（图1-22）。

（1）顶端分生组织。顶端分生组织位于根和茎或侧枝的顶端（图1-23）。它们的分裂活动可以使根和茎不断伸长，并在茎上形成侧枝和叶，使植物体扩大营养面积。茎的顶端分生组织最后还将产生生殖器官。顶端分生组织细胞的特征：细胞小而等径，具有薄壁，细胞核位于中央并占有较大的体积，液泡小而分散，原生质浓厚。

（2）侧生分生组织。侧生分生组织位于根和茎的外周，包括形成层和木栓形成层。形成层的活动能使根和茎不断增粗。木栓形成层的活动是使长粗的根、茎表面或受伤的器官表面形成新的保护组织（树皮）。形成层细胞大部分呈长梭形，液泡明显，细胞质不浓厚，其分裂活动往往随季节的变化而具有明显的周期性。单子叶植物没有侧生分生组织，无增粗生长。如竹子，一般竹笋有多粗，将来形成的竹茎便有多粗。

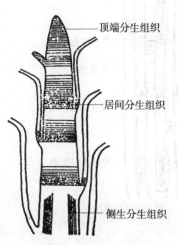

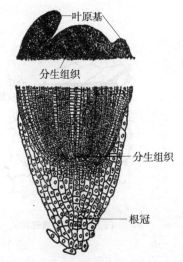

图 1-22　分生组织的位置　　　图 1-23　根尖和茎尖的顶端分生组织

（3）居间分生组织。居间分生组织是位于成熟组织之间的分生组织，是顶端分生组织在某些器官中局部区域的保留，主要存在于多种单子叶植物的茎和叶中。例如，水稻、小麦等谷类作物茎的拔节和抽穗，葱、蒜、韭菜的叶子剪去上部还能继续伸长等，都是因为茎或叶基部居间分生组织活动的结果。花生雌蕊柄基部的居间分生组织的活动，能把开花的子房推入土中。居间分生组织细胞持续分裂的时间较短，一般分裂一段时间后，所有细胞都转变为成熟组织。

此外，按来源和性质，分生组织也可分为原分生组织、初生分生组织和次生分生组织。其中，顶端分生组织包括原分生组织和初生分生组织，侧生分生组织则属于次生分生组织。

2.2　成熟组织

2.2.1　成熟组织的概念

成熟组织指不具有分裂能力的细胞群（少数具有潜在分裂能力）。

2.2.2　成熟组织的类型

（1）保护组织。保护组织是覆盖于植物体表起保护作用的组织，由一层或数层细胞组成。它的作用是防止水分过度散失，控制植物与环境的气体交换，防止病虫害侵袭和机械损伤等。根据保护组织的来源、形态结构及其功能的强弱，可将其分为初生保护组织——表皮，次生保护组织——周皮。

①表皮。表皮分布于幼嫩的根、茎、叶、花、果实和种子的表面，通常是一层生活细胞（夹竹桃等植物的叶上表皮，具有多层生活细胞所组成的复表皮），细胞排列紧密，扁平，除气孔外，无细胞间隙；除表皮细胞外，还有气孔、表皮毛、角质层和蜡被等附属结构（图 1-24）。表皮的形态特征是物种鉴定的依据之一。

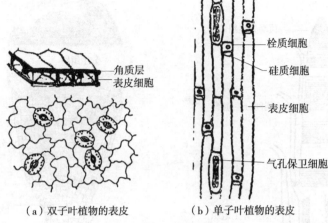

栓质细胞

硅质细胞

表皮细胞

气孔保卫细胞

角质层
表皮细胞

（a）双子叶植物的表皮　　　　（b）单子叶植物的表皮

图 1-24　植物的表皮

茎和叶的表皮细胞，外壁往往较厚并角质化，表面沉积一层明显的角质层，可有效地减少植物体内水分蒸腾，防止病菌侵入和增加机械支持作用。有的植物向外分泌蜡质形成蜡被。如荷叶表面有角质层，蜡被不透水，水珠在上面不会沾湿叶表。有些植物（如甘蔗的茎、葡萄和苹果的果实）在角质层外还具有一层蜡质的"霜"，它的作用是使表面不易浸湿，具有防止病菌孢子在体表萌发的作用。在生产实践中，植物体表面层的结构情况是选育抗病品种、使用农药或除草剂时必须考虑的因素。

表皮上具有许多气孔，它们是气体出入植物体的门户，与光合作用、蒸腾作用密切相关。双子叶植物的气孔器一般由一对肾形保卫细胞以及它们之间的孔隙（气孔）、孔下室（有的还有一至多个副卫细胞）共同组成；单子叶植物的气孔器由两个哑铃形的保卫细胞和两个菱形的副卫细胞组成。副卫细胞位于保卫细胞的外侧或周围（图 1-25）。

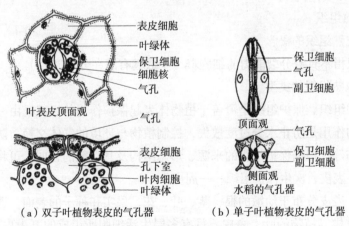

表皮细胞
叶绿体
保卫细胞
细胞核
气孔

叶表皮顶面观

气孔

表皮细胞
孔下室
叶肉细胞
叶绿体

保卫细胞
气孔
副卫细胞

顶面观

气孔

保卫细胞
副卫细胞

侧面观
水稻的气孔器

（a）双子叶植物表皮的气孔器　　　（b）单子叶植物表皮的气孔器

图 1-25　植物表皮的气孔器

表皮还可以具有各种单细胞或多细胞的毛状附属物（图 1-26）。一般认为表皮毛具有保护和防止水分散失的作用。我们用的棉和木棉纤维，都是它们的植物种皮上的表皮毛。有些植物具有分泌功能的表皮毛，可以分泌出芳香油、黏液、树脂、樟脑等物质。

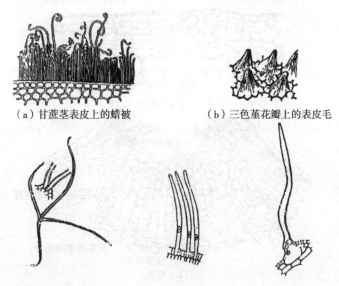

（a）甘蔗茎表皮上的蜡被 （b）三色堇花瓣上的表皮毛

（c）棉属叶上的簇生毛 （d）棉种子上的表皮毛 （e）大豆的表皮毛

图 1-26 表皮附属物

　　表皮在植物体上存在的时间长短，依所在器官是否具有加粗生长而异，具有明显加粗生长的器官，如裸子植物和大部分双子叶植物的根和茎，表皮会因器官的增粗而破坏、脱落，由周皮所取代。在较少或没有次生生长的器官上，如叶、果实、大部分单子叶植物的根和茎上，表皮可长期存在。

　　②周皮。周皮是取代表皮的次生保护组织，存在于有加粗生长的根和茎的表面。它由侧生分生组织的木栓形成层形成。木栓形成层分裂产生的细胞向外分化成木栓层，向内分化成栓内层。木栓层、木栓形成层和栓内层合称周皮 [图 1-27（a）]。

　　木栓层具多层细胞，紧密排列，无胞间隙，细胞壁较厚并高度栓化，原生质体解体，细胞腔中常存在树脂和单宁。因此，木栓层具有不透水、绝缘、隔热、耐腐蚀、质轻等特性，其抗御逆境的能力强于表皮。

　　木栓形成层只有一层细胞，具有分生组织的特点。栓内层薄壁的生活细胞，常常只有一层细胞厚。由木栓形成层产生的大量疏松细胞突破周皮，在树皮表面形成各种形状的小突起，称为皮孔。皮孔在原来气孔器的下方，皮孔是植物体与外界交换气体的通道 [图 1-27（b）]。

　　（2）薄壁组织。薄壁组织是植物体内分布很广，占有量大的一类组织，是植物成熟组织，从而成为植物体的基本部分，所以又称为基本组织。它还担负着吸收、同化、储藏、通气和传递等营养功能，因此又称为营养组织。薄壁组织在植物体内所占的比例最大，如茎和根的皮层及髓部、叶肉细胞、花、果实和种子中，主要组成物质是薄壁组织，其他各种组织，如机械组织和输导组织等，常包埋于其中。

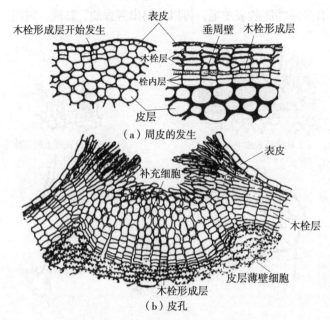

图 1-27　周皮的发生和皮孔

薄壁组织的特征：细胞壁薄，细胞排列疏松，有明显的细胞间隙，液泡大，核相对较小，被挤向靠近细胞壁，相邻细胞通常有大型纹孔对（图 1-28）。

薄壁细胞一般分化程度较低，具有较大的可塑性，在一定条件下可恢复分生能力，形成次生分生组织（形成层或木栓形成层）；薄壁组织还可形成愈伤组织，使创伤愈合，在扦插、嫁接的成活和进行组织培养时生成不定根，获得再生植株。在植物体发育的过程中，常能进一步发育为特化程度更高的组织，如

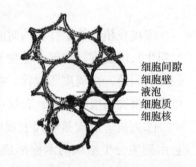

图 1-28　薄壁组织的一般形态

竹茎在成熟老化的过程中，薄壁细胞增厚并木质化，发育为厚壁组织。

根据生理功能，薄壁组织可分为吸收组织、同化组织、储藏组织、储水组织、通气组织、传递细胞等 6 种组织（图 1-29）。

①吸收组织。根尖的部分表皮细胞，外壁突出形成根毛，主要功能是吸收水分和溶于水的无机盐。

②同化组织。细胞含有大量的叶绿体、进行光合作用的薄壁组织，分布于植物体的一切绿色部分如幼茎和叶柄、幼果和叶片中，尤其是叶肉中。

③储藏组织。储藏营养物质的薄壁组织，主要存在于各类储藏器官，如块根、块茎、球茎、鳞茎、果实和种子中，根、茎的皮层和髓等。

④储水组织。储藏组织有时可转化为储水组织。储藏有丰富水分的薄壁组织，细胞大，细胞壁薄，液泡大，液泡中含有大量的黏性汁液，一般存在于旱生的肉质植物

中，如仙人掌、龙舌兰、景天、芦荟等。

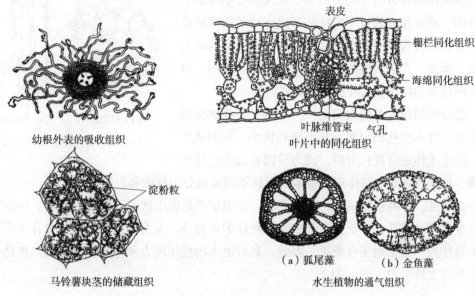

图 1-29　薄壁组织的类型

　　⑤通气组织。储存和输导气体的薄壁组织，在水生和湿生植物如水稻、莲、睡莲等的根、茎、叶结构的发育过程中，部分细胞死亡，形成相互贯通的气道、气腔，储藏着大量空气，有利于光合作用、呼吸作用过程中气体的交换。

　　⑥传递细胞。传递细胞是一些特化的薄壁细胞，细胞壁向细胞腔内凹入，形成许多不规则的突起，从而使质膜内陷和折叠，增大原生质的表面积，使细胞的吸收、分泌和物质交换面积显著增大，这类细胞胞间连丝发达，与迅速传递和短途运输密切相关，因而称为传递细胞。

　　传递细胞普遍存在于小叶脉的周围，成为叶肉和输导分子之间物质运输的桥梁。在许多植物茎或花序轴节部的维管组织、分泌结构中，在种子的子叶、胚珠、胚乳或胚柄等部位也有分布。传递细胞的发现使人们对物质在活细胞间的高效率运输和传递有了更进一步的认识。

　　（3）机械组织。机械组织是对植物起主要机械支持作用的组织，它有很强的抗压、抗张和抗曲挠的能力。植物有一定的硬度，枝干能挺立，叶子能平展，植物能经受狂风暴雨及其他外力的侵袭，都与机械组织的存在有关。机械组织细胞的共同特点是其细胞壁均匀或不均匀加厚。根据其细胞的形态、细胞壁加厚程度与加厚方式，可将其分为厚角组织和厚壁组织。

　　①厚角组织。厚角组织为生活细胞，细胞细长，细胞内含有叶绿体，细胞壁增厚不均匀，仅在其角隅处或相毗邻的细胞间的初生壁显著增厚（图 1-30），细胞壁含纤维、果胶，不含木质，有潜在的分裂能力，具有一定的坚韧性、可塑性和伸展性，能

适应器官的生长与伸长。

厚角组织常分布于幼嫩的茎、花梗和叶柄等器官的外围，或直接在表皮下，往往形成连续的圆筒或束状。常在具有脊状突起的茎和叶柄中，如在薄荷的方茎中，南瓜、芹菜具棱的茎和叶柄中。在叶片中，厚角组织成束地位于较大叶脉的一侧或两侧。

②厚壁组织。厚壁组织是一类细胞壁全面次生增厚不变、常木质化的组织，其细胞腔狭小，细胞成熟时，原生质体通常死亡分解，成为只留有细胞壁的死细胞，具有较强的支持作用。根据其形状不同又可分为纤维和石细胞。

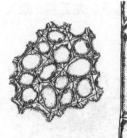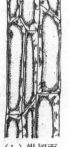

（a）横切面　　　（b）纵切面

图 1-30　薄荷茎的厚角组织

a.纤维。纤维细胞狭长，两端尖细，细胞壁明显次生增厚，细胞腔极小，细胞壁上有少数小的纹孔，广泛分布于成熟植物体的各部分。尖而细长的纤维通常在体内相互重叠排列，紧密地结合成束，因此，具有更大的抗压能力和弹性，成为成熟植物体中主要的支持组织（图 1-31）。

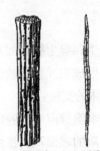

（a）纤维束　（b）纤维细胞　（c）亚麻韧皮纤维　　（d）黄麻韧皮纤维

图 1-31　厚壁组织——纤维

根据纤维存在的部位，可将纤维分为韧皮纤维和木纤维。韧皮纤维主要存在于被子植物的韧皮部，是两端尖削的长纺锤形的死细胞，细胞腔呈狭长的缝隙。纤维的横切面呈多角形、长卵形、圆形等。次生细胞壁极厚，不会木质化或只轻度木质化，主要由纤维素组成，坚韧而有弹性，在植物体中能抗折断，可弯曲，可做优质纺织原料。木纤维存在于被子植物的木质部中。木纤维也是长纺锤形细胞，但较韧皮纤维短，通常约 1 mm，细胞腔极小，壁厚，常强烈木质化，硬度大而韧性差，抗压力强，可增强树干的支持性和坚实性。木纤维可供造纸和人造纤维之用。

b.石细胞。石细胞多为短轴型细胞，细胞壁强烈增厚并木质化，死细胞，纹孔道分枝或不分枝，呈放射状（图 1-32）。

石细胞常单个散生或数个集合成簇包埋于植物的茎、叶、果实和种子的薄壁组织中，有时也可连续成片地分布，有增大器官的硬度和加强支持的作用。例如，梨果肉中坚硬的颗粒便是成簇的石细胞，它们数量的多少是梨品质优劣的一个重要指标。

茶、桂花的叶片中具有单个的分枝状的石细胞，散布于叶肉细胞间，增大了叶的硬度，与茶叶的品质也有关系。核桃、桃、椰子果实中坚硬的核，便是多层连续的石细胞组成的果皮。许多豆类的种皮也因具多层石细胞而变得很硬。在某些植物的茎中也有成堆或成片的石细胞分布于皮层、髓或维管束中。

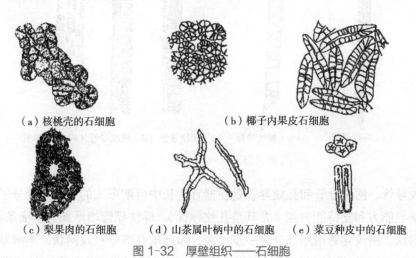

（a）核桃壳的石细胞　　　　（b）椰子内果皮石细胞

（c）梨果肉的石细胞　　（d）山茶属叶柄中的石细胞　　（e）菜豆种皮中的石细胞

图 1-32　厚壁组织——石细胞

（4）输导组织。输导组织是植物体内长途运输水溶液和同化产物的组织，其主要特征是细胞呈长管形，细胞间以不同方式相连接，形成贯穿植物体内的输导系统。输导组织由一些管状细胞上下连接而成，常和机械组织一起组成束状，贯穿在植物体各器官内，担负输导水分、无机盐和有机物的作用。根据构造和功能不同，可分为两种类型，即运输水分和溶解在水中的无机盐的组织——导管和管胞，以及运输同化产物的组织——筛管和筛胞。

①导管。导管普遍存在于被子植物的木质部，是由许多管状死细胞纵向连接成的一种输导组织。组成导管的每一个细胞称为导管分子。导管分子在幼小时是活细胞，成熟后细胞壁木质化加厚，原生质体解体、消失，变成死细胞，其端壁逐渐溶解，形成的单个空洞称为穿孔。导管长短不一，由几厘米到一米左右，有些藤本植物可长达数米。穿孔的形成及原生质体的消失使导管成为中空的连续长管，有利于水分及无机盐的纵向运输。导管还可通过侧壁上的纹孔或未增厚的部分与毗邻的细胞进行横向运输。

根据导管的发育先后和侧壁木质化增厚方式，可将其分为环纹导管、螺纹导管、梯纹导管、网纹导管和孔纹导管五种类型（图 1-33）。

环纹导管和螺纹导管是在器官生长早期形成的，其导管分子细长而腔小（尤其是环纹导管），其侧壁分别呈环状或螺旋状，木质化加厚，输导与支持作用较弱。由于其增厚的部分不多，未增厚的管壁部分仍会适应于器官的生长而伸延，但易被拉断，如莲藕折断的丝是螺纹导管所拉伸的。

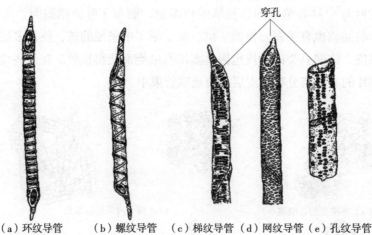

穿孔

（a）环纹导管　　（b）螺纹导管　　（c）梯纹导管（d）网纹导管（e）孔纹导管

图 1-33　导管的主要类型

梯纹导管、网纹导管和孔纹导管是在器官生长中后期形成的，其导管分子短粗而腔大，输导能力和支持能力强（尤其是孔纹导管）。梯纹导管增厚部分呈横条状突起，外观似梯状。网纹导管增厚部分进一步增多，因此增厚部分呈现网状，不增厚的部分是网眼（初生壁）。孔纹导管管壁大部分增厚，不增厚部分成为纹孔，植物器官停止延伸生长时才出现。导管不能永久保持输导能力，随着植物的生长和新导管的产生，老的导管通常会失去输导功能，由于邻接导管的薄壁细胞连同其内含物如单宁、树脂等物质侵入导管腔内，形成侵填体（图 1-34），使导管输导能力降低，甚至丧失，但侵填体对防止病菌的侵害以及增强木材的致密程度和耐水性能都有一定的作用。

②管胞。管胞是一种输水组织，主要存在于蕨类植物和裸子植物中，在多数被子植物木质部中，管胞和导管可同时存在。管胞是两端尖斜、径较小、壁较厚、不具穿孔的管状死细胞，次生壁的木质化和增厚方式与导管相似，在侧壁上也呈现环纹、螺纹、梯纹和孔纹等多种方式的加厚纹饰（图 1-35）。环纹、螺纹管胞的加厚面小，支

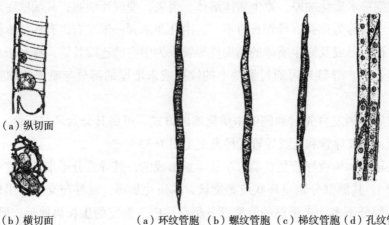

（a）纵切面

（b）横切面　　　　　　　　（a）环纹管胞　（b）螺纹管胞（c）梯纹管胞（d）孔纹管胞

图 1-34　导管中的侵填体　　　　　　　　图 1-35　管胞的主要类型

持力低，多分布在幼嫩器官中。其余几种管胞多出现在较老的器官中，结构颇为坚固，兼有较强的机械支持功能。

各个管胞的纵向连接方式是以它们偏斜的末端部分相贴，相贴部分无穿孔，水分和无机盐主要通过重叠处的纹孔来运输，输导能力不及导管。蕨类植物和大多数裸子植物的木质部主要由管胞组成，管胞起着输导与支持的双重作用，这是裸子植物比被子植物原始的特征之一。

③筛管。筛管存在于被子植物的韧皮部中，是运输叶所制造的有机物，如糖类及其他可溶性有机物的管状结构。它们是由许多管状的、薄壁无核的生活细胞（筛管分子）纵向连接成的一种疏导组织（图1-36），长距离运输光合产物。

筛管分子只有初生壁，壁的主要成分是果胶和纤维素，细胞壁上分化出许多较大的穿孔，称筛孔，具有很多穿孔的区域称筛域，分布有筛域的端壁称筛板。穿过筛孔的原生质成束状，称联络索，联络索通过筛孔彼此相连，使纵向连接的筛管分子相互贯通，形成运输同化产物的通道。成熟筛管分子具有活的原生质体，但细胞核解体，液泡膜也解体，许

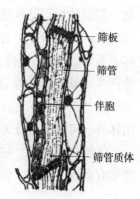

图1-36　筛管

多细胞器（如线粒体、内质网等）退化，出现特殊的蛋白质（P-蛋白体），有人认为它是一种收缩蛋白，可能在筛管运输有机物中起作用。

筛管分子的侧面通常与一个或一列伴胞相毗邻，筛管与伴胞来源于同一母细胞，通过一次不等的纵分裂，变成两个细胞，大的发育成筛管，小的发育成伴胞。伴胞具有细胞核及各类细胞器，与筛管分子相邻的壁上有稠密的筛域，协助和保证筛管的活性与运输功能。

筛管运送养分的速度每小时可达10～100 cm。通常，筛管功能只有一个生长季，在衰老或休眠的筛管中，筛板上会大量积累胼胝质（黏性碳水化合物），形成垫状的胼胝体，封闭筛孔。少数植物如葡萄、碱蓬的筛管功能可保持二至多年，当次年春季筛管重新活动时，胼胝质消失，联络索又能重新沟通。此外，当植物受到损伤等外界刺激时，筛管分子也能迅速形成胼胝质，封闭筛孔，阻止营养物的流失。

④筛胞。筛胞是蕨类植物和裸子植物体内主要承担输导有机物的细胞。筛胞通常比较细长，末端尖斜，细胞壁上有不明显特化的筛域出现，筛孔细小，不形成筛板结构。许多筛胞的斜壁或侧壁相接而纵向叠生。筛胞运输有机物质的效率比筛管低，是比较原始的运输有机物质的组织。

导管和筛管是被子植物体内物质输导的重要组织，但也是病菌感染、传播扩散的主要通道。如土壤中的枯萎病菌入侵根部后，其菌丝可随导管到达地上部分的茎和叶，某些病毒可借昆虫刺吸取食而进入筛管，引起植株发病。因此，研究输导组织的特性，有利于合理施用内吸传导型农药，有效防治病、虫、草害。

（5）分泌组织。植物体中能分泌物质的细胞或细胞组合称为分泌组织。某些植物细胞能合成一些特殊的有机物或无机物，如挥发油、树脂等，并把它们排出体外、细胞外或积累于细胞内，这种现象称为分泌现象。这些分泌物在植物的生活中起着多种作用，例如，根的细胞能分泌有机酸、酶等到土壤中，使难溶性的盐类转化成可溶性的物质而被植物吸收利用，同时，又能吸引一定的微生物，构成特殊的根际微生物群，为植物健壮生长创造更好的条件；植物分泌蜜汁和芳香油，能引诱昆虫前来采蜜，帮助传粉。某些植物分泌物能抑制或杀死病菌及其他植物，或能对动物和人类形成毒害，有利于保护自身。另一些分泌物能促进其他植物的生长，形成有益的相互依存关系等。许多植物的分泌物具有重要的经济价值，如橡胶、生漆、芳香油等。凡是能产生、储藏、输导分泌物的细胞或细胞群都称为分泌组织。分泌的物质多种多样，如挥发油、蜜汁、乳汁、树脂、单宁结晶、有机酸、酶、盐类等。根据分泌物是否排出体外，可将其划分为外分泌组织和内分泌组织两类。

①外分泌组织。植物的外分泌组织分布在植物体表，其分泌物排出体外。常见的类型有蜜腺、腺鳞、腺毛、腺表皮、排水器等（图 1-37）。

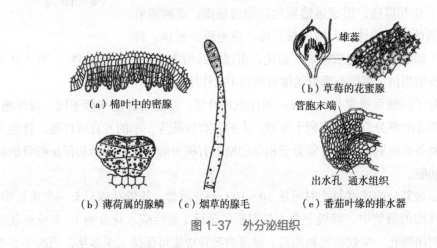

（a）棉叶中的密腺　（b）草莓的花蜜腺
（b）薄荷属的腺鳞　（c）烟草的腺毛　（e）番茄叶缘的排水器

图 1-37　外分泌组织

a.蜜腺。蜜腺是能分泌蜜汁的多细胞腺体结构，存在于许多虫媒传粉植物的花部。它们由表皮及其内层细胞共同形成，即由保护组织和分泌细胞构成。蜜腺分泌糖液是对虫媒传粉的适应，蜜腺发达和蜜汁分泌量多的植物，是良好的蜜源植物，经济价值很高。一般蜜源植物在长日照、适宜的温度和湿度以及合理的施肥条件下，能够促进蜜汁的分泌和提高含糖量。

b.腺鳞。腺鳞的顶部分泌细胞较多，呈鳞片状排列（如唇形科植物）。有些植物的茎叶上具有泌盐的腺鳞（如补血草属、无叶怪柳），称为盐腺，有调节植物体内盐分的作用。

c.腺毛。腺毛是表皮毛的一种，由柄、头两部分组成，头部由单个或多个分泌细胞组成，分泌物积累在细胞壁与角质层之间，随着分泌物增多，突破角质层排出来，如薄荷叶的表皮毛。腺毛的分泌物常为黏液或精油，对植物具有一定的保护作用。食虫植物的变态叶上可以有多种腺毛，分别分泌蜜露、黏液和消化酶等，有引诱、黏着和消化昆虫的作用。

d. 腺表皮。腺表皮指植物体某些部位的表皮细胞为腺性，具有分泌的功能。例如，矮牵牛、漆树等许多植物花的柱头表皮即腺表皮，细胞呈乳头状突起，具有浓厚的细胞质，并有薄的角质层，能分泌出含有糖、氨基酸、酚类化合物等组成的柱头液，有利于黏着花粉和控制花粉萌发。

e. 排水器。排水器是植物将体内多余的水分直接排出体外的结构，常分布于植物的叶尖和叶缘，由出水孔、通水组织和维管组织组成。排水器排水的过程称为吐水。在温湿的夜间或清晨，常在叶尖或叶缘出现水滴，就是经排水器分泌出的。如旱金莲、卷心菜、番茄、草莓、慈姑和莲等植物吐水更为普遍。吐水现象往往可作为根系正常生长活动的一种标志。

②内分泌组织。内分泌组织是将分泌物储存于植物体内的分泌结构。它们常存在于基本组织内。常见的类型有分泌细胞、分泌腔、分泌道、乳汁管等（图1-38）。

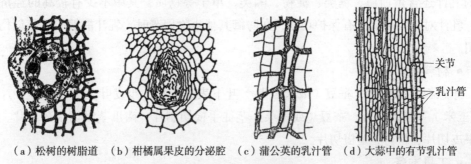

（a）松树的树脂道　（b）柑橘属果皮的分泌腔　（c）蒲公英的乳汁管　（d）大蒜中的有节乳汁管

图1-38　内分泌组织

a. 分泌细胞。分泌细胞一般单个地分散于薄壁组织中，细胞体积通常明显地较周围细胞大，容易识别。根据分泌物质的类型，分为油细胞（如樟科、木兰科、蜡梅科、胡椒科等）、黏液细胞（如仙人掌科、锦葵科等）、含晶细胞（如桑科、石蒜科、鸭跖草科等）、质细胞（含有单宁的细胞，如葡萄科、景天科、豆科、蔷薇科等）以及芥子酶细胞（白花菜科、十字花科）等。

b. 分泌腔。分泌腔是植物体内多细胞构成的储藏分泌物的腔室结构。根据腔室形成的方式可分为溶生分泌腔和裂生分泌腔两种类型。溶生分泌腔是由一群具有分泌能力的分泌细胞溶解而形成的腔室，分泌物储积在腔中。如橘的果皮和叶中，棉的茎、叶、子叶中都有这种类型的分泌腔。裂生分泌腔是由有分泌能力的细胞群胞间层溶解，细胞相互分开，细胞间隙扩大而形成的腔室，周围一至多层分泌细胞将分泌物排入腔室中。

c. 分泌道。分泌道为管状的内分泌结构，管内储存分泌物质。分泌道也有溶生和裂生两种方式，但多为裂生形成。如松柏类植物的树脂道即分泌细胞的胞间层溶解，细胞相互分开而形成的长形细胞间隙，完整的分泌细胞环生于分泌道周围，由这些分泌细胞分泌的树脂储存于分泌道中。树脂的产生，增强了木材的耐腐性。漆树中有裂生的分泌道称为漆汁道，其中储有漆汁。树脂和漆汁都是重要的工业原料，经济价值很高。芒果属的茎、叶也有分泌道。

d. 乳汁管。乳汁管是能分泌乳汁的管状结构。按其形态发生特点分为无节乳汁管和有节乳汁管两类。

无节乳汁管起源于单个细胞，随植物的生长而强烈伸长，形成一多核的分枝巨型细胞，可长达数米，贯穿于植物体中。细胞进行核的分裂，不产生细胞壁，管中具有多核，如桑科、夹竹桃科、大戟属植物的乳汁管。

有节乳汁管由多个长圆柱形细胞连接而成，通常为端壁溶解而连通，在植物体内形成复杂的网络系统，如三叶橡胶、葛苣属、木薯、番木瓜等。

乳汁管在植物体内多分布在韧皮部，如橡胶树；有的见于皮层和髓，如大戟。乳汁的成分比较复杂，三叶橡胶的乳汁含大量橡胶，是橡胶工业的重要原料；有些植物的乳汁还含蛋白质、糖类、淀粉、酯类、单宁等物质，其中不少有较高的经济价值。乳汁对植物可能具有保护功能，在防御其他生物侵袭时，乳汁能够起覆盖创伤的作用。

● **材料准备**

洋葱根尖纵切片、蚕豆（或天竺葵）叶下表皮装片、小麦叶上表皮制片、芹菜（或玉米）茎横切制片、蚕豆（或芹菜）茎徒手横切制片、南瓜茎纵切永久切片、柑橘果皮切片、松树脂道横切片。

● **工具准备**

生物显微镜、绘图笔、绘图纸。

 任务 实施

步骤一：利用显微镜观察洋葱根尖切片，掌握分生组织的特点及功能。

步骤二：利用显微镜观察蚕豆、小麦的切片，掌握保护组织的基本类型及功能。

步骤三：利用显微镜观察芹菜、玉米、蚕豆、南瓜等的根、茎的切片，掌握输导组织、机械组织的类型、结构和功能。

步骤四：利用显微镜观察柑橘果皮、松树脂道横切片，掌握分泌组织的类型、结构和功能。

步骤五：任务总结，小组内讨论并总结各种组织的细胞的特点，组织类型、结构和功能；利用显微镜观看分生组织和成熟组织的切片和制片，认识植物组织的结构特征及在植物体内的分布；进一步了解植物细胞的分化和组织的形成，掌握组织形态结构及生理功能；通过显微镜的维护与保养学习，做到爱护显微镜，爱护一切实验用具，保障自身的人身安全，养成严格遵守规定的良好职业素养。

 任务 检测

请扫描二维码答题。

项目一任务三
任务检测一

项目一任务三
任务检测二

 任务 评价

班级：_____ 组别：_____ 姓名：_____

项目	评分标准	分值	自我评价	小组评价	教师评价
知识技能	说出分生组织的类型	10			
	说出分生组织细胞的特征	10			
	说出成熟组织的类型	10			
	指出成熟组织在植物体内的分布	10			
	描述各成熟组织的生理功能	20			
任务质量	整体效果很好为15~20分，较好为12~14分，一般为8~11分，较差为0~7分	20			
素养表现	学习态度端正，观察认真、爱护仪器，耐心细致	10			
思政表现	正确处理个体与整体之间关系，树立集体观念和大局意识	10			
合计		100			
自我评价与总结					
教师点评					

项目导读

　　植物在生态系统中意义重大，是生态系统中的生产者，是地球生命的物质和能量的基础。不同植物部位的结构各不相同，观察植物的各个部位能够更好地理解植物的生长、发育和适应环境的能力。了解植物根茎叶内部结构特点和外部形态特征，能为植物的识别奠定重要基础，对于我们认识植物有着重要的作用。

知识目标

　　掌握植物营养器官内部结构特点和外部形态特征。

能力目标

　　能根据植物营养器官的外部形态正确区分植物的根、茎、叶。学会利用生物显微镜观察植物营养器官切片，掌握植物各营养器官的内部结构特点，将所学的专业知识应用到生产实践当中。

素养 + 思政目标

　　通过观察植物的不同器官，养成仔细观察和探究的良好习惯。知道结构和功能相统一的关系，体会科学知识对认识世界的重要性。拓展专业认知，树立专业自信，强化低碳生活与绿色发展信念，坚定生态文明理念。

任务一　种子和幼苗

任务 导入

　　观察菜豆种子和玉米籽粒的形态结构，比较双子叶植物和单子叶禾本科植物"种子"结构上的异同。

任务 准备

● 知识准备

植物体由多种组织构成，其中具有显著形态特征和特定生理功能的部分称为器官。植物器官可分营养器官和生殖器官。被子植物营养器官包括根、茎和叶，它们共同担负着植物体的营养生长。具生殖功能的为生殖器官，包括花、果实和种子。植物营养体的建成是从种子萌发开始的。

种子植物是一个大的类群，其共同特征是具有种子。根据其胚珠是否有包被，又可分为裸子植物和被子植物两类。裸子植物的胚珠是裸露的，胚珠发育成种子不被果皮所包被。被子植物的胚珠被起保护作用的子房壁所包被，种子包在果皮内。

1 种子的发育

被子植物经过双受精以后，胚珠发育成种子，它包括胚、胚乳和种皮三部分。不同植物种子的形态结构上差异很大。

1.1 胚的发育

胚是种子的最主要部分。胚是包在种子内的幼小植物体。胚的发育过程是从合子开始的，卵细胞受精后，合子会产生纤维素的壁，进入休眠状态，休眠期的长短因植物种类而不同：水稻 4～6 h、棉花 2～3 d、茶树 15～180 d。双子叶植物和单子叶植物胚的发育过程和成熟胚的结构有较大差别。

1.1.1 双子叶植物胚的发育

胚的发育是从合子的分裂开始。合子经过一段时间休眠后，先延伸成管状，然后进行不均等的横分裂，形成大小不等的两个细胞，靠近胚囊中央的一个很小、质浓的细胞称为顶细胞；靠近珠孔一个较长、高度液泡化的细胞，叫基细胞。

基细胞分裂主要形成胚柄，或者部分也参加胚体的形成。胚柄能将胚体推入胚乳，有利于从胚乳中吸收养分，它也能从外围组织中吸收养分和加强短途运输，此外胚柄还能合成激素。顶细胞先进行一次纵向分裂，形成左、右两个并列的细胞，随后这两个子细胞各进行一次纵向分裂成为四个细胞，然后每个细胞又各自进行一次横分裂，产生八分体。随后，八分体经各方面连续分裂，成为球形原胚。球形原胚以后的发育，是顶端部分两侧细胞分裂快，形成两个突起，使胚呈心形，称为心形胚期。心形胚的两个突起发育迅速，成为两片子叶，两片子叶中间凹陷部分逐渐分化出胚芽。同时，球形胚体基部细胞和与它相接的那个胚柄细胞，不断分裂共同分化为胚根。胚根与子叶间的部分为胚轴。完成幼胚分化。随着幼胚不断发育，胚轴伸长，子叶沿胚囊弯曲，最后形成马蹄形成熟胚，胚柄逐渐退化消失，完成胚的发育（图 2-1）。

1.1.2 禾本科植物胚的发育

禾本科植物胚的发育以小麦为例。首先，小麦合子休眠后第一次分裂，常为倾斜的横分裂，形成顶细胞和基细胞。之后，顶细胞和基细胞各自再分裂一次，形成四个细胞原胚。随后，四个细胞又各自不断地分裂，增大了配体的体积，进一步形成棒槌状，成为棒槌状胚。然后，由棒槌状胚的一侧出现一个凹陷，此凹陷处形成胚芽。最后，胚芽上面的一部分发育成盾片，由于这一部分的生长较快，所以很快突出在胚芽上，在以后的发育中胚中分化形成胚芽鞘、胚芽、胚根鞘和胚根；在胚上还有一外胚叶，位于与盾片相对的一侧。

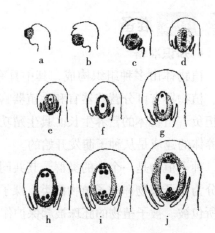

图 2-1　胚囊的发育过程示意

注：a 为胚珠原始体，大型细胞为大孢子母细胞；b，c 为大孢子母细胞减数分裂；d 为四个大孢子呈一直线排列；e，f 为远珠孔端的一个大孢子发育为胚囊；g 为两核胚囊；h，i，j 为四核胚囊。

1.2　胚乳的发育

胚乳是被子植物种子贮藏营养的部分，是由一个精细胞结合两个极核后形成的初生胚乳核发育而成的，具有三倍染色体。有些植物的胚乳在种子形成过程中，早已被吸收，所以种子成熟后，就无胚乳存在，这些种子的营养物质则贮藏在肥大的子叶内。胚乳的发育类型如下。

1.2.1　核型胚乳

核型胚乳是被子植物中普遍的胚乳发育形式。如小麦、水稻、玉米、棉花、油菜、苹果等。初生胚乳核的第一次分裂和以后的多次分裂，都不伴随壁的形成，各个胚乳核呈游离状态分布在胚囊中。游离核的数目随植物种类而异。胚乳核分裂进行至一定阶段，在胚囊周围的胚乳核之间，先出现细胞壁，此后由外向内逐渐形成胚乳细胞。这种核型胚乳是被子植物中最普遍的发育形式。

1.2.2　细胞型胚乳

细胞型胚乳的特点是初生胚乳核分裂后，随即产生细胞壁，形成胚乳细胞。所以，胚乳自始至终，没有游离核时期。如番茄、烟草、芝麻等。

1.2.3　沼生目型胚乳

这类胚乳是核型胚乳与细胞型胚乳的中间类型。受精极核第一次分裂，胚囊被分隔为珠孔室和合点室。珠孔室较大，这部分的核进行多次分裂，呈游离状态，以后形成细胞结构；合点室核分裂次数较少，并一直保持游离状态。此种类型仅见于沼生目，如刺果泽泻、慈姑。

1.3　种皮的发育

种皮由胚珠的珠被发育而来，包围胚和胚乳，起保护作用。通常外珠被形成外种皮，内珠被形成内种皮。也有一些植物的两层珠被在发育过程中，其中一层珠被因退化而消失，只有一层珠被发育为种皮，如大豆、蚕豆的种皮。

2 种子的结构与类型

2.1 种子的基本结构

各种植物的种子，在形状、大小、色泽和硬度等方面，都有很大的差别，如椰子的种子很大，而油菜、萝卜、芝麻的种子则较小；大豆、菜豆的种子为肾形，而豌豆、龙眼的种子为圆球形。种子的外观常作为识别各类种子和鉴定种子质量的根据。种子的基本结构是一致的，一般由种皮、胚和胚乳三部分组成。

2.1.1 胚

胚是构成种子最重要的部分，它是由胚芽、胚根、胚轴和子叶四部分组成。种子萌发后，胚根、胚芽和胚轴分别形成植物体的根、茎、叶及其过渡区，因而胚是植物新个体的原始体。

2.1.2 胚乳

胚乳是种子内贮藏营养物质的组织，贮藏的物质主要有淀粉、脂肪和蛋白质。根据胚乳贮藏物质的主要成分，作物的种子可分为淀粉类种子（水稻、小麦、玉米和高粱等）、脂肪类种子（花生、油菜、芝麻和油茶等）、蛋白质类种子（大豆）。根据成熟后胚乳的有无，种子可分为无胚乳种子和有胚乳种子两类。

（1）无胚乳种子。这类种子只有种皮和胚两部分，子叶肥厚，贮藏大量的营养物质，代替了胚乳的功能。许多双子叶植物，如刺槐、梨、板栗、油茶、核桃等，都是无胚乳种子（图 2-2）。

（2）有胚乳种子。这类种子由胚、胚乳和种皮三部分组成，胚乳占种子大部分，胚较小，如油桐、橡胶树、松、稻、麦等。许多双子叶植物、大多数单子叶植物和全部裸子植物的种子，都是有胚乳种子（图 2-3）。

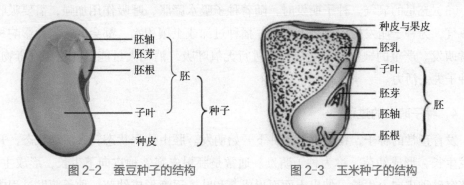

图 2-2 蚕豆种子的结构　　　　　　图 2-3 玉米种子的结构

2.1.3 种皮

种皮是种子外面的保护层。种皮的厚薄、色泽和层数，因植物种类的不同而有差异。成熟的种子在种皮上通常可见种脐和种孔。有些植物的种皮仅一层，但有些植物则具内外两层种皮。内种皮薄软，外种皮厚硬，且常具光泽、花纹或其他附属物，如橡胶树的种皮有花纹，乌桕种皮附着有蜡层。有些种子的外种皮扩展成翅，如油松、马尾松、泡桐、梓树等。

2.3　种子的寿命

种子的寿命是指种子在一定条件下保持生活力的最长期限，超过这个期限，种子就失去生活力，也就失去萌发的能力。种子寿命的长短，因植物不同差异很大。一般植物种子寿命是几年到十几年，寿命长的种子可达百年以上，如莲、扁羽豆等的种子；而有的种子寿命很短，只有几个月、几周、几天或更短，如三叶橡胶（一周）、柳（三周）。种子寿命的长短取决于植物的遗传性，同时也受贮藏条件的影响。

3　种子萌发的条件

成熟的种子由胚、胚乳和种皮三部分组成。种子在适当的条件下，便开始萌发，逐渐形成幼苗。

种子萌发必须具备下面三个条件。

（1）充足的水分。种子在萌发时会吸收水分，促使种皮软化，从而增加种皮透水性和透气性，并易于被突破。充足的水分有助于胚细胞代谢活动的加强，增强呼吸作用、酶的活性以及各种生理生化反应；也有利于种子内贮藏的复杂的有机物质分解为简单的可溶性化合物，便于这些物质的运输和利用。

（2）适宜的温度。对大多数植物来说，种子萌发的温度要求有一定范围，有最低、最高和最适温度三个极限。大多数植物种子萌发的最低温度为0～5℃，低于此温度范围则不萌发；最高温度为35～40℃，高于此温度范围种子也不能萌发；最适温度为25～30℃。

（3）充足的氧气。种子萌发时，随着种子吸水膨胀，呼吸作用加强，需要吸收大量氧气，为种子萌发提供所需的能量，播种过深或土壤积水，都会因缺氧而影响种子正常萌发。严重的缺氧则会造成种子进行无氧呼吸，消耗大量能量并积累有毒物质，使种子失去活力。

4　种子萌发的过程

发育正常的种子，在适宜的条件下开始萌发。胚由休眠状态转入活动状态，开始萌发生长，形成幼苗，称为种子萌发。通常是胚根先突破种皮向下生长，形成主根。胚芽突破种皮向上生长，伸出土面而形成茎和叶，逐渐形成幼苗。种子萌发过程中先形成根，可以使早期幼苗固定于土壤中，及时从土壤中吸取水分和养料，使幼小的植物能很快地独立生长。

5　幼苗的类型

幼苗出土后，在形态上具有一般植物所具有的三种主要营养器官——根、茎、叶。子叶与胚芽长出的第一片真叶之间的部分，称上胚轴；子叶与初生根之间的部分称下胚轴。胚轴的生长情况随植物种类而不同，因而形成不同的幼苗出土情况，可分为如下两种类型。

（1）子叶出土的幼苗。种子萌发时胚轴迅速生长，从而把子叶、上胚轴和胚芽推出土面，这种方式形成的幼苗，称为子叶出土幼苗，大多数裸子植物和双子叶植物的幼苗都是这种类型的。

（2）子叶留土的幼苗。种子萌发时，下胚轴不发育或不伸长，只是上胚轴和胚芽迅速向上生长，形成幼苗的主茎，而子叶始终留在土壤中，这种方式形成的幼苗，称为子叶留土幼苗。一部分双子叶植物如核桃、油茶等，以及大部分单子叶植物如毛竹、棕榈、蒲葵等的幼苗都属此类型。

此外，还有一些种子，如花生种子的萌发，兼有子叶出土和子叶留土的特点。它的上胚轴和胚芽生长较快，同时下胚轴也相应生长。所以，播种较深时，则不见子叶出土；播种较浅时，则可见子叶露出土面。子叶出土与子叶留土，是植物体对外界环境的不同适应性。这一特性为栽培时播种的深浅提供了依据，一般子叶出土的植物，宜浅播覆土。子叶出土的植物，在真叶未长出前，子叶见光，产生叶绿体，成为幼苗初期的同化器官。有些植物的子叶可以保持一年之久，另一些甚至可以保留 3~4 年；大多数植物则在真叶长出后，子叶逐渐萎缩而脱落。子叶留土的植物，子叶的作用为吸收或贮藏营养物质。

● **材料准备**

蚕豆、菜豆、豌豆、花生、玉米、小麦、水稻果实；小麦、水稻颖果切片；大豆、菜豆、花生、豌豆、小麦、水稻、玉米的幼苗。

任务 实施

步骤一：结合图片与视频资料，学习种子的基本形态结构和类型及幼苗类型。

步骤二：观看常见子叶出土幼苗与子叶留土幼苗发芽过程视频资料，讨论学习常见幼苗类型。

步骤三：观察种子及幼苗实物及切片，掌握种子的基本结构及类型，了解种子萌发成幼苗的过程。

步骤四：任务总结，小组讨论并总结种子的结构组成、种子的类型、幼苗的类型及种子萌发的条件；了解植物生长发育的基本规律即形态结构与机能统一性、植物体的整体性、植物与环境的适应性。

任务 检测

请扫描二维码答题。

项目二任务一　　　　项目二任务一
任务检测一　　　　　任务检测二

任务 评价

班级：_____　　组别：_____　　姓名：_____

项目	评分标准	分值	自我评价	小组评价	教师评价
知识技能	能区分植物的营养器官	10			
	说明种子的构造	10			
	说出单子叶植物和双子叶植物种子结构上的异同	10			
	能区分哪些植物是有胚乳种子，哪些是无胚乳种子	10			
	能区分子叶留土幼苗和子叶出土幼苗	10			
	叙述种子萌发所具备的条件	10			
任务质量	整体效果很好为15～20分，较好为12～14分，一般为8～11分，较差为0～7分	20			
素养表现	注意细节，严谨审慎；独立思考，诚实守信	10			
思政表现	注重生态环保，注重民族团结	10			
合计		100			
自我评价与总结					
教师点评					

任务二 根的形态结构

任务 导入

观察洋葱根尖，蚕豆、小麦幼根横切片和向日葵老根横切片，说出双子叶植物和单子叶植物根的结构和特点。

任务 准备

● 知识准备

1 根的生理功能

根是植物体的地下营养器官。一株植物地下所有的根总称为根系，根系的主要生理功能是吸收土壤中的水和溶解在水中的无机营养物，并能固定植物。有些植物的根系还有储藏营养物和利用不定芽来繁殖的作用。根还能合成许多重要的物质，如氨基酸、激素和植物碱等。

2 根系的发生和类型

当种子萌发时，胚根首先突破种皮向地生长，形成主根。主根上可以产生侧根，侧根上再产生第二、第三级支根，都称为侧根。主根和侧根都从植物体固定的部位生长出来的，均属于定根。还有许多植物除产生定根外，还能从茎、叶、老根或胚轴上产生的根称为不定根。

2.1 定根和直根系

根系可分为直根系和须根系两种类型（图2-4）。直根系由胚根发育产生的初生根及次生根组成，主根发达，较各级侧根粗壮而长，能明显地区分出主根和侧根。大部分双子叶植物和裸子植物的根系属于此类型，如大豆、向日葵、蒲公英、棉花、油菜等。

2.2 不定根和须根系

由不定根组成的根系称为须根系，如禾本科的稻、麦以及鳞茎植物葱、韭、蒜、百合等单子叶植物的根系。

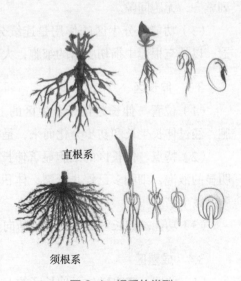

直根系

须根系

图2-4 根系的类型

3 根尖及其分区

根尖是指从根的顶端到着生根毛的部分。根尖是根的伸长生长、分枝和吸收活动最重要的部位，主根、侧根和不定根都具根尖。根尖从顶端自下而上可分为根冠、分生区、伸长区和成熟区四部分（图 2-5），各区的生理机能不同，细胞形态结构也不同，除根冠与分生区之间的界限较明显外，其他各区细胞分化是逐渐过渡的，并无严格界限。

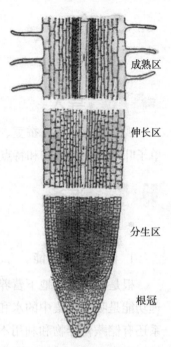

图 2-5　根尖纵切面及其分区

3.1 根冠

（1）位置。根冠位于根尖的最先端，形似小套，覆盖于分生区之外。

（2）特点。根冠外层细胞排列疏松，细胞壁黏液化，使土粒表面润滑，便于根尖向土壤深处推进。

（3）功能。根冠的作用是保护上方幼嫩的分生区，使之不至在深入土壤时受损害。

有的水生植物没有根冠。

3.2 分生区

（1）位置。分生区位于根冠内侧，全长 1～2 mm。分生区是分裂产生新细胞的主要地方，称生长点。

（2）特点。分生区的细胞小，近方形，细胞壁薄，细胞核大，细胞质浓，细胞排列整齐，无胞间隙。

（3）功能。分生区的作用是连续分裂不断增生新的细胞。一部分细胞补充到根冠，以补充根冠中损伤脱落的细胞；大部分细胞进入根后方的伸长区。

3.3 伸长区

（1）位置。伸长区位于分生区的上方，长约几毫米，是由分生区分裂产生的细胞，经过伸长生长和初步分化而来，是根伸长生长的主要部位。

（2）特点。伸长区的细胞显著伸长成圆筒形，细胞质呈一薄层贴于细胞壁，形成明显的液泡，细胞多已停止分裂，体积增大并开始分化，细胞伸长的幅度可为原有细胞的数十倍。

（3）功能。伸长区促使根尖不断向土层深处伸展。

3.4 成熟区

（1）位置。成熟区位于伸长区的上方。

（2）特点。成熟区的表皮密生根毛，因此又称根毛区。

（3）功能。成熟区根毛的存在扩大了根的吸收面积。

4 根的结构

根的初生构造在根尖的成熟区已分化形成各种成熟组织，这些成熟组织是由顶端分生组织细胞分裂产生的细胞经生长分化形成的构造称为根的初生构造。这种由顶端分生组织的活动所进行的生长称为顶端生长。

将成熟区作横切，在显微镜下观察根尖成熟区的横切面，可看到根的初生构造由外而内分化为表皮、皮层和中柱三部分（图2-6）。

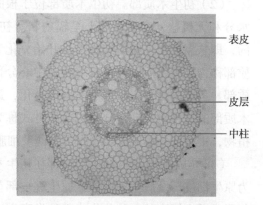

图2-6 双子叶植物根的初生构造

4.1 双子叶植物根的初生结构

4.1.1 表皮

（1）位置。双子叶植物根的表皮位于根的表面，常由一层细胞组成，来源于初生分生组织的原表皮。

（2）特点。双子叶植物根的表皮的细胞排列紧密。从纵切看为长柱形，横切面略呈长方形，细胞壁薄，水和无机盐可以自由通过。有些表皮细胞特化形成根毛，扩大了根的吸收面积。

（3）功能。双子叶植物根的表皮具有保护作用，但成熟区的表皮细胞吸收作用较其保护作用更为重要，所以根表皮是一种薄壁的吸收组织。

4.1.2 皮层

（1）皮层。双子叶植物根的皮层位于表皮与中柱之间，占初生构造的最大体积。

（2）特点。双子叶植物根的皮层由多层生活的薄壁细胞组成，分为外皮层和内皮层。

（3）功能。双子叶植物根的皮层具贮藏物质和一定的通气作用。

4.1.3 中柱

双子叶植物根的中柱也称维管柱，是指内皮层以内的部分，结构比较复杂，包括中柱鞘、初生木质部、初生韧皮部和薄壁细胞四部分（图2-7），少数植物还有髓。

（1）中柱鞘。中柱鞘位于中柱的最外

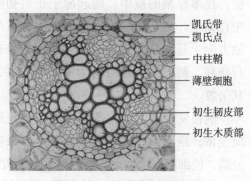

图2-7 双子叶植物的维管柱

层，由一层或几层薄壁细胞组成，细胞排列紧密。中柱鞘具有潜在的分生能力，可产生侧根、木栓形成层和维管形成层等部分。

（2）初生木质部。初生木质部位于根的中心部分，主要由导管和管胞组成，输导水分和无机盐，在横切面上呈辐射状。初生木质部的细胞成熟分化过程是由外向内的，即从靠近中柱鞘的细胞最早开始分化为环纹和螺纹导管，这种最早分化形成的木质部称为原生木质部。接着继续向中心分化形成梯纹、网纹、纹孔导管，称为后生木质部。各束的后生木质部不断向内分化，最后连接起来而形成放射状的木质部。初生木质部的这种由外向内分化成熟的方式称为外始式。大多数单子叶植物及少数双子叶植物，中心部分不形成导管而仍为薄壁细胞或厚壁细胞组成的髓。

（3）初生韧皮部。初生韧皮部在初生木质部的放射角之间发生，因成熟的先后分为原生韧皮部及后生韧皮部。原生韧皮部首先在接近中柱鞘的部位发生，以后向内分化形成后生韧皮部。其分化成熟的发育方式也是外始式。初生韧皮部主要由筛管、伴胞组成。初生韧皮部与初生木质部之间有一至多层薄壁细胞，在双子叶植物中这部分细胞以后进一步转化为形成层，产生次生构造。而单子叶植物这部分细胞则停留在基本组织阶段，没有形成层的分化，因此只有初生构造。木质部和韧皮部是由多种细胞组成的一种复合组织，但起主要作用的是筛管和导管这些长管状细胞，所以我们将它们称为维管组织。

（4）薄壁细胞。初生韧皮部和初生木质部之间，常有一些薄壁细胞，这些细胞能恢复分裂能力，成为形成层的一部分，分裂产生次生构造。大多数双子叶植物根的中柱中央为木质部所占满，因而没有髓。而一些单子叶植物和少数双子叶植物根的中心部分具有由薄壁细胞所组成的髓。

4.1.4 侧根的形成

侧根是由侧根原基发育形成的，双子叶植物侧根多起源于根毛区中柱鞘的一定部位，通常由正对初生木质部辐射角的中柱鞘细胞产生（图2-8）；在二原型的根中，侧根起源于初生木质部辐射角的两侧；在多原型的根中，则起源于正对初生韧皮部的中柱鞘上。由于初生木质部和初生韧皮部在根的长轴方向上是连续的条状，所以侧根常呈有规律的纵行排列，侧根的行数与初生木质部的束数相同或为其倍数。

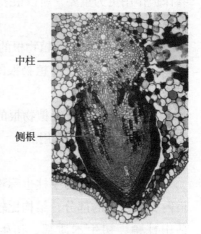

图 2-8 侧根的发生

侧根发生时，上述部位中的中柱鞘细胞的细胞质变浓，液泡缩小，恢复分裂能力。最初进行平周分裂，使细胞层次增加，以后进行各个方面的分裂，形成新的生长点。生长点的细胞继续分裂、生长和分化，形成根的原始体，逐渐伸入皮层，最后突破皮层和表皮伸入土中，形成侧根。

4.2 禾本科植物根的结构

禾本科植物属于单子叶植物，其根的结构也是由表皮、皮层和中柱三部分组成（图2-9），但与双子叶植物的根相比有以下不同的特点，特别是不产生形成层，没有次生生长和次生结构，如小麦、玉米、水稻。

图 2-9　禾本科植物根的初生构造

4.2.1 表皮

禾本科植物根的表皮为根最外一层细胞，也有根毛形成，但禾本科植物表皮细胞寿命一般较短，在根毛枯死后，往往解体而脱落。

4.2.2 皮层

禾本科植物根的皮层位于表皮和中柱之间。靠近表皮的几层细胞为外皮层，在根发育后期其细胞常转变成栓化的厚壁组织，在根毛枯萎后，代替表皮行使保护作用。外皮层以内为皮层薄壁细胞，数量较多。例如，水稻的皮层薄壁细胞在后期形成许多辐射排列的腔隙，以适应水湿环境。内皮层的绝大部分细胞径向壁、横壁和内切向壁五面增厚，只有外切壁未加厚。在横切面上，增厚的部分呈马蹄形，但正对着初生木质部的内皮层细胞常停留在凯氏带阶段，称为通道细胞。

知识拓展

皮层的结构

4.2.3 中柱

禾本科植物根的中柱也分为中柱鞘、初生木质部和初生韧皮部等几个部分。初生木质部一般为多元型，由原生木质部和后生木质部组成。原生木质部在外侧，由一至几个小型的导管组成，后生木质部位于内侧，仅有一个大型导管。初生韧皮部位于原生木质部之间，与原生木质部相间排列。中柱中央为髓部，但小麦的中央部分有时被一个或者两个大型后生木质部导管所占满。在根发育后期，髓、中柱鞘等组织常木化增厚，整个中柱既保持了输导功能又有坚强的支持巩固作用。

5　根瘤与菌根

植物根系分布在土壤中，它们和根际微生物（细菌、放线菌、真菌、藻类、原生动物等）有着密切的关系，即高等植物与微生物之间形成了一种互利共生关系，称为共生。根瘤和菌根是高等植物根系和土壤微生物之间共生关系的两种类型。

5.1 根瘤

土壤中的根瘤菌从根的组织内得到所需物质，根瘤菌能固定空气中的游离氮供给植物生长发育，由于根瘤菌在皮层的薄壁细胞内大量繁殖，刺激皮层细胞进行细胞分裂，使细胞数目和体积增加，皮层膨大，向外突出形成根瘤。

根瘤菌的最大特点是具有固氮作用，根瘤菌中的固氮酶能将空气中游离的氮转变为氨，供给植物生长发育需要，同时可以从根的皮层细胞吸取其生长发育所需的水分和养料。由于根瘤菌可以分泌一些含氮物质到土壤中或有一些根瘤本身自根脱落，可以增加土壤肥力为其他植物所利用，因此农业生产上常施用根瘤菌或利用豆科植物与其他农作物轮作、套作或间作的栽培方法，实现少施肥还增产的目的。不过根瘤菌和豆科植物的共生是有选择性的。如大豆的根瘤菌不能感染花生，反过来也是这样。近年来，把固氮菌中的固氮基因转移到农作物和某些经济植物中已成为分子生物学和遗传工程的研究目标。

豆科植物的根瘤形成过程如下。

豆科植物根分泌一些物质吸引根瘤菌到根毛附近，随后根瘤菌产生分泌物使根毛卷曲、膨胀，并使根毛顶端细胞壁溶解，根瘤菌经此处侵入根毛，并在根毛中滋生，聚集成带，其外被黏液所包，同时根毛细胞分泌纤维素包在菌带和黏液外侧形成管状侵入线。根瘤菌沿侵入线侵入根的皮层，并迅速在该处繁殖，促使皮层细胞迅速分裂，形成根瘤。

5.2 菌根

高等植物的根可以与土壤中的某些真菌共生，这种与真菌共生的幼根，称为菌根（图 2-11）。菌根所表现的共生关系是真菌能增加根对水和无机盐的吸收和转化能力，而植物则把其制造的有机物提供给真菌。菌根有外生菌根、内生菌根和内外生菌根。

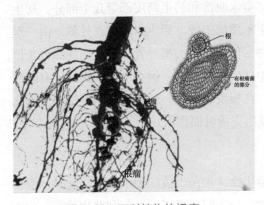

图 2-10　豆科植物的根瘤

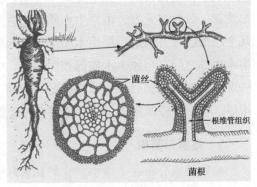

图 2-11　豆科植物的菌根

5.2.1 外生菌根

外生菌根是指真菌的菌丝包被在幼根的表面，或进入皮层细胞的间隙中，代替根毛的作用，扩大了根系的吸收面积，如马尾松、云杉、松、苹果、银白杨和柳等。

5.2.2 内生菌根

内生菌根是指真菌的菌丝侵入到皮层的细胞腔内和胞间隙中，根尖仍具根毛。因此，内生菌根的作用主要在于促进根内的物质运输，加强吸收机能。内生菌根外形上呈增厚肥大的瘤状突起。具有这种菌根的植物，如葡萄、胡桃、李、银杏及兰科植物等。

5.2.3 内外生菌根

有一些植物的根尖，真菌的菌丝不仅包围着根尖，而且也侵入皮层细胞的细胞腔内和胞间隙中，称为内外生菌根。此种类型存在也较普遍，如桦木、柳、苹果、银白杨等植物，既具外生菌根，也有内生菌根。

真菌与高等植物的共生，不但能加强根的吸收能力，而且能分泌多种水解酶类，促进根周围有机物质的分解。同时，真菌还可分泌维生素 B_1 刺激根系的发育。所以，有些树木，如马尾松、南亚松、栎如果缺乏菌根，就会生长不良。

6 根的变态

6.1 贮藏根

贮藏根的主要功能是贮藏大量的营养物质，因此其根常肉质化，根据来源不同可分为肉质直根和块根两种。

（1）肉质直根。肉质直根由下胚轴和主根发育而来，植物的营养物质贮藏在根内以供抽茎开花时使用。根的增粗主要是在次生生长以后，木质部或韧皮部的薄壁细胞恢复分裂能力成为副形成层，由副形成层产生三生木质部和三生韧皮部之故。

（2）块根。块根是由植物的侧根或不定根发育而成，内部贮藏大量营养物质，外形上比较不规则，一株植物可以形成许多膨大的块根，如甘薯。甘薯块根的膨大过程，除了形成次生构造外，在许多分散的导管周围有依次生木质部的薄壁细胞，恢复分裂活动，成为副形成层，副形成层不断分裂产生三生木质部和富含薄壁组织的三生韧皮部以及乳汁管，使块根不断增粗。

6.2 气生根

生长在空气中的根，称为气生根。气生根因作用不同，又可分为支柱根、攀缘根和呼吸根。

（1）支柱根。当植物的根系不能支持地上部分时，常会产生支持作用的不定根称为支柱根，如红树、玉蜀黍近茎基部的节常发生不定根伸入土中以加固植株。生长在南方的榕树，常在侧枝上产生下垂的不定根，进入土壤，形成"独木成林"的特有景观，这种不定根也具有支持作用。

（2）攀缘根。有些植物的茎细长柔软不能直立，如常春藤，从茎上产生许多不定根，固着在其他树干、山石或墙壁等物体的表面，这类不定根称为攀缘根。

（3）呼吸根。呼吸根存在于一部分生长在沼泽或热带海滩地带的植物，如水松和红松等，由于根生在泥水中，呼吸十分困难，因而有部分根垂直向上生长，进入空气中进行呼吸，称为呼吸根。呼吸根外有呼吸孔，内有发达的通气组织，有利于通气和贮存气体，以适应在缺氧的土壤条件下维持植物的正常生长。

6.3 寄生根

有些寄生植物，如桑寄生属、槲寄生属、菟丝子属的植物，它们的叶片退化成小鳞片，不能进行光合作用，而是借助于茎上形成的不定根（或称为吸器），伸入寄主体内吸收水分和营养物质，这种根称为寄生根。

6.4 气根

生长在热带的兰科植物能自茎部产生不定根，悬垂在空中称为气根。气根在构造上缺乏根毛和表皮，而由死细胞构成的根被所代替，根被具有吸水作用。

- **材料准备**

洋葱（萝卜或小麦）根尖，蚕豆、棉、小麦幼根横切片，鸢尾（或韭菜）根横切片，水稻或小麦根横切片，向日葵、大豆老根横切片。

 任务 实施

步骤一：结合图片与视频资料，学习根的生理功能、根尖的结构、根的初生结构及根的变态类型等基本知识。

步骤二：利用显微镜观察洋葱、萝卜、小麦等的根尖，掌握根尖的分区及各区细胞的特点。

步骤三：利用显微镜观察蚕豆、棉花等的幼根横切切片，掌握双子叶植物根的初生结构。

步骤四：利用显微镜观察水稻、小麦等根的横切切片，掌握单子叶植物根的结构。

步骤五：利用显微镜观察向日葵、大豆老根横切切片，了解双子叶植物根的次生结构。

步骤六：任务总结，小组讨论并总结根的生理功能、根尖分区、根的结构及根的变态类型。

任务 检测

请扫描二维码答题。

项目二任务二　　　　项目二任务二
任务检测一　　　　　任务检测二

任务 评价

班级：_____　组别：_____　姓名：_____

项目	评分标准	分值	自我评价	小组评价	教师评价
知识技能	能区分主根、侧根和不定根	10			
	叙述根的主要功能，了解根系在土壤中的分布情况在生产中的意义	20			
	掌握根系的概念和类型	10			
	掌握根瘤的概念及在生产中的作用	10			
	掌握根尖的分区及各区的特点和功能	10			
任务质量	整体效果很好为15～20分，较好为12～14分，一般为8～11分，较差为0～7分	20			
素养表现	学习态度端正，观察认真、爱护仪器，耐心细致	10			
思政表现	阅读传统的植物学典籍，建立文化自信	10			
合计		100			
自我评价与总结					
教师点评					

任务三 茎的形态结构

任务 导入

取三年生杨树（或其他树木）的枝条，观察其形态特征，用专业术语说出其各部位名称；观察校园中各种植物的茎，说出它们分别属于哪种类型。

任务 准备

● **知识准备**

茎是植物体上三大营养器官之一，除少数生于地下外，一般是植物体生长在地上的营养器官。

1 茎的生理功能

（1）支持作用。茎和根系共同承担了整个植株地上部分的重量，使叶在空间上保持适当的位置，以便充分接收阳光。

（2）输导作用。茎是联系根、叶，输送水、无机盐和有机养料的轴状结构。茎能将根所吸收的水分和无机盐类以及根合成或贮藏的营养物质输送到地上各部分，同时又将叶所制造的有机物质运输到根、花、果、种子等各部位去利用或贮藏。所以，茎的输导作用把植物体各部分的活动连成一整体。

2 茎的基本形态（图 2-12）

植物地上部分具主茎和许多反复分枝的侧枝，通常把着生叶和芽的茎称为枝条。枝条上着生叶的部位叫节，相邻两节之间的无叶部分叫节间，节间的长短与枝条延伸生长的强弱有关，节间伸长显著的枝条，称为长枝；节间短缩的枝条叫短枝。叶片与枝条之间所形成的夹角称为叶腋。枝条顶端生有顶芽，叶腋处生有腋芽。除此，叶片脱落后在枝条上留下的痕迹叫叶痕，叶痕中凸起的小点，是茎与叶柄间维管束断离后留下的痕迹，叫维管束痕。在木本植物的枝条上含有皮孔，它是茎内组织与外界气体交换的通道。枝条上，顶芽开放后芽鳞脱落留下的痕迹叫芽鳞痕。在季节性明显的地区，往往可以根据枝条上芽鳞痕的数目，判断植物生长年龄和生长速度。

植物的茎常呈圆柱形，这种形状最适宜于茎的支持和

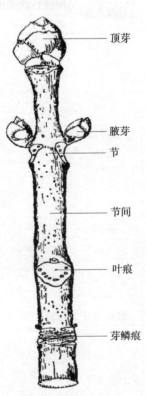

图 2-12 茎的基本形态

顶芽

腋芽
节

节间

叶痕

芽鳞痕

输导功能。但有些植物的茎外形发生了变化，如莎草科的茎为三棱形，薄荷、益母草等唇形科植物的茎为四棱形，芹菜的茎为多棱形。

3 芽

3.1 芽的概念

芽是未发育的枝、花或花序的雏体（原始体）。发展成枝的芽称为枝芽，发展成花或花序的芽称为花芽。

3.2 芽的结构

枝芽纵切面，从上到下可看到生长点、叶原基、幼叶、芽轴和芽原基等部分（图2-13）。生长点是芽中央顶端的分生组织；叶原基是分布在近生长点下部周围的一些小突起，以后发育为叶。由于芽的逐渐生长和分化，叶原基越向下者越长，较下面的叶原基已长成为幼叶，包围茎尖。叶腋内的小突起是腋芽原基，逐渐发育成腋芽，进而发育为侧枝。在枝芽内，生长锥、叶原基、幼叶等各部分着生的位置，称为芽轴。

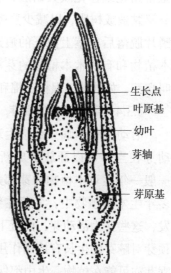

图 2-13 芽的纵切面

3.3 芽的类型

按照芽在枝上的位置、性质、生理状态和芽鳞的有无等可将芽分为以下几种类型。

3.3.1 定芽和不定芽

定芽和不定芽是按芽在枝条上着生的位置来分的，定芽生长在枝条上有一定的位置，包括生长在枝顶的顶芽和生长在叶腋的腋芽，腋芽又称侧芽。大多数植物每个叶腋只有一个腋芽，但有些植物生长两个芽，其中除先生的一个为腋芽外，其他的芽称为副芽，如刺槐、紫槐有一个副芽，而桃有两个副芽。有些植物的腋芽被叶柄基所覆盖，称为柄下芽，如悬铃木及刺槐。

此外，有些芽不生于枝顶或叶腋，而是着生于茎、根、叶，特别是受创伤的部位，这种芽通称为不定芽。如苹果、枣、榆的根，甘薯的块根，桑、柳等老茎以及秋海棠落地生根的叶上，均可生出不定芽。由于不定芽可以发育成新植株，生产上常利用不定芽进行营养繁殖，所以不定芽在农、林、园艺工作上有重要意义。

3.3.2 叶芽、花芽和混合芽（图2-14）

按发育后所形成的器官来分，发育形成茎和叶的芽叫叶芽，亦称枝条；发育形成花或花序的芽称为花芽，发育成一朵花的花芽由花萼原基、花瓣原基、雄蕊原基和雌蕊原基构成；而同时发育为枝、叶和花（或花序）的芽称为混合芽，混合芽是枝、叶和花的原始体，如梨和苹果短枝上的顶芽即为混合芽。花芽和混合芽通常比叶芽肥大，较易于区别。

3.3.3　裸芽和鳞芽

裸芽和鳞芽是按芽鳞的有无来分的。大多数生长在寒带的木本植物，芽外部形成鳞片或芽鳞，包被在芽的外面保护幼芽越冬，称鳞芽。芽鳞外层细胞常角化或栓化或具蜡层，有的或被以茸毛，有的分泌黏液或树脂，以减少蒸腾和加强防寒保护作用。鳞片脱落后在茎上留下的痕迹就是芽鳞痕。一般草本植物和有些木本植物的芽没有芽鳞包被，这种芽叫裸芽，如油菜、枫杨、棉和核桃的雄花芽。

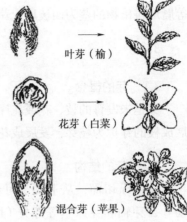

叶芽（榆）

花芽（白菜）

混合芽（苹果）

叶芽、花芽和混合芽及其发育

图 2-14　芽的类型

3.3.4　活动芽和休眠芽

活动芽和休眠芽是按生理活动状态来分的。活动芽在当年可以开放形成新枝、新叶、花或花序。一般一年生草本植物的芽都是活动芽，而在温带的多年生木本植物中，冬芽在翌年春天萌发，但通常只有顶芽及距顶芽较近的腋芽萌发，这些芽为活动芽，而近下部的腋芽往往呈休眠状态，称为休眠芽或潜伏芽。由于顶芽对腋芽的生长有抑制作用，所以当顶芽受损或生长受阻时，休眠芽就会萌发。休眠芽亦可能在植物一生中都保持休眠状态。

4　茎的分枝和分蘖

分枝是植物的基本特性之一。由于顶芽与腋芽发育的差异形成不同的分枝方式。由于植物的遗传特性，植物常常具有一定的分枝方式。

4.1　二叉分枝

二叉分枝是比较原始的分枝方式，由顶端生长点一分为二，形成两个相同的新枝，经过一定时期生长，每一新枝顶端生长点又一分为二，这样不断进行分枝，整个分枝系统都是二叉的。这是一种原始的分枝类型，主要见于苔藓植物和蕨类植物。

4.2　单轴分枝（图 2-15 A）

单轴分枝又称总状分枝。从幼苗开始，主茎的顶芽活动始终占优势，形成一个直立的主轴，而侧枝较不发达，以后侧枝又以同样方式形成次级分枝，但各级侧枝的生长均不如主茎的发达。这种分枝方式，称为单轴分枝。如银杏、松、杉、柏等木本植物，它们的树干成为很有价值的木材。

4.3　合轴分枝（图 2-15 B）

合轴分枝没有明显的顶端优势，主干和侧枝的顶芽经过一段时间生长以后，停止生长或分化成花芽，由靠近顶芽的腋芽代替顶芽，发育成新枝，继续主干的生长。经一段时间，新枝的顶芽又依次为下部的腋芽所代替而向上生长，因此，这种分枝其主干或侧枝均由每年形成的新侧枝相继接替而成。使树冠呈开展状态，更利于通风透光。如榆、柳、槭、核桃、苹果、梨等，大多数被子植物都是合轴分枝的。

4.4 假二叉分枝（图2-15 C）

假二叉分枝是合轴分枝的一种特殊形式，这种分枝方式是具有对生叶的植物，在顶芽停止生长或分化为花芽后，由顶芽下两个对生的腋芽同时生长，形成叉状的侧枝，如丁香、石竹、茉莉、接骨木等。

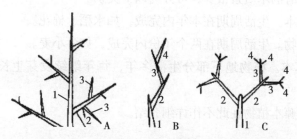

1—主轴；2——级分枝；3—二级分枝；4—三级分枝。

图 2-15　分枝类型图解

注：A 为单轴分枝；B 为合轴分枝；C 为假二叉分枝。

4.5 禾本科植物的分蘖

禾本科植物，如小麦、水稻等它们的分枝方式与一般种子植物不同，其上部节上很少产生分枝，而分枝集中发生在接近地面或地面以下的茎节上，即分蘖节，分蘖节包括了几个节或节间，节与节间密集在一起（图2-16）。由分蘖节上产生不定根和腋芽，以后腋芽形成分枝，这种方式的分枝称为分蘖。分蘖上又可以产生新的分蘖。分蘖位的高低与分蘖的成穗率密切相关。分蘖位越低，其分蘖发生越早，生长期长，容易成穗；分蘖位越高，分蘖发生越迟，生长期短，往往不能成穗，而成无效分蘖。无效分蘖消耗植物养分，降低产量。

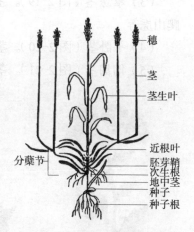

图 2-16　禾本科植物的分蘖

5 茎的类型

植物的茎为适应多变的环境，在进化过程中形成了多种不同的类型。植物茎的类型可根据茎的性质和生长习性来分类。

5.1 按茎的性质分类

根据植物茎的性质不同，将植物分为木本植物和草本植物、肉质茎植物和藤本植物四大类型。

5.1.1　木本植物

木本植物的茎含有大量的木质素，一般比较坚硬，又可分为乔木和灌木两类。

（1）乔木。乔木是有明显主干的高大树木，如杨树等。

（2）灌木。灌木主干不明显，比较矮小，基部常分枝，如紫荆等。

5.1.2　草本植物

草本植物茎含有的木质素很少，可分为以下类别。

（1）一年生草本。生活周期在本年内完成，如水稻、棉花。

（2）二年生植物。生活周期在两个年份内完成，如冬小麦。

（3）多年生草本。植物地下部分生活多年，每年继续发芽生长，如甘蔗、马铃薯等。

肉质茎植物和藤本植物在此不作详细介绍。

5.2　按茎的生长习性分类

（1）直立茎（图2-17）。多数植物的茎背地生长，直立于地面，如小麦，玉米等。

（2）缠绕茎（图2-18）。茎细而软，不能直立，只能缠绕在支持物上向上生长，如牵牛等。

（3）攀缘茎（图2-19）。茎的一部分形成卷须、吸盘等结构，攀缘他物生长，如爬山虎等。

（4）平卧茎（图2-20）。茎平卧地上，如蒺藜等。

（5）匍匐茎（图2-21）。茎平卧地面，节上生根，如草莓、蕨麻（鹅绒香菱菜）等。

图2-17　直立茎　　　　图2-18　缠绕茎　　　　图2-19　攀缘茎

6　茎尖的分区

茎尖是指茎的最先端部分，从纵剖面上看茎尖与根尖一样也可分为分生区、伸长区和成熟区三个部分。但是茎尖所处的环境与它所担负的生理功能与根尖不同，所以茎尖没有类似根冠的帽状结构，而是被许多幼叶紧紧包裹。同时各区的组织结构也有不同的特点。

图 2-20　平卧茎

图 2-21　匍匐茎

6.1　分生区

茎尖的顶端部分为分生区。在茎尖顶端以下的四周，有叶原基和腋芽原基。茎尖顶端有原套、原体的分层结构。原套由表面一至数层细胞组成，它们进行垂周分裂，扩大生长锥表面的面积而不增加细胞的层次。原体是原套包围着的一团不规则排列的细胞，它们可进行垂周、平周分裂，增大体积。原套和原体稍后由其原始细胞向外侧下方衍生的细胞分化成周缘分生组织，向原体下部衍生的细胞构成髓分生组织，它们都属于原分生组织。髓分生组织然后再向下分化形成基本分生组织，周缘分生组织将来分化形成原表皮、基本分生组织和原形成层三种初生分生组织。由此三种初生分生组织进一步生长、分化形成茎的成熟组织——表皮、皮层、维管束和髓等部分。茎上的侧生器官都是由茎尖分生组织活动产生的。

6.2　伸长区

伸长区位于分生区的下面，茎尖的伸长区较长，可以包括几个节和节间，其长度比根的伸长区长。该区特点是细胞迅速伸长。伸长区可视为顶端分生组织发展为成熟组织的过渡区域。

最中间的髓分生组织——髓。

原表皮——表皮。

基本分生组织——皮层、髓射线。

原形成层——维管束。

单子叶植物茎的伸长生长，除了茎尖的伸长区以外，在每一节间的基部都存在居间分生组织。这些细胞有正常分生组织的特征，具有细胞分裂和细胞伸长的能力，促使居间分生组织分裂活动的细胞分裂素来自茎尖的叶，如果切去茎尖，居间分生组织就会停止生长。

6.3 成熟区

成熟区位于紧接伸长区，其特点是各种成熟组织的分化基本完成，已具备幼茎的初生结构。

7 茎的结构

7.1 双子叶植物茎的初生结构（图2-22）

茎的顶端分生组织经细胞分裂、伸长和分化所形成的结构，称为初生结构，可分为表皮、皮层和中柱三部分。

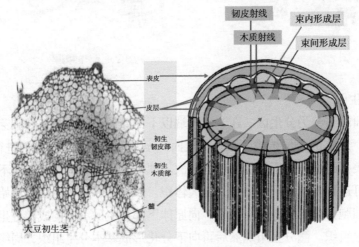

图2-22 双子叶植物茎的初生结构

7.1.1 表皮

表皮是幼茎最外面的一层细胞，来源于初生分生组织的原表皮，是茎的初生保护组织。细胞形状规则，多近于长方形，细胞排列紧密，无胞间隙，细胞的外壁常角化，形成角质层。表皮有气孔，它是进行气体交换的通道。有些植物上还有表皮毛或腺毛，具分泌和保护功能，既能起到防止茎内水分过度散失和病虫侵入的作用，又不影响透光和通气，还能使茎内的绿色组织正常地进行光合作用。

7.1.2 皮层

皮层位于表皮内方，主要由薄壁组织所组成。细胞较大、排列疏松、有胞间隙。靠近表皮的几层细胞常分化为厚角组织，增加幼茎的机械作用。薄壁组织和厚角组织细胞中常含有叶绿体，能进行光合作用，幼茎因而常呈绿色。有些植物茎的皮层中有分泌腔（如棉花、向日葵）、乳汁管（如甘薯）或其他分泌结构，有些植物茎中的细胞则有只含晶体和单宁（如花生、桃），有的木本植物茎的皮层内往往有石细胞群的分布。

通常幼茎皮层的最内层细胞的细胞壁不像根中具有特殊的增厚结构，一般不形成内皮层。有些植物茎皮层的最内层细胞，富含淀粉粒，而被称为淀粉鞘。

7.1.3 中柱

中柱，又称为维管柱，包括中柱鞘、维管束、髓和髓射线。

（1）中柱鞘。中柱鞘为中柱的最外层，由一至几层细胞组成。有些植物的中柱鞘是由薄壁细胞组成的。另一些植物除薄壁组织外，还有厚壁组织，主要是纤维，故称中柱鞘纤维。中柱鞘纤维在有的植物中聚集成束，或者是连续的环。和维管束的初生韧皮部相连，并且在中柱鞘纤维发生初期往往有筛管掺杂其间，故与初生韧皮部很难分开，因此，有人则认为茎内不存在中柱鞘而是初生韧皮部纤维。中柱鞘的薄壁细胞与髓射线相连，在一定条件下，它可以产生不定根、不定芽和木栓形成层。

（2）维管束。维管束由原形成层细胞分化而来，是中柱内的主要部分，由初生韧皮部、束中形成层和初生木质部三部分组成。多数植物的维管束是韧皮部在外侧，为外韧维管束，由筛管、伴胞、韧皮薄壁细胞和韧皮纤维所组成，主要功能是输导有机物。茎内初生木质部的发育顺序和根不同是内始式的。木质部在维管束的内侧，由导管、管胞、木质薄壁细胞和木质纤维所组成，主要功能是输送水分和无机盐，并有支持作用。维管束中形成层位于初生韧皮部和初生木质部之间，是由原形成层细胞保留下来的具有分裂能力的细胞，能产生茎的次生构造。一些双子叶草本植物和单子叶植物，维管束中无形成层，它们的茎干无次生构造。

甘薯、马铃薯、南瓜等的茎，其维管束的外侧和内侧都是韧皮部，中间是木质部，在外侧的韧皮部和木质部之间有形成层，这种维管束叫双韧维管束。

（3）髓和髓射线。髓为位于幼茎中央部分的薄壁组织。通常贮藏各种物质，如淀粉、晶体或单宁等。有些植物的髓发育成厚壁细胞（如栓皮栎）或石细胞（如樟树）。有些植物的髓在发育时破裂，致使节间中空（如连翘）或呈薄片状（如胡桃、枫杨）。髓射线为位于两个维管束之间连接皮层与髓的部分。髓射线由活的薄壁细胞组成，在横切面上呈放射状排列，它与髓、中柱鞘、皮层相通连，是茎内横向运输的通道，并具有贮藏作用。在大多数的木本植物中，由于维管束排列相互靠近，因而髓射线很窄，仅为1~2行薄壁细胞，双子叶草本植物则有较宽的髓射线。

7.2 禾本科植物茎的解剖结构

禾本科植物的茎有明显的节与节间的区分，大多数种类的植物节间中央部分萎缩，形成中空的秆，但也有一些禾本科植物茎为实心的结构。禾本科植物茎的共同特点是维管束散生分布，没有皮层和中柱的界限，由表皮、基本组织和维管束组成。

7.2.1 表皮

表皮由长细胞、短细胞和气孔器有规律地排列而成（图2-23）。长细胞的细胞壁厚而角化，其纵向壁常呈波状，长细胞是构成表皮的主要成分。短细胞位于两个长细胞之间，排成整齐的纵列，其中一种短细胞含有栓化的细胞壁，称为栓细胞；另一种是含有大量二氧化硅的硅细胞，硅酸盐沉积于细胞壁上的多少，与茎秆强度和对病虫害抵抗力的强弱有关。禾本科植物表皮上的气孔结构特殊，由一对哑铃形的保卫细胞构成，保卫细胞的侧面还有一对副卫细胞。

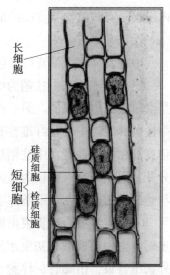

图 2-23　单子叶植物茎表皮细胞

7.2.2　基本组织

表皮以内除维管束和各种机械组织外，均为基本组织，由厚壁细胞和薄壁细胞组成。在靠近表皮处常有几层厚壁组织，彼此相连成一环，具有支持作用。在厚壁组织以内为薄壁组织，充满在各维管束之间，因此不能划分出皮层和髓。基本组织兼具皮层和髓的功能。有的植物，如小麦等，当茎幼嫩时，在近表面的基本组织的部分细胞中含有叶绿体，呈绿色，能进行光合作用。

7.2.3　维管束

维管束分散在基本组织中，它们的排列方式可分为两类：一类以水稻、小麦为代表，维管束排成两环，外环维管束小，分布在靠近表皮的机械组织中，里环维管束较大，分布在靠近髓腔的薄壁组织中（图 2-24）；另一类如玉米、高粱、甘蔗等，茎内充满薄壁组织，无髓腔，各维管束散生于其中，靠茎边缘的维管束小、排列紧密，靠中央的维管束较大、排列较稀，维管束属有限维管束（图 2-25）。

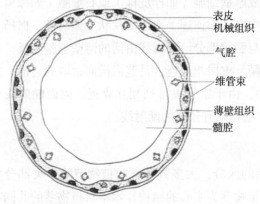

图 2-24　小麦茎横切示意图

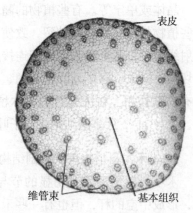

图 2-25　玉米的实心茎

维管束的外侧为初生韧皮部，由一个环纹导管组成，在环纹导管的附近，长有因导管破裂而形成的空腔，"V" 形的两臂各为一个大型的纹孔导管，就是后生木质部，在导管的周围，充满了木薄壁组织或厚壁组织。初生木质部的外方为初生韧皮部，具有筛管和伴胞，由于维管束内没有形成层，只有初生构造，不能增粗。

8 茎的变态

茎的变态很多，外形变化也较大，但它们都具有顶芽和侧芽、节与节间以及茎的内部结构。茎的变态可分为地上茎的变态和地下茎的变态两大类（图2-26）。

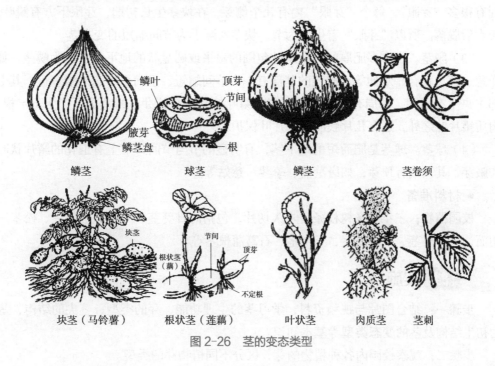

图2-26 茎的变态类型

8.1 地上茎的变态

（1）茎刺。由茎变态形成具有保护功能的刺。茎刺有有分枝的，如皂荚；有不分枝的，如山楂、柑橘。蔷薇、月季上的皮刺是由表皮形成的，与维管组织无联系，与茎刺有显著区别。

（2）茎卷须。许多攀缘植物的茎细长柔软，不能直立，变成卷须，称为茎卷须或枝卷须。茎卷须由腋芽发育形成，如南瓜。也有些植物的茎卷须由顶芽发育，如葡萄。

（3）叶状茎。茎转变成叶状，扁平，呈绿色，能进行光合作用称为叶状茎或叶状枝。如假叶树、竹节蓼、蟹爪兰等。竹节蓼的叶状茎极显著，叶小或全缺。假叶树的侧枝变为叶状茎，叶退化为鳞片状，叶腋可生小花。

（4）肉质茎。茎肥厚多汁，常为绿色，不仅可以贮藏水分和养料，还可以进行光合作用，如仙人掌、莴苣。

8.2 地下茎的变态

（1）根状茎。匍匐生长在土壤中，像根但有顶芽和明显的节与节间，节上有退化的鳞片状叶，叶腋有腋芽，可发育出地下茎的分枝或地上茎，有繁殖作用，同时节上有不定根，如竹类、芦苇、莲等。

（2）块茎。块茎为短粗的肉质地下茎，形状不规则，如马铃薯。马铃薯块茎是由植物基部叶腋长出的匍匐状枝顶端经过增粗生长而成。块茎的顶端有一个顶芽，四周有很多"芽眼"，每个"芽眼"内有几个侧芽，在块茎生长初期，芽眼下方有鳞叶，长大后脱落。所以"芽眼"着生处为节，块茎实际上为节间缩短的变态茎。

（3）鳞茎。由许多肥厚的肉质鳞叶包围的扁平或圆盘状的地下茎，称为鳞茎，如洋葱、蒜、百合、水仙等。鳞茎的基部有一个节间缩短、呈扁平形态的鳞茎盘，其上部中央生有顶芽，四周有鳞叶重重包着，鳞叶的叶腋有腋芽，鳞茎盘下产生不定根。肉质鳞片叶之外，还有几片膜质的鳞片叶保护。

（4）球茎。球茎是肥而短的地下茎，有明显的节与节间，节上有退化的鳞片状叶和腋芽，其顶端有顶芽，如唐菖蒲、荸荠、慈姑等。

● **材料准备**

校园植物；三年生杨树枝条；永久切片，包括向日葵茎、三年生椴树茎、松茎三切面、黄连根茎、大黄根茎、玉米茎、石菖蒲根茎等。

任务 实施

步骤一：结合图片与视频资料，学习茎的生理功能、芽的类型、茎尖的结构、茎的初生结构及茎的变态类型等基本知识。

步骤二：观察校园内各种植物的芽，区分不同植物芽的类型。

步骤三：观察校园内各种植物的茎，区分不同植物茎的类型。

步骤四：取向日葵幼茎的横切面切片于显微镜下观察双子叶植物茎的初生构造。

步骤五：任务总结，小组讨论并总结茎的生理功能、芽的类型、茎的结构及茎的变态类型。

任务 检测

请扫描二维码答题。

项目二任务三　　　项目二任务三　　　项目二任务三
任务检测一　　　　任务检测二　　　　任务检测三

🔍 **任务 评价**

班级：_____　　组别：_____　　姓名：_____

项目	评分标准	分值	自我评价	小组评价	教师评价
知识技能	能说出双子叶植物茎和单子叶植物茎的初生构造	10			
	能区分出正常茎的形态和类型	10			
	掌握双子叶植物茎是如何增粗的	10			
	叙述年轮是怎样形成的	10			
	说明禾本科植物茎的构造	10			
	掌握茎的变态类型	10			
任务质量	整体效果很好为 15~20 分，较好为 12~14 分，一般为 8~11 分，较差为 0~7 分	20			
素养表现	具有环保意识，创新思维	10			
思政表现	理解生态文明与植物多样性的关系	10			
合计		100			
自我评价与总结					
教师点评					

任务四　叶的形态结构

🍎 **任务 导入**

请你用生物学术语描述青海云杉、紫叶李、丁香的植物叶片。

📚 **任务 准备**

● 知识准备

1　叶的生理功能

叶生长在茎的节部，其主要功能是进行光合作用、蒸腾作用和气体交换。

1.1　光合作用

光合作用是指绿色植物通过叶绿体色素和有关酶类活动，利用太阳光能，把二氧化碳和水合成有机物，并将光能转变为化学能而贮存起来，同时释放氧气的过程。合成的有机物主要是碳水化合物，贮藏的能量存在于所形成的有机物中，人类吃的粮食、烧的炭柴，就是利用它们所贮藏的能量。

光合作用的产物不仅供植物自身生命活动用，而且所有其他生物包括人类在内，都是以植物的光合作用产物为食物的最终来源，这些产物可以直接或间接作为食物，也可作为某些工业的原料。

1.2　蒸腾作用

蒸腾作用是水分以气体状态从生活的植物体内散失到大气中的过程，它对植物的生命活动有重大意义：第一，蒸腾作用是植物吸水的动力之一；第二，根系吸收的无机盐主要随蒸腾液流上升到地上各器官；第三，蒸腾作用可以降低叶的表面温度，以避免叶在强光下受损害。

1.3　气体交换

叶也是植物气体交换的器官，光合作用所需的二氧化碳和所释放的氧气，或呼吸作用所需的氧气和所释放的二氧化碳，主要是通过叶片上的气孔进行交换的。有些植物的叶片，还可吸收二氧化硫、一氧化碳、氟化氢和氯气等有毒气体，并积累在叶片组织内。相关研究显示，1 t 树叶能吸收 10～30 kg 二氧化硫和氯、4 kg 以下的氟。因此，植物对大气的净化具有一定的作用。

1.4　繁殖作用

少数植物的叶有繁殖作用，如一种名为"落地生根"的植物，在叶边缘上生有许多不定芽或小植株，当叶片脱落后掉在土壤中，就会再次长成一新个体。

叶除了具有以上作用外，还有吸收的能力。如根外施肥，向叶面上喷洒一定浓度的肥料，叶片表面就能吸收；又如喷施农药时（有机磷杀虫剂）也是通过叶表面吸收进入植物体内。叶还有分泌的生理功能。另外，叶有多种经济价值，可以食用、药用以及作其他用途。

2　叶的基本形态

2.1　叶的组成

植物的叶一般由叶片、叶柄和托叶三部分组成（图 2-27）。

（1）叶片。叶片是叶的绿色平扁部分，有利于光能的吸收和气体交换。

（2）叶柄。叶柄是叶片与茎的连接部分，是两者之间的物质交流通道，还能支持叶片并通过本身的长短和扭曲使叶片处于光合作用有利的位置。

（3）托叶。为叶柄基部的附属物，通常成对而生，形状因种而异。托叶对幼叶和腋芽有保护作用。

具有叶片、叶柄和托叶三部分结构的叶，叫完全叶，如桃、梨、月季等。仅具有其一或其二的叶为不完全叶。在不完全叶当中，无托叶的最为普遍，如丁香、茶、白菜等；还有一些不完全叶，既无托叶又无叶柄，如荠菜、莴苣，这样的叶又称为无柄叶；不完全叶中只有个别种类缺少叶片，如台湾相思，除幼苗时期外，全树的叶都不具叶片，但它的叶柄扩展成扁平状，能够进行光合作用，称为叶状柄。

图 2-27　叶的组成

2.2　叶片的形态

每种植物的叶片都有一定的形态，所以叶片是识别植物的主要依据之一。叶片的形态包括叶形、叶缘、叶裂、叶脉、叶尖、叶基等。

2.2.1　叶形

根据叶片的长度和宽度的比值及最宽处的位置来决定，叶形可分为的各种类型（图 2-28）。

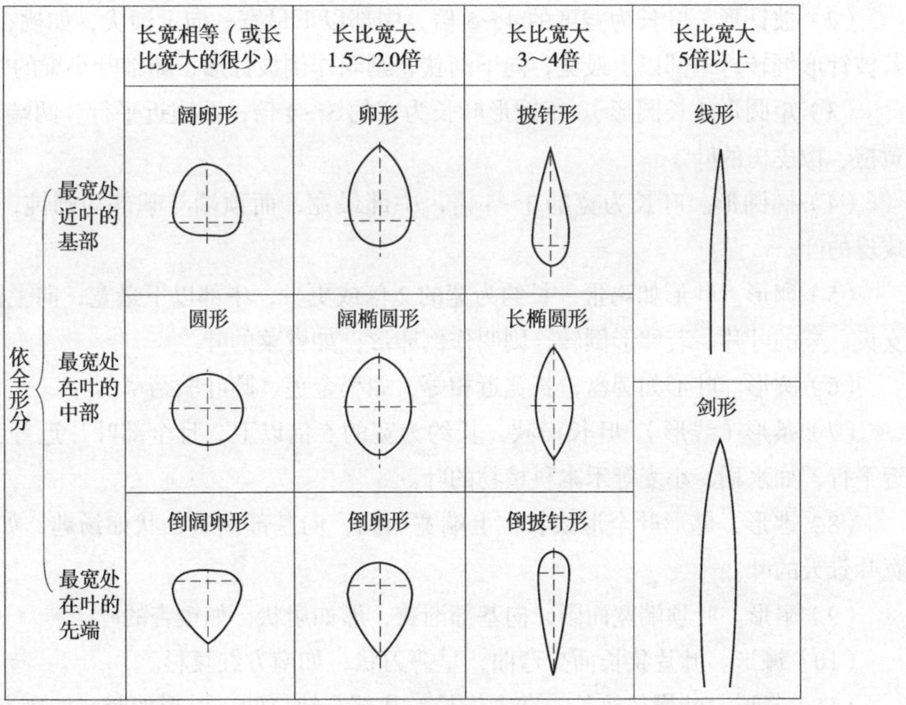

		长宽相等（或长比宽大的很少）	长比宽大 1.5～2.0倍	长比宽大 3～4倍	长比宽大 5倍以上
依全形分	最宽处近叶的基部	阔卵形	卵形	披针形	线形
	最宽处在叶的中部	圆形	阔椭圆形	长椭圆形	剑形
	最宽处在叶的先端	倒阔卵形	倒卵形	倒披针形	

图 2-28　叶片的类型

植物常见的叶形类型如下（图2-29）。

图2-29　叶片的形状

（1）针形。叶十分细而先端尖，形如针刺，如刺槐的变态叶。

（2）披针形。叶长为宽度的4～5倍，中部以下最宽，向上渐尖，如桃、柳的叶；若披针形倒转，中部以上最宽，向下渐狭，则叫作倒披针形，如细叶小檗的叶。

（3）矩圆形（长圆形）。矩圆形叶长为宽的3～4倍，两边近平行，两端均圆，如黄檀、橡皮树的叶。

（4）椭圆形。叶长为宽的3～4倍，中部最宽，而顶端与基部均圆钝，如芒果、玫瑰的叶。

（5）卵形。叶形如鸡蛋，长约为宽的2倍或更少，中部以下最宽，向上渐狭，如女贞、梨的叶片。若卵形倒转，则叫作倒卵形，如青菜的叶。

（6）圆形。叶形如圆盘，长宽近相等，如旱金莲、圆叶驴蹄草的叶。

（7）条形（线形）。叶长而狭，长约为宽的5倍以上，且全部叶片近等宽，两边近平行，如水稻、小麦等禾本科植物的叶。

（8）匙形。匙形叶全形狭长，上端宽而圆，向基部渐狭，状如汤匙，如猫儿菊、宽叶景天的叶。

（9）扇形。叶顶端宽而圆，向基部渐狭，形如扇状，如银杏的叶。

（10）镰形。叶片狭长而少弯曲，呈镰刀状，如南方红豆杉。

（11）肾形。叶横径较长，宽大于长，基部有缺口凹入，形如肾，如斑点虎耳草、羽衣草属植物的叶。

（12）菱形。叶呈等边的平行四边形，如乌桕、菱属植物的叶。

（13）楔形。叶下部两侧渐狭成楔子形，如北京丁香。

（14）心形。叶的长宽比例如卵形，但基部宽圆而微凹，先端渐尖，全形似心脏，如丁香、牵牛的叶。若心形倒转，则叫作倒心形，如紫花酢浆草的叶。

（15）提琴形。叶片似卵形或椭圆形，两侧明显内凹，如白英。

（16）三角形。叶片基部宽阔平截，两侧向顶端汇集，呈三角形，如杠板归。

（17）鳞形。叶状如鳞片，如柽柳科植物的叶。

（18）剑形。叶长而稍宽，先端尖，常稍厚而强壮，形似剑，如菠萝、唐菖蒲的叶。

（19）管状。叶长超过宽许多倍，圆管状、中空、常多汁，如葱的叶。

（20）带状。叶为宽阔而特别长的条状叶，如玉米、高粱的叶。

自然界中植物的叶形非常丰富，若遇到介于上述两者之间的叶形，可用两个复合名称来表示，如卵状披针形、条状披针形等。或冠以反映特点的形容词，如宽卵形、阔披针形等。此外这些描述叶片的术语，也同样适用于萼片、花瓣等扁平器官。

2.2.2 叶缘

叶片的边缘叫叶缘，其形状因植物种类而异。叶缘主要类型有全缘、波状、锯齿状、牙齿状、钝齿状、睫毛状等（图 2-30）。

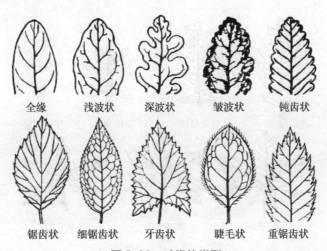

图 2-30 叶缘的类型

（1）全缘。叶缘呈一连续的平线，不具任何齿缺，如丁香、柑橘的叶。

（2）波状。叶边缘起伏如波浪状，如茄子的叶，其中又可分为浅波状、深波状、皱波状。

（3）钝齿状。叶缘具钝头的齿。具较小钝齿的，叫作小钝齿状。

（4）锯齿状。叶缘有尖锐的锯齿，齿尖向前，如珍珠梅、苹果的叶。锯齿较细小的，叫作细锯齿状；在大锯齿上复生小锯齿的叫作重锯齿状，如山楂的叶。

（5）牙齿状。叶缘的齿尖锐，两侧近等边，齿直而尖向外，如荚蒾的叶。牙齿较细小的，叫作小牙齿状。

（6）睫毛状。叶缘有稀疏的长毛，状如眼睫毛。

2.2.3　叶裂

如果叶缘凹凸很深的称为叶裂，依据缺刻的深浅可将叶裂分为三种类型，即浅裂、深裂、全裂三类；依据裂片的排列形式可分为两大类即羽状分裂、掌状分裂两类，每种又可分为浅裂、深裂、全裂三种（图2-31）。

（1）浅裂叶。浅裂叶的裂片分裂深度为叶缘至中脉的1/3左右。根据裂片数目和排列方式又可分为羽状浅裂、掌状浅裂、掌状三浅裂、羽状五浅裂、掌状五浅裂。

（2）半裂叶。半裂叶的叶片分裂深度为叶缘至主脉1/2左右，又可分为羽状半裂、掌状半裂。

（3）深裂叶。深裂叶的叶片分裂距离为到达或接近中脉，又可分为羽状深裂、掌状深裂、掌状三深裂、掌状五深裂。

（4）全裂叶。全裂叶的叶片裂片彼此完全分离，很像复叶，但各裂片叶肉相连贯，没有形成小叶柄。又可分为羽状全裂和掌状全裂。

（5）倒向羽裂叶。倒向羽裂叶指裂片弯向叶基的羽状裂叶，如蒲公英的叶片。

（6）大头羽裂叶。大头羽裂叶指顶端裂片远较侧裂片大而宽，如萝卜的基生叶。

图2-31　裂叶的类型

2.2.4　叶脉

叶片中的叶脉是叶的疏导系统，由维管束组成，在叶片中有一至数条大而明显的脉，叫作主脉（或中脉、中肋）；在主脉两侧的第一次分出的脉，叫作侧脉；连接各侧脉间的次级脉，叫作小脉或细脉。叶的分枝方式叫作脉序。种子植物的脉序分布方式有三种类型，即网状脉、平行脉和叉状脉（图2-32）。

（1）网状脉。叶体上有一条或数条明显主脉，由中脉分出较细的侧脉，由侧脉分出更细的小脉，各小脉交错连接成网状的，叫网状脉。网状脉是双子叶植物所具有的，又分为羽状网脉和掌状网脉。

①羽状网脉。叶具有一条明显的主脉，两侧有平行排列的侧脉，侧脉数回分枝，如榆、桃、苹果的叶。

②掌状网脉。叶具几条较粗的、由叶片基部射出的叶脉，再数回分枝，如棉、瓜类的叶。在盾状叶中主脉多条呈辐射状，叫作掌状射出脉；如果叶中具三条自叶基发出的主脉，则叫作掌状三出脉；如果三条主脉是稍离叶基发出的，则叫作离基三出脉；如果具五条主脉，则又可分为掌状五出脉和离基五出脉。

（2）平行脉。由多条大小相似的叶脉呈平行排列。大多数单子叶植物的叶脉属于这种类型。

平行脉又分为直出平行脉，即叶脉自叶基至叶尖，主脉与侧脉平行排列的，如水稻、小麦的叶；弧状平行脉，即叶片较阔短，叶脉自叶基发出汇合于叶尖，但中部脉间距离较远，呈弧状，如车前、马蹄莲的叶；侧出平行脉，即侧脉与主脉垂直，而侧脉彼此平行排列的叶，如香蕉、美人蕉的叶；射出平行脉，即叶脉自叶片基部辐射而出的，如棕榈、蒲葵的叶。

（3）叉状脉。叶脉从叶基生出后，均呈二叉状分枝，即每条叶脉为多级二叉分枝。这种脉序是比较原始的类型，常见于蕨类植物和少数裸子植物，如银杏等。

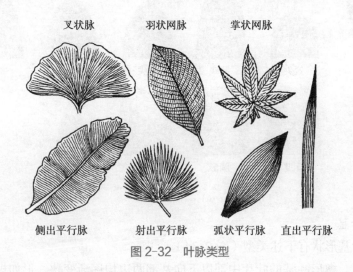

图 2-32 叶脉类型

2.2.5 叶尖

常见的叶尖形状有下列类型（图 2-33）。

（1）渐尖。渐尖的叶端尖头稍延长，渐尖而有内弯的边，如桑叶。

（2）急尖。急尖的叶端尖头呈一锐角形，而有直边，如杏、榆树的叶。

（3）突尖。突尖是叶端平圆，中央突出一短而钝的渐尖头，如玉兰的叶。

（4）芒尖。芒尖的叶尖呈凸尖延长，呈一芒状的附属物。

（5）尾尖。尾尖叶端渐狭成长尾状附属物。

（6）卷须状：叶片顶端变成一个螺旋状的或曲折的附属物。

（7）二裂。叶片的尖端分裂成两个相等的裂片。

（8）锐尖。锐尖的叶端尖锐，而有内弯的边，如锐尖毛蕨的叶。

（9）凹缺。凹缺的叶端凹入的程度比微凹凹得更明显。

（10）骤尖（硬尖）。骤尖的叶端有一锐利尖头。

（11）凸尖。凸尖的叶端中脉延伸出于外而成一短锐尖。

（12）圆钝。圆钝的叶端是钝的。

（13）微凹。微凹的叶端微凹入，如车轴草的叶。

（14）圆形。圆形的叶端宽而半圆形。

（15）截形。截形的叶端平截，呈一直线，如马褂木的叶。

（16）刺尖：叶的先端有一长而硬的刺状附属物。

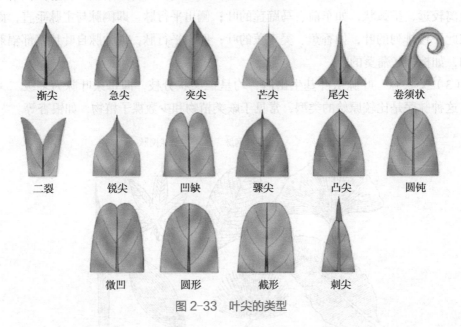

图 2-33   叶尖的类型

2.2.6   叶基

常见的叶基形状有下述类型（图 2-34）。

（1）楔形。楔形叶基的叶片中部以下向基部两边均逐渐变狭，形如楔子，如垂柳的叶。

（2）抱茎。叶基部抱茎，如抱茎独行菜。

（3）渐狭。渐狭叶基的叶片向基部两边逐渐变狭，其形态与叶尖的渐尖相似。

（4）耳形。耳形叶基两侧小裂片呈耳垂状，如油菜的叶基。

（5）穿茎。叶基部深凹入，两侧裂片相合生而包围茎，茎贯穿于叶片中，如穿叶柴胡的叶。

（6）心形。叶基圆形而中央凹入成一缺口，两侧各有一圆裂片，呈心形，如牵牛、甘薯的叶基。

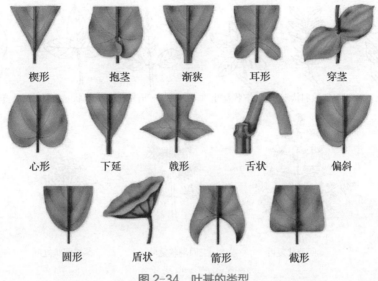

图 2-34 叶基的类型

（7）下延。叶基向下延长，而贴附于茎上或着生在茎上呈翅状，如飞廉的叶。

（8）戟形。戟形叶基两侧小裂片向外，呈戟形，如田旋花的叶。

（9）舌状。叶片的基部似于舌片状的形态，如小麦的叶。

（10）偏斜。叶基部两侧不对称，如榆树、秋海棠的叶。

（11）圆形。叶基呈半圆形，如苹果的叶基。

（12）盾状。植物叶片基部扩展并覆盖在茎上，形状类似于盾牌，如旱金莲、荷花的叶。

（13）箭形。箭形叶基两侧小裂片尖锐，向下，形似箭头，如慈姑的叶。

（14）截形。叶基平截，呈一直线。

3 叶的类型

一个叶柄上所生叶片的数目，因各种植物不同，可分为单叶和复叶两类。

3.1 单叶

一个叶柄上只生一个叶片的叶，称为单叶。如桃、李、杏等（图 2-35）。

图 2-35 不同形态的单叶

3.2 复叶

一个叶柄上着生两个以上完全独立的小叶（片）的叶，如花生、月季、刺槐。复叶的叶柄称总叶柄或叶轴，总叶柄上着生的叶称为小叶，小叶的叶柄，称为小叶柄。

根据小叶排列的方式可分为羽状复叶、掌状复叶、三出复叶、单身复叶四种类型（图 2-36）。

奇数羽状复叶   偶数羽状复叶   掌状复叶   羽状三出复叶   掌状三出复叶   单身复叶

三回羽状复叶   二回羽状复叶   参差羽状复叶

图 2-36   复叶的类型

（1）羽状复叶。小叶着生在总叶柄的两侧，称为羽状复叶。其中一个复叶上的小叶总数为单数的，称为奇数羽状复叶，如月季、刺槐等；一个复叶上的小叶总数为双数的称为偶数羽状复叶，如花生、合欢。根据羽状复叶叶柄分枝的次数，又可分为一回羽状复叶（月季）、二回羽状复叶（合欢）和三回羽状复叶（南天竹）。

（2）掌状复叶。小叶集中在总叶柄顶端，形似手掌，如大麻、七叶树、刺五加。

（3）三出复叶。总叶柄上着生三枚小叶，称为三出复叶。如果三个小叶柄是等长的，称为掌状三出复叶（草莓）；如果顶端小叶较长，称为羽状三出复叶（大豆）。

（4）单身复叶。总叶柄上两个侧生小叶退化仅留下顶端小叶，但是在小叶基部有显著的关节，如柑橘、柠檬等的叶。

4   叶序和叶镶嵌

4.1   叶序
叶在茎上的排列方式，称为叶序。常见的有以下类型（图 2-37）。

（1）互生。茎上每个节只生一个叶的叫互生，如向日葵、桃、杨等。

（2）对生。每个节上相对着生两个叶的称为对生，如丁香、芝麻、薄荷等。

（3）轮生。每个节上着生三个或三个以上的叶称为轮生，如夹竹桃、茜草等。

（4）簇生。两个以上的叶着生于极度缩短的短枝上，如落叶松、银杏等。

（5）基生。两个以上的叶着生于地表附近的短茎上称为叶基生。

4.2   叶镶嵌
叶在茎上排列方式，不论是互生、对生还是轮生，相邻两个节上的叶片都不会重叠，它们总是利用叶柄长短变化或以一定的角度彼此错开排列，促使同一枝上的叶以

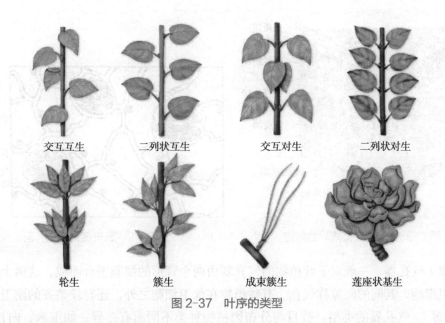

交互互生　　　二列状互生　　　交互对生　　　二列状对生

轮生　　　簇生　　　成束簇生　　　莲座状基生

图 2-37　叶序的类型

镶嵌状态排列而不会重叠，这种现象称为叶镶嵌，如烟草、塌棵菜、蒲公英等。

5　叶的解剖结构

5.1　叶柄的结构

叶柄的结构与幼茎相似，也可分为表皮、皮层和中柱三部分。

叶柄皮层的外围富含厚角组织，有时也有一些厚壁组织。这种机械组织既适于支持又不妨碍叶柄的延伸、扭曲和摆动。

叶柄维管束在横切面上的排列常见为半环形，缺口向上。在每个维管束内，木质部位于韧皮部的上方。叶柄的维管束经叶迹与茎的维管束相连。

5.2　叶片的结构

双子叶植物的叶由表皮、叶肉和叶脉三部分组成（图 2-38）。

5.2.1　表皮

表皮是叶的保护组织，它由表皮细胞、气孔器、排水器、表皮毛、腺鳞等附属物组成。

（1）表皮细胞。叶片的表皮细胞一般是形状不规则的扁平细胞，侧壁凹凸不齐，彼此紧密嵌合，在横切面上则呈长方形，外壁较厚并角质化，具有角质膜，有的还具有蜡质，它为生活细胞，一般不具叶绿体。角质层具有保护作用，可以控制水分蒸腾、加固机械性能、防止病菌侵入，同时角质膜还具较强的折光性，可防止过度日照引起的损害（图 2-39）。

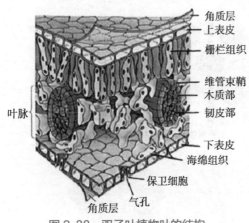

图 2-38　双子叶植物叶的结构

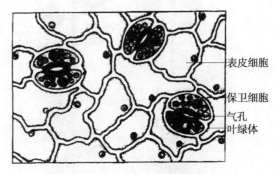

图 2-39　表皮细胞和气孔器

（2）气孔器。一般双子叶植物的气孔器由两个肾形的细胞围合而成，这两个细胞称保卫细胞，其间的间隙称气孔。有些植物在保卫细胞之外，还有较整齐的副卫细胞（如甘薯）。气孔器的类型、数目与分布因植物种类不同而有差异，如玉米、向日葵、小麦等叶的上下表皮都有气孔，而下表皮一般较多。但也有些植物，气孔却只限于下表皮，如苹果、旱金莲；或限于上表皮，如睡莲、莲。

（3）排水器。排水器分布在叶的端部和叶缘处。它由水孔和通水组织构成。水孔与气孔相似，但它没有自动调节开闭的作用。通水组织是指与脉梢的管胞相通的排列疏松的一群小细胞。由于蒸腾作用微弱，根部吸入的水分，从排水器溢出，集成液滴，出现在叶尖或叶缘处，这种现象为吐水作用，一般发生在夜间或清晨温暖湿润的条件下。叶尖和叶缘上有水滴出现，可作为根系正常活动的一种标志。

（4）表皮毛。表皮毛为表皮的附属物，形态各异，功能不同。不同植物表皮毛的种类和分布状况也不相同。表皮毛的主要功能是减少水分的蒸腾，加强表皮的保护作用。蜜腺、腺鳞、腺毛均为表皮毛的结构，但它们又具有分泌功能。

5.2.2　叶肉

叶肉是由含大量叶绿体的薄壁细胞组成，是叶进行光合作用的主要部分。

上下表皮层以内的绿色同化组织是叶肉，其细胞内富含叶绿体，是叶进行光合作用的主要场所。一般分化为栅栏组织和海绵组织（图 2-38）。靠近上表皮的叶肉细胞呈圆柱形，排列如栅栏状，细胞内含大量叶绿体，称为栅栏组织。光合作用主要在这里进行。在栅栏组织的下面是海绵组织，细胞形状不规则，排列疏松，细胞间隙大。细胞内含叶绿体较少，叶片背面颜色一般较浅。海绵组织也能进行光合作用。

栅栏组织与海绵组织的分化，与叶的功能及生态条件是紧密联系的。具有栅栏组织与海绵组织的叶，称为二面叶（亦称异面叶）。二面叶通常保持水平位置，叶面接受阳光较多，这种结构可以扩大光合作用的面积，大多数植物的叶属于这种类型。有些植物叶片在茎上基本呈直立状态，两面受光情况差异不大，叶肉组织中没有明显的栅栏组织和海绵组织的分化，从外形上看不出上、下两面的区别，这种叶叫等面叶，如小麦、水稻等的叶。等面叶无栅栏组织和海绵组织的分化。

5.2.3　叶脉

叶脉分布在叶肉中，是叶中的维管束，纵横交错呈网状排列。叶脉主要由木质部和韧皮部等组成。

叶脉分布在叶肉组织中，呈网状，起支持和输导作用。主脉是由厚壁组织的维管束鞘和维管束组成的，维管束包括木质部、韧皮部和形成层三部分。木质部在上方近轴面，由导管、管胞、薄壁细胞和厚壁细胞组成；韧皮部在下方远轴面，由筛管、伴胞、薄壁细胞组成；形成层在木质部、韧皮部之间，其活动期短，很快就停止活动而失去作用。侧脉的构造比较简单，它的外围没有机械组织，仅有一圈薄壁的维管束鞘包围着。维管束内无形成层，木质部通常只有螺纹导管，韧皮部的筛管也无伴胞，整个维管束的细胞比主脉小，数目也较少。

叶脉分枝愈细，构造也愈来愈简单，在脉梢部分往往只剩下一个螺纹加厚的管胞，游离在薄壁组织中，韧皮部则只有薄壁细胞与叶肉细胞结合在一起。电子显微镜研究证明，在细脉中与筛管分子和管状分子毗连的一些薄壁细胞是一种典型的传递细胞，这种细胞具有浓厚的细胞质、正常发育的细胞器，其细胞壁向内凸起伸入细胞腔内，从而增大了表面的吸收面积，这对于叶肉细胞与细脉之间水分蒸腾、溶质交换以及光合产物的短途运输有着重要的作用。细脉中的传递细胞有的是由伴胞发育而来，有的是由韧皮部薄壁细胞发育而来。

叶脉的输导组织与叶柄的输导组织相连，叶柄的输导组织又与茎、根的输导组织相连，从而使植物体内形成一个完整的输导系统。

5.3　禾本科植物的叶

5.3.1　叶的形态

禾本科植物等单子叶植物的叶片，从外形上仅能区分为叶片和叶鞘两部分。叶鞘是叶片基部的一种特殊结构，它开放式环状抱茎，起到支撑叶片、保护新梢和传导养分的作用。在叶片和叶鞘交界处的内侧常生有很小的膜状突起物，称为叶舌。在叶舌两侧常有由片基部边缘处伸出的两片耳状的小突起，称为叶耳。叶舌和叶耳的有无、形状、大小和色泽等，可以作为鉴别禾本科植物的依据。

5.3.2　叶片的解剖结构

禾本科植物叶片由表皮、叶肉和叶脉三部分组成（图 2-40）。

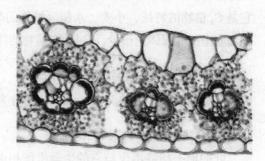

图 2-40　禾本科植物叶的结构
（小麦叶片横切面）

（1）表皮。禾本科植物叶片的表皮由表皮细胞、泡状细胞和气孔器有规律地排列而成。表皮细胞由长细胞和短细胞组成。长细胞的长径沿叶的纵轴方向排列，横切面近于方形，细胞壁角化。长细胞构成表皮的大部分。短细胞位于两个长细胞之间，一种短细胞细胞壁充满二氧化硅，称为硅细胞；另一种短细胞的细胞壁栓化，称为栓细胞。竹类和其他禾本科植物叶的硅细胞常向外突出成刺状，使表皮坚硬而粗糙。

相邻两叶脉之间的上表皮是几个特殊的薄壁的大型细胞，称为泡状细胞，细胞长轴与叶脉平行。可以控制水分的吸收或散失，天气干燥时，泡状细胞失水收缩，使叶片向上卷缩呈筒状，减少蒸腾；当天气湿润，蒸腾减少时，它们又吸水膨胀，使叶片展开，故泡状细胞又称运动细胞。

气孔器是由一对保卫细胞和一对副卫细胞组成。保卫细胞为哑铃状，两端膨大，壁薄，中部胞壁特别增厚。保卫细胞吸水膨胀时，薄壁的两端膨大，互相撑开，于是气孔开放；缺水时，两端萎软，气孔就闭合。

（2）叶肉。禾本科植物叶片的叶肉没有栅栏组织和海绵组织的分化，为等面叶。叶肉细胞排列紧密，胞间隙小，但每个细胞的形状不规则，其细胞壁向内褶皱，形成了具有"峰、腰、谷、环"的结构。这就有利于更多的叶绿体排列在细胞的边缘，易于接收二氧化碳和光照，进行光合作用。当相邻叶肉细胞的"峰""谷"相对时，可使细胞间隙加大，便于气体交换（图2-41）。

图2-41　禾本科植物叶肉的结构
（小麦叶片横切面）

（3）叶脉。禾本科植物叶片的叶脉由木质部、韧皮部和维管束鞘组成，木质部在上，韧皮部在下，维管束内无形成层，为有限外韧维管束，其维管束鞘有两种类型。玉米、甘蔗、高粱等的维管束鞘是单层薄壁细胞构成，它的细胞较大，排列整齐，含叶绿体。玉米等植物叶片维管束鞘与外侧紧密毗连的一圈叶肉细胞组成"花环形"结构，它是C_4植物的特征，小麦、水稻等植物的叶片中，没有这种"花环"结构，且维管束鞘细胞中的叶绿体也很少，这是C_3植物的特征。

6　叶的形态结构与生态条件的关系

根据植物与水分的关系，可将植物分为旱生植物、中生植物和水生植物。

6.1　旱生植物叶片的结构特点

叶的形态构造不仅与它的生理机能相适应，而且与它所处的外界条件（即生态条件）也是相适应的。叶在构造上的变异性和可塑性是很大的，长期生活在干旱缺水条件下的旱生植物，有较强的抗旱能力，叶片产生许多适应干旱条件的结构，通常反映出两种适应形式。一种对旱生的适应形式是叶片小而厚，角质层很发达，表皮上常有蜡被及各种表皮毛，产生下皮层，气孔下陷；机械组织发达，栅栏组织多层，分布在叶的两面；海绵组织和胞间隙不发达；叶肉细胞壁内褶脉分布密。另一种对旱生的适应形式是叶片肥厚，有发达的贮水薄壁组织，细胞液浓度高，保水能力强，如龙舌兰等多肉质植物；有时叶片退化成刺，茎肥厚多汁，如仙人掌科植物。

6.2 水生植物叶片的结构特点

长期生活在潮湿多水情况下的湿生植物，它们的抗旱能力很低，不能忍受干旱缺水的条件。这类植物的叶片常常大而薄；角质层不发达或没有，一般无蜡被和毛状物；海绵组织发达，或没有栅栏组织和海绵组织的区别；叶脉和机械组织不发达；胞间隙大等，这些特征都是与湿生条件相适应的。

水生植物可以直接从环境获得水分和溶解于水的物质，但不易得到充分的光照和良好的通气，其叶片的机械组织、保护组织退化，角质膜薄或无，叶片薄或丝状细裂。叶肉细胞层少，没有栅栏组织和海绵组织的分化，通气组织发达。

6.3 阳生叶与阴生叶

光照强弱对叶的结构影响也很大，有些植物如山杨、刺槐、桃、苹果等，在充足的阳光下才能生长好，它们不能忍受荫蔽的环境，这类植物称为阳地植物。阳地植物的叶称为阳叶，其形态结构常倾向于旱生结构特点：叶片厚、小，角质膜厚，栅栏组织和机械组织发达，叶肉细胞间隙小。另一类植物适应在较弱的光照条件下生长，如咖啡、砂仁和一些林下植物，它们不能忍受强光照射，这类植物称为阴地植物，它们的叶称为阴叶，其结构常倾向于湿生形态：叶片薄、大，角质膜薄，机械组织不发达，无栅栏组织的分化，叶肉细胞间隙大。

7 离层和落叶

植物叶的寿命是一定的，草本植物的叶随植株死亡，但依然残留在植物上。多年生木本植物，有落叶树和常绿树两种。有的树木如杨、柳、榆、槐等，它们的叶春季长出，到秋冬就全部脱落，叶的寿命只有一个生长季，这样的树木称落叶树。而有的植物叶的寿命为一年至多年，如松、柏、芒果等，其中松树的叶生活2～5年。植株上虽每年有一部分老叶脱落，但仍有大量的叶子存在。同时，每年又增生新叶，整个植物来看是常绿的，称为常绿树。

落叶是正常的生命现象，是植物对环境的一种适应，对植物提高抗性具有积极意义。树木在落叶之前，叶肉细胞内的合成功能降低，有机物和激素从叶片中转移到根、茎部分。叶绿素被破坏而解体，不能重新形成，光合作用停止。叶黄素显出，叶片逐渐变黄。同时靠近叶柄基部的某些细胞，由于细胞或生物化学性质的变化，产生了离区。离区包括两个部分，即离层和保护层，在叶将落时，在离区内薄壁组织细胞开始分裂，产生一群小型细胞，以后这群细胞的外层细胞壁胶化，细胞成为游离状态，支持力量变得异常薄弱，这个区域就称为离层。叶片脱落后，伤口表面的几层细胞木栓化，成为保护层。

8 叶的变态（图2-42）

（1）叶卷须。由叶的一部分变成卷须状，称为叶卷须，用以攀缘生长。如豌豆的叶卷须是羽状复叶上部的变态而成。

（2）叶刺。叶或叶的部分（托叶）变成的刺，如刺槐、小檗等。叶刺发生于枝条的下方，如发生于枝条基部两侧，则为托叶刺。仙人掌科植物的刺也是叶的变态。

（3）捕虫叶。有些植物具有能捕食小虫的叶称为捕叶虫。捕叶虫有的呈瓶状（如猪笼草），有的为囊状（如狸藻），有的呈盘状（如茅膏草），在捕虫叶上有分泌黏液和消化液的腺毛，当捕捉昆虫后，由腺毛分泌消化液，把昆虫消化吸收。

（4）鳞叶。叶的功能特化或退化成鳞片状称为鳞叶。鳞叶有两种类型：一种是木本植物的鳞芽外的鳞叶，有保护芽的作用，又称为芽鳞；另一种是地下茎的鳞叶，这种鳞叶肥厚多汁，含有丰富的贮藏养料，如洋葱、百合的鳞叶。另外，藕、荸荠的节上生有膜质干燥的鳞叶，为退化叶。

（5）苞片和总苞。苞片是生在花或花序下面的一种特殊的叶。数目多而聚生在花序基部的苞片，称为总苞。苞片和总苞有保护花和果实的作用，如菊花花序和苞片、玉米雌花序外面苞片。有些植物的苞片具有鲜艳的颜色和特殊的形态而具有观赏价值，如一品红、叶子花、鸽子树的苞片。

（6）叶状柄。我国南方的台湾相思在幼苗时叶子为羽状复叶，以后长出的叶片叶柄变扁，小叶片逐渐退化，只剩下叶片状的叶柄代替叶功能，称为叶状柄。叶状柄和叶状茎一样，是干旱环境的适应性状。

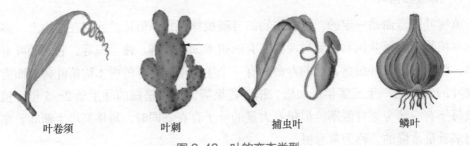

叶卷须　　　　　叶刺　　　　　捕虫叶　　　　　鳞叶

图 2-42　叶的变态类型

9 同功器官与同源器官

各种不同的营养器官的变态，就来源和功能而言，可分为两种类型。一种是来源不同而外形相似、功能相同的器官，这种的变态器官称同功器官。例如，茎刺与叶刺，茎卷须与叶卷须，它们变态后的功能相同，因而产生相似的形态构造。另一种是来源相同，外形和功能不同的器官称为同源器官，如叶卷须与叶刺，同为叶的变态，但变态后功能不同，因而形态构造也不同。

有些同源器官和同功器官是不易区分的，应进行形态、结构和发育过程的全面研究才能作出较为确切的判断。同功器官和同源器官的事实说明植物器官的形态构造取决于机能，而机能又取决于植物长期对环境的适应。陆生植物的根、茎、叶器官的出现是植物对陆生环境的适应。某种植物的某一器官或某一结构，都是长期适应的结果，由于遗传性关系，有一定的稳定性。植物总是依据它的遗传性，从周围环境中选择它生长发育所需的条件，来建造自己，发展自己。但植物并不是绝对不变的，由于外界条件的变化，引起新的适应而产生器官机能上和形态构造上的可塑性，说明植物与环境、功能与形态的辩证统一关系。

- **材料准备**

准备不同植物的叶片，豌豆、刺槐、猪笼草、玉米等的植物标本，显微镜及各种单、双子叶植物叶片的显微切片。

 任务 实施

步骤一：结合课件与视频资料，学习叶的组成、叶的形态、叶的解剖结构及叶的变态类型等基本知识。

步骤二：观察校园内各种植物的叶，区分不同植物叶的组成结构及叶的类型。

步骤三：观察校园内各种植物的叶，区分单叶与复叶。

步骤四：观察豌豆、刺槐、猪笼草、玉米的植物标本，辨别各种叶的变态类型。

步骤五：利用显微镜观察各种单、双子叶植物叶片的显微切片，辨别各部分的名称。

步骤六：任务总结，小组讨论并总结叶的组成、叶的基本形态、叶的解剖结构及叶的变态类型。

任务 检测

请扫描二维码答题。

项目二任务四　　　项目二任务四
任务检测一　　　　任务检测二

任务 评价

班级：_____ 组别：_____ 姓名：_____

项目	评分标准	分值	自我评价	小组评价	教师评价
知识技能	能说出叶的组成和形态特征	10			
	能根据叶在茎上的排列方式区分属于哪种叶序类型	15			
	掌握植物为什么要落叶，有什么重要意义	15			
	叙述松树针叶抗旱性原理	10			
	叙述叶的变态类型	10			
任务质量	整体效果很好为 15~20 分，较好为 12~14 分，一般为 8~11 分，较差为 0~7 分	20			
素养表现	理论联系实际，提高分析问题和解决问题的能力	10			
思政表现	欣赏植物之美，提升艺术审美	10			
合计		100			
自我评价与总结					
教师点评					

项目三　被子植物繁殖器官的结构

项目导读

　　植物的形态特征差异巨大，尤其是植物的繁殖器官，其结构复杂，不同植物种之间，花、果实和种子的结构不同。在被子植物分类系统中，繁殖器官的形态特征有着重要的分类依据。观察不同植物的花、果实和种子，掌握花的形态特征，结构组成以及花冠、雄蕊、雌蕊的类型；了解花程式和花图式的概念及意义；掌握被子植物的开花习性；观察不同类型的果实，了解果实的结构组成及果实的类型；掌握种子的结构组成、类型，以及种子在分类中的重要依据，使学生能够更好地利用植物的繁殖器官对植物进行分类鉴定。

知识目标

　　熟知被子植物花、果实和种子的结构、组成及类型，能够熟练描述被子植物繁殖器官的形态特征，熟练地说出其组成和结构特点；了解花程式和花图式的概念及意义，了解植物开花习性。

能力目标

　　能说出被子植物的花、果实和种子的结构组成，类型及特点；能够熟练地根据植物标本判断其花、果实和种子所属的类型，并说出其特征。

素养 + 思政目标

　　能够根据植物标本判断被子植物繁殖器官的结构组成及类型特征；掌握被子植物繁殖器官的特征，通过花、果实和种子结构组成的讲解，结合春华秋实的自然规律，体会生活中一分耕耘，一分收获的道理，崇尚劳动，积极参与劳动，培养吃苦耐劳的精神，激发对技术专业知识的学习兴趣，提升基本素养。

任务一　花的结构

任务 导入

现有被子植物的活体标本 10 种，请根据被子植物繁殖器官的特征，分别描述这
10 种植物的繁殖器官的结构组成、所属类型及其结构特点。

任务 准备

● 知识准备

被子植物从种子萌发出幼苗，经过营养生长阶段后，进入生殖生长，形成花芽，然
后开花、结实、产生种子。花、果实和种子与被子植物的繁殖有关，所以称为繁殖器官。

1　植物繁殖的类型

植物的繁殖方式有三种形式。

（1）营养繁殖。营养繁殖是植物用其自身营养体的一部分，如鳞茎、块茎、块根
和匍匐茎等，自然地增加个体数的一种繁殖方式。如农林生产中广为应用的扦插、压
条、嫁接和离体组织培养等属于营养繁殖。

（2）无性繁殖。无性繁殖是植物产生具有繁殖能力的特化细胞，也就是孢子，离
开母体后直接萌发成新个体。无性繁殖也称为孢子繁殖。

（3）有性生殖。有性生殖是指植物在繁殖阶段产生两种生理、遗传等均不同的配
子，经其结合形成合子，再由合子发育成新的植物体的生殖过程。被子植物的有性
生殖过程中产生两种形态大小、生理功能、活性完全不同的两种配子即雄性的精子和
雌性的卵子，精、卵结合产生合子发育成胚，由胚发育成新的植株。有性生殖是最进
化的繁殖方式，通过有性生殖产生的后代具有丰富的变异和遗传，提供了选择的可能
性。因此，有性生殖是植物繁殖和进化的一种重要形式。

2　被子植物花的组成和发生

2.1　花的概念及花芽分化

花是被子植物的繁殖器官，是被子植物适应生殖作用的变态枝。花或花序来源于
花芽，是由茎的生长锥逐渐分化而来。当植物生长发育到一定阶段，在适宜的光周期
和温度条件下，由营养生长转入生殖生长，茎尖的分生组织不再产生叶原基和腋芽原
基，而分化成花原基或花序原基，进而形成花或花序，这一过程称为花芽分化。当花
芽分化开始时，生长锥伸长，横径加大，逐渐由尖变平，这时可决定芽向花发展。在
花芽分化过程中，首先在半球形的生长锥周围的若干点上，由第二、第三层细胞进行
分裂，产生一轮小的突起，即为花萼原基。以后依次由外向内再分化形成花瓣原基，

在花瓣原基内侧相继产生 2～3 轮小突起，即为雄蕊原基。在这些突起继续分化、生长，最后在花芽中央产生突起形成了雌蕊原基。各部原基逐渐长大，最外一轮分化为花萼，向内依次分化出花冠、雄蕊和雌蕊。

2.2 花的结构组成

花通常可分为花梗、花托、花萼、花冠、雄蕊群和雌蕊群六部分（图 3-1），具有此六部分结构的花称为完全花，缺少其中任何一部分或几部分的花为不完全花。花梗是一朵花着生的枝条，花托是花梗顶端膨大的部分，花被和花蕊都是变态的叶，所以花是适应生殖作用的变态短枝。花萼由萼片组成，花冠由花瓣组成。花萼和花冠合称为花被，是花的外层部分。雄蕊群由雄蕊组成，雌蕊群由心皮组成。雄蕊和雌蕊合称为花蕊，是花中心的生殖部分。花被和花蕊螺旋状或轮状排列于花托上。

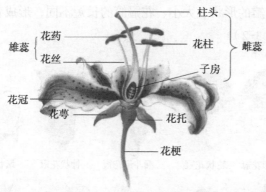

图 3-1 花的结构组成

根据花被的数目或有无，可将花被区分为：其一，具花萼、花冠的两被花；其二，只具花萼，而无花冠的单被花，如桑、榆的花；其三，不具花萼和花冠的无被花，如杨、柳、木、麻黄等。此外，还有一些栽培植物中花瓣层数增多的花为重瓣花，如月季花。

2.2.1 花梗

花梗，又称为花柄，是着生花的小枝，也是花朵和茎相连的短柄，起支持和输导作用。花梗的长短随植物种类而不同，如垂丝海棠的花梗很长；而有的花梗则很短或无花梗，如茶等。

2.2.2 花托

花托是花梗的顶端膨大部分，花的其他部分按一定方式排列着生于花托上。花托的形状随植物种类而异，有伸长成圆锥形的，如玉兰；有中央部分凹陷成杯状或壶状，如蔷薇、梨等。

2.2.3 花萼

花萼位于花的外侧，由若干萼片组成。一般呈绿色，其结构与叶相似，具有保护幼花和光合作用的功能。有些植物的萼片是分离的称为离萼，如油菜、茶等；而有些植物的萼片从基部向上或多或少相互合生，称为合萼，如丁香、棉等。合萼下端连合的部分称萼筒。有些植物萼筒伸长成一细长空管，称为距，如凤仙花、旱金莲等。有的花萼具有两轮，外轮的花萼，称为副萼，如棉花、扶桑等。花萼通常在开花后脱落的，称落萼。但也有随果实一起发育而宿存的，称宿萼，如番茄、辣椒等。有的花萼萼片变成冠毛，如菊科植物的蒲公英萼片变成毛状，称为冠毛。冠毛有利于果实种子借风力传播。

2.2.4　花冠

花冠位于花萼的内侧，由若干花瓣组成，排列成一轮或数轮，多数植物的花瓣，由于细胞内含有花青素或有色体，而使花冠呈现不同颜色。有的还能分泌蜜汁和香味，由于花冠呈现不同颜色和分泌挥发油类，具有招引昆虫传粉的功能，还有保护雌雄蕊的作用。由于花瓣的形状、大小、花冠筒的长短不同，形成各种类型的花冠，常见的有下列几种（图 3-2）。

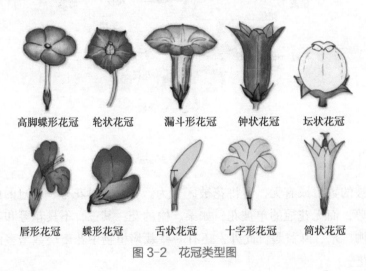

高脚蝶形花冠　　轮状花冠　　漏斗形花冠　　钟状花冠　　坛状花冠

唇形花冠　　蝶形花冠　　舌状花冠　　十字形花冠　　筒状花冠

图 3-2　花冠类型图

（1）根据花冠的离合状况，可将花冠分为离瓣花冠和合瓣花冠。

①离瓣花冠。花瓣之间完全分离的花冠，可分为以下类型。

a. 蔷薇形花冠。由 5 枚（或 5 的倍数）分离的花瓣，呈辐射对称排列，如桃花、梨花、杏花、蔷薇、月季等的花冠。

b. 十字形花冠。花瓣 4 枚，对角线排成十字，如油菜、萝卜、荠菜等的花冠。

c. 蝶形花冠。花瓣 5 枚，离生，呈两侧对称排列，花形似蝶。最上面一片最大，称旗瓣，侧面两片较小称翼瓣，最下面两片合生并弯曲成龙骨状称龙骨瓣。如蚕豆、菜豆、槐等豆科植物的花冠为蝶形花冠。

②合瓣花冠。花瓣全部或部分合生的花冠，可分为以下类型。

a. 唇形花冠。花瓣 5 枚，基部合生成筒状，上部裂片分成上下二唇，两侧对称，如芝麻、薄荷、紫苏等唇形科植物的花冠。

b. 漏斗形花冠。花瓣 5 枚全部合生呈漏斗形,如牵牛、甘薯等的花冠。

c. 筒状花冠。花瓣连合成管状或圆筒状,花冠裂片向上伸展,如向日葵花序的盘心花。

d. 舌状花冠。花冠筒短筒,上部裂片向一侧延伸呈舌状,如向日葵花序的盘边花。

e. 钟状花冠。花冠筒宽而短,上部扩大呈钟状,如桔梗、南瓜的花冠。

f. 高脚碟形花冠。花冠下部是狭圆筒状,上部呈水平状扩展呈碟形,如水仙、点地梅的花冠。

g. 坛状花冠。花冠筒膨大呈卵形,上部收缩成一短颈,然后短小的冠裂片向四周辐射状伸展。

h. 轮状花冠。花冠筒极短,花冠裂片向四周辐射状伸展,如茄、番茄、常春藤的花冠。

(2)根据花冠大小和形状的对称情况,可分为辐射对称花和两侧对称花。

①辐射对称花。一朵花的花被片的大小和形状相似,通过它的中心,可以有两个以上的对称面,如桃、李、油菜等的花。

②两侧对称花。一朵花的花被片的大小、形状不同,通过它的中心,只有一个对称面的花,如蚕豆等蝶形花、唇形花以及美人蕉的花。

2.2.5 雄蕊群

雄蕊群是一朵花中所有雄蕊的总称。花中雄蕊的数目随植物种类而不同,有的雄蕊是多数的(12 枚以上),如茶、桃等的花是具多数雄蕊的;有的是少数而且是有定数的,如柳树有雄蕊 2 枚,小麦、大麦是 3 枚等。每一个雄蕊由花药和花丝两部分组成。花药为花丝顶端的囊状物,是形成花粉粒的地方。花丝常细长,基部着生在花托上,或贴生在花冠上。

雄蕊的数目及类型是植物的重要特征之一。如图 3-3 所示,根据雄蕊的离合状况,可分为如下类型。

(1)离生雄蕊。花中雄蕊的花丝、花药全部分离,如蔷薇、石柱、月季等的雄蕊。

(2)四强雄蕊。花中雄蕊 6 枚,四长二短,如油菜、萝卜等十字花科植物的雄蕊。

(3)二强雄蕊。花中雄蕊 4 枚,二长二短,如益母草等唇形科植物的雄蕊。

(4)冠生雄蕊。花中雄蕊着生在花冠上,如茄、紫草的雄蕊。

(5)聚药雄蕊。花丝分离,花药合生,如向日葵、菊花等菊科植物的雄蕊。

(6)单体雄蕊。花中雄蕊的花丝连合成一体,花丝上部或花药仍分离,如棉花、木槿等的雄蕊。

(7)二体雄蕊。雄蕊的花丝连合并分成二组(两组的数目相等或不等),如刺槐、大豆等豆科植物的雄蕊为 10 枚,其中 9 枚花丝连合,1 枚单生。

（8）多体雄蕊。雄蕊多数，花丝基部连合成多束，如蓖麻、金丝桃等的雄蕊。

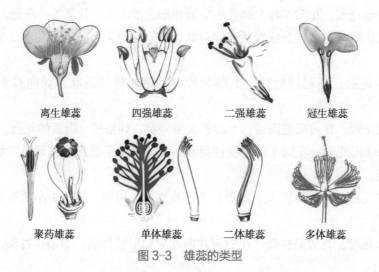

| 离生雄蕊 | 四强雄蕊 | 二强雄蕊 | 冠生雄蕊 |

| 聚药雄蕊 | 单体雄蕊 | 二体雄蕊 | 多体雄蕊 |

图3-3 雄蕊的类型

2.2.6 雌蕊群

雌蕊群是一朵花中所有雌蕊的总称，不同植物的雌蕊群可以由一至数个雌蕊组成，位于花的中央，但多数植物只有一个雌蕊。每一雌蕊可分柱头、花柱和子房三个部分。柱头位于雌蕊的上部，是接受花粉的部位，为了更好地接受花粉，常常形成各种形状，如羽毛状、乳突状等，以增加柱头接受花粉的面积。花柱位于柱头和子房之间，其长短随各种植物而不同。子房是雌蕊基部膨大部分，它的外层是子房壁，中空的部分是子房室（或称心室），子房室内有胚珠，着生在胎座上。

雌蕊是由一至数个变态的叶卷合而成的。组成雌蕊的变态叶叫心皮。心皮边缘连合的缝线叫腹缝线，心皮背部相当于叶中脉部分叫背缝线。子房壁也就是包围子房室的心皮部分。

植物的种类不同，其雌蕊的心皮数目、离合状况可将雌蕊分为如下类型（图3-4）。

图3-4 雌蕊的类型

（1）单雌蕊。一朵花中仅由一个心皮构成的雌蕊，如大豆、桃等的雌蕊。

（2）离生单雌蕊。一朵花中的雌蕊由二至多个心皮构成，心皮各自分离形成二至多个离生的单雌蕊，如玉兰、莲、八角、芍药等的雌蕊。

（3）复雌蕊。由两个或两个以上的心皮构成的雌蕊，也称合生心皮雌蕊，如丁香、油茶等的雌蕊。

3　禾本科花的构造

禾本科植物的花序由许多小穗组成，小穗由小穗轴、1至数朵无柄小花、2枚颖片组成。典型小花包括1枚外稃、1枚内稃、2～3枚浆片（鳞片）、3枚或6枚雄蕊、1枚雌蕊组成（图3-5）。

4　雄蕊的发育及其结构

4.1　雄蕊的发育

雄蕊由花药和花丝两部分组成。雄蕊是由

A—颖片；B—小穗根；C—内稃；C—外稃；E—浆片；F—雌蕊；G—雄蕊。

图 3-5　水稻小花的结构组成

雄蕊原基发育而来的，经顶端生长和原基上部有限的边缘生长后，原基迅速伸长，上部逐渐增粗，不久即分化出花药和花丝两部分。

4.2　花药的发育和结构

4.2.1　花药的发育过程

花药是雄蕊的重要组成部分，是产生花粉的地方，由花粉囊和药隔组成。花药发育初期，结构简单，外层为一层原表皮，内侧为一群基本分生组织，由于花药四个角隅处分裂较快，花药呈四棱形。随着表皮层的不断扩大，在四棱处的原表皮下面分化出多列体积较大、细胞核大、细胞质浓、径向壁较长、分裂能力较强的孢原细胞。随后孢原细胞进行平周分裂，分裂成内、外两层——外层为初生周缘层，内层为初生造孢细胞。初生周缘层细胞继续分裂，形成花粉囊的壁。花药中部的细胞逐渐分裂，分化形成维管束和薄壁细胞，构成药隔。

4.2.2　花药的结构

花药由花粉囊和药隔组成。花药表皮是整个花药的最外一层细胞，以垂周分裂增加细胞数目以适应内部组织的迅速增长。表皮细胞呈扁长形，通常具明显的角质层。表皮具保护功能。花粉囊的壁位于花药表皮之下，分化为三层，即纤维层、中层和绒毡层。

纤维层通常仅一层细胞，初期常贮藏大量物质。当花药接近成熟时，细胞径向扩展，细胞内的贮藏物消失，细胞壁除了和表皮接触的一面，内壁发生带状加厚，加厚的壁物质主要是纤维素，成熟时略木质化，故称纤维层。药室内壁在形成纤维层时，常在两个相邻花粉囊交接处留下一狭长的薄壁细胞裂口。纤维层的这种加厚特点，有助于开花时花粉囊的开裂。

中层由一至数层较小的细胞组成，初期可贮存淀粉等营养物质，在小孢子发育过程中中层细胞逐渐解体和被吸收，成熟花药中一般已不存在中层。

绒毡层是花粉囊壁的最内一层细胞，较其他壁层的细胞大，初期是单核的，但后来经核分裂常具双核或多核，细胞质浓，细胞器丰富，含较多的 RNA、蛋白质以及丰富的油脂和类胡萝卜素等营养物质和生理活性物质，对小孢子的发育和花粉粒的形成起重要的营养和调节作用。绒毡层的作用有以下方面。

①提供或转运营养物质至花粉囊，花药成熟时，绒毡层解体，它的降解产物可以作为花粉合成 DNA、RNA、蛋白质和淀粉的原料。

②提供构成花粉外壁中的特殊物质——孢粉素，以及成熟花粉表面的脂类和胡萝卜素。

③合成和分泌胼胝质酶，分解包围四分孢子的胼胝质壁使小孢子分离。

④提供花粉外壁中一种具有识别作用的识别蛋白，在花粉与雌蕊的相互识别中对决定亲和与否起着重要作用。

4.3　花粉粒的形成与发育

花粉囊内的造孢组织，起初是少数多边形细胞，继续分裂增殖形成花粉母细胞（小孢子母细胞）。花粉母细胞是一些细胞核大、细胞质浓的细胞。花粉母细胞经减数分裂，形成四分体。

花粉母细胞减数分裂形成四分体以后，经胼胝质壁的溶解，四分体的四个细胞分离并游离在花粉囊中，这就是最初形成的花粉粒（图 3-6）。此时花粉粒为单核的，细胞壁薄，细胞质浓，细胞核位于中央。它们从解体的绒毡层细胞吸取营养，细胞增大，细胞中出现大液泡，细胞核移向花粉的一侧，同时细胞壁也发生明显的变化，分化形成外壁和内壁。只具一个核时期的花粉称单核花粉。单核花粉进一步发育分裂形成两个子核，一个贴近花粉的壁，即生殖核；另一个向着中央大液泡的，为营养核，接着发生细胞质分裂，形成两个细胞。由于分裂的高度不均等性，两个细胞在大小、形态及功能方面都有极大的分化。其中，小的、呈凸透镜状的是生殖细胞，生殖细胞的核大，但细胞质仅一薄层，细胞质中含线粒体、核糖体、内质网、高尔基体等细胞器，生殖细胞分裂形成两个精子；另一个大的是营养细胞，它包含了单核花粉的大液泡及大部分细胞质，细胞器丰富，代谢活跃，并含有大量淀粉、脂肪、生理活性物质、色素等，营养细胞的功能主要与花粉发育中的营养以及花粉管的生长有关。当花药成熟开裂散粉前，花粉粒中只含有营养细胞和生殖细胞的称为二细胞型花粉，如木兰科、毛

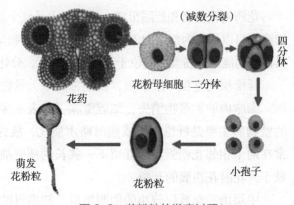

图 3-6　花粉粒的发育过程

茛科、蔷薇科、豆科等。有些植物在散粉前，生殖细胞已分裂形成两个精子，花粉粒中包含有营养细胞和两个精子的称为三细胞型花粉，如禾本科的水稻、小麦、玉米等的花粉。也有少数植物散粉时同时具有二细胞型和三细胞型两种状态的花粉，如堇菜属、捕蝇草属以及单子叶中的百合属等。

4.4 花粉粒的形态和结构

4.4.1 花粉粒形态

花粉粒的形态和构造十分多样，其形状，大小，外壁上纹饰，萌发孔的有无、数量和分布等特征，都随植物种类而异，但这些特征是受遗传因素控制的，因而就每种植物来说，这些特征又是非常稳定的。如水稻、小麦、玉米、棉花、桃、桤木等的花粉为球形（图3-7），茶的花粉为三角形。

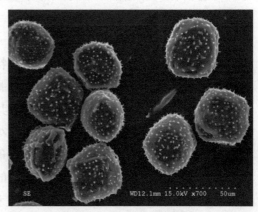

图3-7 东北桤木的花粉粒

4.4.2 花粉粒大小

花粉粒的直径一般为 10～50 μm，如桃约 25 μm、柑橘约 30 μm、南瓜可达 200 μm。最大的为紫茉莉的花粉粒，直径为 250 μm；最小的为高山勿忘草的花粉粒，直径为 2.5～3.5 μm。

4.4.3 花粉粒结构

花粉粒的细胞壁包括了外壁和内壁两个部分，外壁较厚，常形成各种条纹、网纹等图案花纹和刺、疣、棒状或圆柱状等各种附属物。外壁上保留了一些不增厚的孔或沟，称为萌发孔，花粉萌发时花粉管由萌发孔长出。花粉外壁的主要成分为孢粉素、纤维素、类胡萝卜素、类黄酮素、脂类及蛋白质等，所以花粉通常呈红色。花粉粒的内壁较薄，主要组成成分为纤维素、果胶质、半纤维素及蛋白质等。花粉外壁和内壁中所含的蛋白质是一种活性蛋白，具有识别功能，称为识别蛋白。现已确认，在传粉受精过程中，花粉壁蛋白与雌蕊组织之间的识别反应决定了花粉是否萌芽以及亲和或不亲和。

4.5 花粉的生活力

在自然条件下，大多数植物的花粉从花药散出后只能存活几小时、几天或几个星期。一般木本植物花粉的寿命比草本植物的长。如在干燥、凉爽的条件下，柑橘花粉能存活 40～50 d，樱桃 30～100 d，麻栎为 1 年。而在草本植物中，如棉属花粉采下后 24 h 存活率只有 65%，超过 24 h 则很少花粉存活；多数禾本科植物的存活时间不超过一天，如玉米花粉粒的生活力在 24 h 后则完全丧失。花粉粒的类型和生活力也表现了相关性，通常三细胞型花粉的寿命较二细胞型花粉短，如水稻等禾本科植物为三细胞型花粉，寿命都比较短。

5 雌蕊的发育及其结构

5.1 雌蕊的发育与组成

雌蕊是由心皮构成的，位于花的中央。每一雌蕊由柱头、花柱和子房三部分组成（图3-8）。

5.1.1 柱头的类型

雌蕊的柱头是接受花粉的地方，具有特殊的表面以适应接受花粉。柱头的表皮细胞常常变为乳突状或毛状，有利于花粉附着其上。表皮细胞壁外有薄的角质膜，开花时花粉内壁分泌角质酶，溶解柱头表皮细胞的角质层，角质层中断破裂，柱头或花柱细胞的

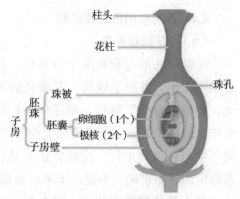

图 3-8 雌蕊的结构组成

分泌物溢出布满柱头表面，为花粉的萌发和花粉管的生长提供了必要的条件和环境。柱头上的分泌液的组成主要有蛋白质、氨基酸、酚类化合物、脂类和糖类。脂类有助于黏着花粉粒，减少柱头失水；酚类有助于防止病虫对柱头的侵害；糖类供给花粉管生长的营养。在一些植物种中发现角质层的外侧覆盖着一层亲水的蛋白质薄膜，它不仅提供了黏性的表面以黏着花粉，而且具有识别花粉壁蛋白"感应器"的特点。柱头表面的蛋白质薄膜和溢出物中的蛋白质成分在花粉与柱头的相互作用中起着重要作用。柱头有两种类型。

（1）干柱头。雌蕊成熟时，柱头没有分泌物，多数被子植物属此类，如十字花科植物、石竹科植物、月季、水稻、小麦、玉米等的柱头。

（2）湿柱头。雌蕊成熟时，柱头能产生很多液态分泌物，如烟草、百合、苹果等的柱头。

5.1.2 花柱类型

花柱是连接柱头与子房的部分，分为实心和空心两种类型。

（1）实心型花柱。有的植物花柱是实心的，通常在花柱中央有特殊的引导组织，如核桃、烟草、番茄等大多数双子叶植物的花柱。花粉管多经引导组织穿过。花柱生长过程中，引导组织的细胞逐渐彼此分离，形成大的胞间隙，积累胞间物质。传粉后，花粉管沿着充满胞间物质的胞间隙中生长进入子房。

（2）空心型花柱。有的植物花柱是空心的，花柱中央有一至数条纵行的通道，称为花柱道，自柱头通向子房，如油茶、百合、豆科、罂粟科植物的花柱。花柱道的表面衬着高度腺性的细胞，称花柱道细胞，具有传递细胞的特征。花柱道分泌物经邻近细胞合成，转运到花柱道细胞，在开花期间，将黏性物质释放在花柱道的表面。

5.1.3　子房的结构

子房是雌蕊基部膨大的部分，着生于花托上。子房是由子房壁、子房室、胚珠和胎座等部分组成。子房壁内外均有一层表皮，表皮上常有气孔或表皮毛，两层表皮之间有多层薄壁细胞和维管束。通常在腹缝线上着生一至多数胚珠，胚珠是形成雌性生殖细胞的地方。胚珠着生的部位叫胎座。子房内的子房室数和胚珠数因植物种而异，如核桃是2个心皮、1个室、1个胚珠；桃是1心皮、1个室、2个胚珠；亚麻是5个心皮、5个室，每室具2个胚珠；而棉花是由3～5个心皮构成。

5.2　胚珠的组成和发育

胚珠着生于子房内壁的胎座上，受精后的胚珠发育成种子。一个成熟的胚珠由珠心、珠被、珠孔、珠柄及合点等部分组成（图3-9）。

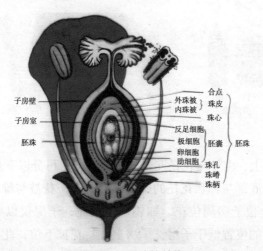

图3-9　胚珠的结构

胚珠发生时，最初是子房壁腹缝线的胎座处形成一小突起，是一团幼嫩的细胞，经分裂逐渐增大，成为胚珠原基，原基的前端成为珠心。原基的基部成为珠柄。由于珠心基部表皮层细胞分裂较快并产生一圈环状突起，逐渐将珠心包围起来形成珠被，珠被在珠心顶端留一小孔称为珠孔。如向日葵、胡桃、辣椒等仅具有一层珠被，而小麦、水稻、油菜、百合等为两层珠被，内层为内珠被，外层为外珠被。在珠心基部，珠被、珠心和珠柄连合的部位称合点。

胚珠着生的部位称为胎座。胚珠一般着生在子房壁的腹缝线上，子房室内着生的胚珠数目各种植物不同。胎座的类型可分为如下类型（图3-10）。

边缘胎座：由单雌蕊构成的一室子房，胚珠着生于子房的腹缝线上，如蚕豆等的胎座。

侧膜胎座：合生雌蕊，子房1室或假数室，胚珠着生于腹缝线上，如油菜、西瓜、黄瓜等的胎座。

中轴胎座：多心皮构成的多室子房，心皮边缘在中央处连合形成中轴，胚珠生于中轴上，如番茄、苹果、柑橘等的胎座。

特立中央胎座：合生雌蕊，子房1室或不完全数室，心皮基部和花托上端愈合，向子房中生长成为特立中央的短轴，胚珠着生于其上，如石竹、马齿苋等的胎座。

顶生胎座：子房一室，胚珠着生于子房室的顶部，如榆属、桑属的胎座。

基生胎座：子房一室，胚珠着生于子房室的基部，如菊科植物的胎座。

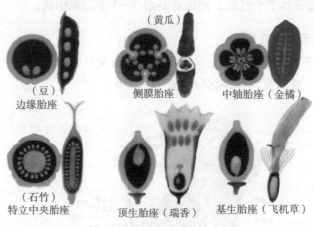

图 3-10 胎座类型

子房着生在花托上，由于与花托连合的情况不同，可分以下几种类型。

上位子房：子房底部与杯状花托的中央部分相连，花被与雄蕊着生于杯状花托的边缘，此种类型称上位子房周位花，如桃、李的花；子房仅以底部与花托相连，萼片、花瓣、雄蕊着生的位置低于子房，子房上位、花被下位，此种类型称上位子房下位花，如刺槐的花。

半下位子房：子房的下半部陷入花托中，且与花托内壁愈合，花萼、花冠、雄蕊群绕子房四周着生于花托边缘，如马齿苋的花。

下位子房：整个子房陷入杯状的花托中，并与花托愈合，花的其他部分着生于子房以上花托的边缘上，如梨、苹果的花。

根据花中雌蕊、雄蕊的具备与否，可把花分为三类。

两性花：兼有雄蕊和雌蕊的花。

单性花：仅有雄蕊或雌蕊的花。

无性花：花中既无雄蕊，又无雌蕊的花。

5.3 胚囊的发育和结构

胚囊是被子植物的雌配子体，由卵细胞、助细胞、极核和反足细胞组成（图3-11）。

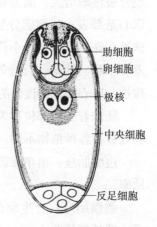

图 3-11 成熟胚囊的结构

在胚珠发育的同时，珠心中形成一孢原细胞。孢原细胞较大，细胞核大而明显，细胞质浓，细胞器丰富，液泡化程度低。孢原细胞或再经分裂分化或直接增大形成大孢子母细胞。大孢子母细胞经减数分裂形成四分体，即四个大孢子。四个大孢子沿珠心排成一行，其中靠近珠孔端的三个逐渐退化消失，仅离珠孔端最远的一个具功能的大孢子继续发育，形成胚囊。大孢子开始发育时，细胞体积增大，并出现大液泡，形成单核胚囊。随后，核连续三次分裂，第一次分裂形成二核，移至胚囊两端，形成二核胚囊，二核胚囊连续进行二次分裂，形成四核胚囊、八核胚囊。八个核暂时游离于胚囊的共同细胞质中，以后每端的四个核中，各有一核向胚囊中部移动，互相靠拢，这两个核称为极核。极核与周围的细胞质一起组成胚囊中最大的细胞，称为中央细胞。近珠孔端的三个核，一个分化成卵细胞、两个分化为两个助细胞，它们合称为卵器。近合点端的三个核分化形成三个反足细胞。至此，发育成具有七个细胞的成熟胚囊。成熟胚囊也就是被子植物的雌配子体，其中卵器是它的雌性生殖器官，而卵细胞则是其雌性生殖细胞或称为雌配子。

- **材料准备**

解剖镜、镊子，被子植物活体标本 10 种，新鲜植物花朵 10 种，各种雄蕊类型的植物 10 种。

 任务 实施

步骤一：结合课件与视频资料，学习花的概念，花芽分化，花的组成，花萼、花冠、雄蕊、雌蕊的结构及类型，以及雄蕊和雌蕊的发育过程等基本知识。

知识拓展

植物的成花生理

步骤二：观察给出的 10 种植物标本，描述其根、茎、叶的形态特征，重点观察这 10 种植物的花，依次写出 10 种植物花的组成状况。

步骤三：利用解剖镜观察 10 种校园植物，依次写出 10 种植物花的花萼、花冠、雄蕊群、雌蕊群、胎座类型、子房类型等。

步骤四：任务总结，小组讨论并总结花的组成，花芽分化，花萼、花冠、雄蕊群、雌蕊群、胎座类型，以及子房类型等。

任务 检测

请扫描二维码答题。

项目三任务一
任务检测一

项目三任务一
任务检测二

任务 评价

班级：_____   组别：_____   姓名：_____

项目	评分标准	分值	自我评价	小组评价	教师评价
知识技能	能区分植物的繁殖器官	10			
	能说明花的结构组成	10			
	能说出离瓣花冠和合瓣花冠结构上的异同	10			
	能区分被子植物花冠的类型	10			
	能区被子植物雄蕊群和雌蕊群的结构组成及其类型	10			
	能够详细描述被子植物花的结构组成情况	10			
任务质量	整体效果很好为15~20分，较好为12~14分，一般为8~11分，较差为0~7分	20			
素养表现	注意细节，严谨审慎；独立思考，诚实守信	10			
思政表现	学习春华秋实的哲学原理，明白一分耕耘，一分收获的道理，崇尚劳动光荣的思想	10			
合计		100			
自我评价与总结					
教师点评					

任务二　花序类型

任务 导入

现有 20 种已经开花的被子植物标本，根据给出的资料及标本，对 20 种开花植物进行营养器官和繁殖器官形态的描述，然后对其花序类型进行分类和归纳总结，根据所给资料，总结各种花序类型的结构和特点。

任务 准备

● **知识准备**

1 花序的概念及类型

植物的花单朵着生在枝顶或叶腋的称单生花，如桃、玉兰、含笑；多数植物的花按一定规律排列在总花轴上叫花序。花序中没有典型的营养叶，有时仅花下有一变态叶叫苞片；有些植物的花序下由数枚苞片密集组成总苞，位于花序的最下方。根据花序轴分枝的方式和开花的顺序，将花序分为无限花序和有限花序两大类。

1.1 无限花序

无限花序花轴顶端可保持生长一段时间，顶端不断增长陆续形成花。开花时，花序基部的花先开，依次向上开放。如果花轴是扁平的，则由外向心开放。因此，无限花序是一种边开花边形成新花的花序。

根据花排列的特点无限花序又分以下类型（图3-12）。

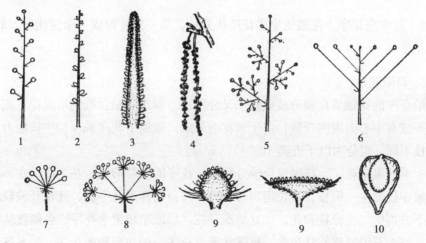

图3-12 无限花序类型

注：1为总状花序；2为穗状花序；3为肉穗花序；4为菜荑花序；5为圆锥花序；6为伞房花序；7为伞形花序；8为复伞形花序；9为头状花序；10为隐头花序。

（1）总状花序。花轴较长，花互生排列在不分枝的花轴上，花柄近等长，如一串红、油菜、萝卜等的花序。

（2）穗状花序。花序轴较长、直立，其上着生无柄或近无柄的花，如车前、小麦、马鞭草的花序。

（3）肉穗花序。花序轴膨大，肉质肥厚，其上着生无柄单性花，且花序下有一大型佛焰苞，又称佛焰花序。

（4）柔荑花序。花序轴细长而柔软下垂，其上着生无柄或具短柄的单性花，开花后整个花序脱落，如杨、柳、枫杨、山毛榉科植物的花序。

（5）圆锥花序。花轴分枝，每一分枝上形成一总状花序，又称复总状花序，如丁香、珍珠梅的花序。

（6）伞房花序。花轴较短，花柄不等长，下部的花花柄较长，向上渐短，整个花序的花几乎排在一平面上，如梨、绣线菊、苹果的花序。

（7）伞形花序。花柄近等长，各花均自花轴顶端一点上生出，整个花序的花排列在一球面上，形似开张的伞，如报春、狼毒的花序。

（8）复伞形花序。花序顶端伞形分枝，每一分枝为一伞形花序，如小茴香、芹菜、胡萝卜等伞形科植物的花序。

（9）头状花序。花轴呈肥厚膨大的短轴，凹陷、凸出或呈扁平状，上面密生许多近无柄或无柄的花，花序外层有多数苞片集生成总苞，如蒲公英、翠菊、雏菊的花序。

（10）隐头花序。花序轴较短，肥厚肉质化，中央凹陷呈囊状，内壁着生有无柄的单性花，整个花序仅囊体顶端有一小孔，孔口有许多总苞。

（11）复穗状花序。花轴依穗状花序分枝，每一分枝为一个穗状花序，如小麦、水稻。

（12）复伞房花序。花轴依伞房花序状分枝，每一分枝形成一伞房花序，如花楸、石榴的花序。

1.2　有限花序

有限花序的花轴呈合轴分枝或假二叉分枝式，即花序轴顶端先形成花，花由顶端自上而下或自中心向周围开放，由于顶花的开放，限制了花序轴顶端生长能力。根据花轴分枝不同，可分为以下五类（图3-13）。

（1）单歧聚伞花序。花序呈合轴分枝式，花序的顶端形成一花之后，在顶花下的苞片叶腋中仅发生一侧枝，其长度超过主枝后枝顶同样形成一花，此花开放较前一朵晚，其下方再生二次分枝和花，如此依次开花，形成单歧聚伞花序。各侧枝从同一方向发出，整个花轴呈螺旋状弯曲，称螺状聚伞花序，如勿忘我的花序。如果各次分枝是左右相间长出，整个花序左右对称，称为蝎尾状聚伞花序，如唐菖蒲的花序。

（2）二歧聚伞花序。花序呈假二叉分枝式，花轴顶端形成顶花之后，在其下伸出两个对生的侧枝，侧枝顶端又生顶花，依次类推，如繁缕、石竹、大叶黄杨的花序等。

（3）多歧聚伞花序。花序轴顶花形成之后，花下同时发育出三个以上的分枝，顶端每生一花，花梗长短不一，节间极短，外形上类似伞形花序，但中心花先开，各分枝再以同样的方式分枝，如大戟科植物的花序。

（4）轮伞花序。具有对生叶的植物，每叶腋着生一个聚伞花序，花序轴及花梗极短，在枝条上呈轮状排列，如薄荷等一些唇形科植物的花序。

（5）聚伞圆锥花序。主轴犹如圆锥花序，侧轴为聚伞状花序的一种混合花序，如丁香属植物。

单歧聚伞花序　　螺状聚伞花序　蝎尾状聚伞花序　二歧聚伞花序

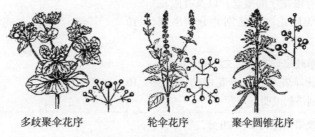

多歧聚伞花序　　　　轮伞花序　　　聚伞圆锥花序

图 3-13　有限花序类型

• **材料准备**

准备已经开花的无限花序类型植物 15 种（根据季节选择开花植物）；已经开花的有限花序类型植物 5～10 种。

 任务 **实施**

步骤一：结合课件与视频资料，学习花序的概念、有限花序类型与无限花序类型。

步骤二：观察 20 种开花植物的花，并进行详细的特征描述，然后根据特点判断其花序类型，并将其中无限花序类型的植物挑出来，并注明相应的花序类型。

步骤三：观察 20 种开花植物的花，并进行详细的特征描述，然后根据特点判断其花序类型，并将其中有限花序类型的植物挑出来，并注明相应的花序类型。

步骤四：任务总结，小组讨论并总结花序的概念、有限花序的概念及类型、无限花序的概念及类型。

任务 **检测**

请扫描二维码答题。

项目三任务二　　　项目三任务二　　　项目三任务二
任务检测一　　　　任务检测二　　　　任务检测三

任务 评价

班级：_____   组别：_____   姓名：_____

项目	评分标准	分值	自我评价	小组评价	教师评价
知识技能	能区分有限花序和无限花序的类型	10			
	叙述无限花序的特点，对比总状花序和穗状花序及柔荑花序的区别，并分别举例	20			
	对比伞形花序和伞房花序的区别，并分别举例	10			
	掌握有限花序的概念，以及有限花序与无限花序的区别并分别举例说明	10			
	掌握单歧聚伞花序、二歧聚伞花序、多歧聚伞花序、轮伞花序的概念，并分别举例说明	10			
任务质量	整体效果很好为 15～20 分、较好为 12～14 分、一般为 8～11 分、较差为 0～7 分	20			
素养表现	学习态度端正，观察认真、爱护仪器，耐心细致	10			
思政表现	阅读传统的植物学典籍，建立文化自信	10			
合计		100			
自我评价与总结					
教师点评					

任务三　花程式和花图式

任务 导入

取花部结构类型不同的花卉植物 5 种，观察其花部形态，用专业术语说出其各部位名称；并根据给出的材料，写出其花程式和花图式的类型。

任务 准备

● **知识准备**

1　花程式

把花的形态结构用符号及数字组成类似数学方程式来表示的，称花程式。利用花程式可表明花各部分的组成、数目、排列、位置，以及它们彼此间的关系。

1.1　使用的符号及其表示的意义

花萼用 Ca 或 K 表示；

花冠用 Co 或 C 表示；

雄蕊群用 A 表示；

雌蕊群用 G 表示，G表示上位子房、$\overline{G}$表示半下位子房、$\underline{G}$表示下位子房；

如花萼和花冠无明显区别，则用 P 表示花被；

用 1，2，3，4，5……表示花的各部分数目、轮数；

如果数目很多而不固定则用∞表示；0 表示缺少或退化；

（ ）表示同一花部彼此合生，如不用此符号则为分离；

如同一花部的轮数或彼此有显著区别则用 + 表示；

$G_{(5:5:2)}$ 括号内第一数字表示心皮数目，第二数字表示子房室数目，第三数目表示子房中每室的胚珠数目；

用↑表示两侧对称花（不整齐花），用 * 表示辐射对称花（整齐花）；

雄花用♂表示，用♀表示雌花，用☿表示两性花；

1.2　花程式举例

油菜：$*K_4 C_4 A_{(2+4)} G_{(2:1:\infty)}$

豌豆：$\uparrow K_{(5)} C_5 A_{(9)+1} G_{(1:1)}$

百合：$*P_{3+3} A_{3+3} G_{(3:3:\infty)}$

旱柳：♂ $K_0 C_0 A_2$；♀ $*K_0 C_0 G_{(2:1)}$

2　花图式

花图式是花的横切面简图，用以表示花各部分轮数、数目、排列、离合等关系。

用黑色圆点表示花着生的花轴，位于图的上方；在花轴相对一方用外侧部分涂黑且带棱的新月形符号表示苞片。萼片用全部涂黑且外侧带棱的新月形符号表示。实心弧线图形表示花瓣，位于图的第二层；雄蕊以花药的横切图形表示，位于第三层；雌蕊以子房横切面图形表示，位于图的中心。并注意各部分的位置，分离或联合的状况，若联合则以虚线连接来表示（图3-14）。

代表符号：		⌄	表示花被	—ᵥ	表示连合
●	表示花轴	⌣	表示花瓣	·····	表示成轮
⌄	表示苞片	⑥⑨	表示雄蕊	✕	表示缺少或退化
⌣	表示萼片	❀	表示冠生雄蕊	❦	表示心皮

1—花轴；2—花萼；3—旗瓣；4—翼瓣；5—龙骨瓣；6—雄蕊；7—雌蕊；8—苞片。

图 3-14　蚕豆花图式

● 材料准备

准备花部结构不同的开花植物 5 种（根据季节选择开花植物）。

📖 任务 实施

步骤一：结合课件与视频资料，学习花程式、花图式的概念及其相应的表示方法。

步骤二：观察 5 种开花植物的花，并进行详细的特征描述，分别写出 5 种植物的花程式。

步骤三：观察 5 种开花植物的花，并进行详细的特征描述，根据写出的花程式，绘制相应的花图式。

步骤四：任务总结，小组讨论并总结花程式与花图式的概念及相应的表示方法。

📖 任务 检测

请扫描二维码答题。

项目三任务三
任务检测

任务 评价

班级：_____　　　　组别：_____　　　　姓名：_____

项目	评分标准	分值	自我评价	小组评价	教师评价
知识技能	能区分花程式和花图式	10			
	叙述花程式的意义，并能够灵活应用	20			
	掌握花图式的概念，并根据给出的花图式说出其代表的意义	10			
	掌握禾本科、豆科、蔷薇科、菊科、葫芦科、十字花科等常见科植物的花程式	10			
	能够识别禾本科、莎草科、石竹科、鸢尾科等常见科的花图式	10			
任务质量	整体效果很好为15～20分，较好为12～14分，一般为8～11分，较差为0～7分	20			
素养表现	学习态度端正，观察认真、爱护仪器，耐心细致	10			
思政表现	观察仔细，归纳总结和绘图用心，养成耐心细致的工作态度，养成良好的职业素养	10			
合计		100			
自我评价与总结					
教师点评					

任务四　开花、传粉和受精

任务 导入

取已经开花的海棠花枝，观察海棠花的形态特征，用专业术语说出其各部位名称；观察其花粉传递的过程，说出其开花过程和传粉、受精的过程。

任务 准备

● 知识准备

1 开花

植物生长发育到一定阶段，雄蕊的花粉粒和雌蕊的胚珠已经成熟，或其中之一已达到成熟程度，花被展开，雄蕊和雌蕊露出，这种现象称为开花。开花是植物性成熟的标志。

植物开始开花的年龄，开花的季节，开花期的长短以及一朵花开放的具体时间和开放持续时间，都随植物的种类不同而异。如桃开始开花的年龄为 3～5 年，柑橘为 6～8 年，桦木为 10～12 年，椴树为 20～25 年，以后则每年开花。竹类虽为多年生植物，却一生只开一次花，开花后即死去，而一年生、二年生植物一生也仅开一次花。开花的季节随植物种类不同而不同，多数植物春夏开花，但有些植物早春先叶开花，如杨、柳、梅、蜡梅、玉兰等。有些植物深秋、初冬开花，如山茶。

植物的开花期是植物从第一朵花开放至最后一朵花开放所延续的时间。各种植物开花期的长短不同，有的仅有几天，有的持续一二个月或更长。至于每朵花开放的时间，各种植物也有不同，如小麦为 5～30 min，有些热带兰花单花开放时间可长达数月。植物的开花习性是长期适应形成的遗传特性，但在某种程度上也受生态条件的影响。如纬度、海拔、气温、光照、湿度、营养状况等的变化都可能引起植物开花的提早或推迟。

对于观赏花卉，开花习性有极重要的价值，除按自然花期提供开花植物，还可以进一步研究催延花期，以达到提早或推迟、延长花期的目的。

2 传粉

由花粉囊散出的成熟花粉，借助一定的媒介力量，被传送到同一花或另一花的雌蕊的柱头上的过程，称传粉。植物的传粉有自花传粉和异花传粉两种方式（图 3-15）。

2.1 自花传粉

花粉从花粉囊中散出后，落到同一花的柱头上的传粉现象叫作自花传粉。在农业实践上自花传粉可扩大到同株异花的传粉和果树栽培上的同品种异株间的传粉，如小麦、水稻、棉花、大豆等都是自花传粉。而典型的自花传粉是指不待花苞张开就已完成受精作用。其花粉直接在花粉囊里萌发，花粉管穿过花粉囊的壁，向柱头生长，完成受精，如豌豆、落花生等。

自花传粉的花具有的特点：第一，花应为两性花，花的雄蕊常围绕着雌蕊，而且二者挨得很近，所以花粉易于落在本花的柱头上；第二，雄蕊的花粉囊和雌蕊的胚囊必须是同时成熟的；第三，雌蕊的柱头对于本花的花粉萌发和花粉管中雄配子的发育没有任何阻碍。

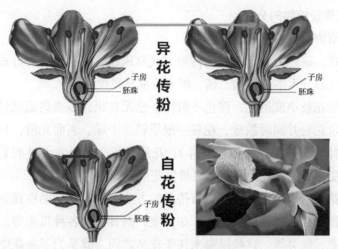

图 3-15 传粉类型

2.2 异花传粉

一朵花的花粉传送到同一或另一植株的另一朵花的柱头上的传粉方式称为异花传粉，它是一种普遍的传粉方式，自然杂交率一般在 50% 以上。异花传粉可发生在同一植物的各花之间，也可发生在不同植株的各花之间，如油菜、向日葵、苹果、玉米、南瓜等。异花传粉植物的花在结构和生理上形成了许多适应于异花传粉的特点。这种植物自花授粉时，常有不结实或结实率低、后代生活力衰退的现象。

（1）单性花。具有单性花植物必然是异花传粉。如雌雄同株的玉米、南瓜，雌雄异株的桑、菠菜、杨、柳、杜仲、羽叶槭等。

（2）雌、雄蕊异熟。有些植物的花虽为两性花，但雄蕊和雌蕊并不同时成熟，或者是雄蕊先熟，在花粉散布时，同株花的雌蕊尚未成熟，不能受粉（雄蕊先熟的情况比较普遍，如泡桐）；或者是雌蕊先熟，在花粉散布时，同株花的雌蕊，柱头已萎，不再受粉（如柑橘）。

（3）雌、雄蕊异长。花虽为两性花，但在同一株上的花中雌、雄蕊的长度互不相同，造成自花授粉困难，如报春花。

（4）雌、雄蕊异位。花虽两性，但雌、雄蕊的空间排列不同，也避免或减少了自花传粉的机会。

（5）自花不孕。自花不孕指花粉粒落到同一朵花的柱头上不能结实。自花不孕有两种情况：一种是花粉粒落到同花柱头上，根本不萌发，如向日葵等；另一种是花粉粒虽能萌发，但花粉管生长缓慢，不能达到子房进行受精，如番茄。

植物进行异花传粉，必须依靠各种外力的帮助，才能把花粉传播到其他花的柱头上去。传送花粉的媒介有风、昆虫、鸟和水，最为普遍的是风和昆虫。各种不同外力传粉的花，产生了各种特殊的适应性结构，使传粉得到保证。

2.3 异花传粉植物的分类

异花传粉植物根据传媒可分为两类。

（1）风媒花。靠风力传送花粉的传粉方式称风媒。借助于这类方式传粉的花，称为风媒花。如大部分禾本科植物、杨、桦木等都是风媒植物。

风媒花一般花被小或退化，颜色不鲜艳，也无香味，多密集成穗状花序或柔荑花序；能产生大量花粉并同时散放；花粉一般质轻、干燥、表面光滑，易被风吹送；花丝特长，早期伸出花被之外（如禾本科）；花柱较长，柱头膨大呈羽毛状，高出花被之外，易于接受花粉；先叶开放；常雌雄异花或异株。

（2）虫媒花。依靠昆虫为媒介进行传粉的方式称虫媒。借助虫媒方式传粉的花叫虫媒花。多数被子植物依靠昆虫传粉，如油菜、向日葵和各种瓜类等。常见的传粉昆虫有蜂类、蝶类、蛾类等。这些昆虫来往于花丛之间，或是为了在花中产卵，或是采食花粉、花蜜作为食料。因而不可避免地与花接触，这样也就把花粉传送了出去。

虫媒花一般花大而显著，色泽鲜艳，白天开放者为红、黄、紫色等，晚间开放者多为纯白色（蛾类能识别）；能散发出强烈的气味，或香或臭；多具有蜜腺，产蜜汁；结构上与传粉的昆虫形成互为适应的关系；花粉粒较大，外壁粗糙而有花纹；花药开裂时花粉粘在花药上，花粉数量较少；柱头多有黏液分泌，易于黏附昆虫体表所带的花粉。虫媒花的大小结构及蜜腺位置一般与传粉昆虫的体型、行为都十分吻合，有利于传粉。

异花传粉植物除了以上的传粉媒介以外还有水媒，如金鱼藻、黑藻、水鳖、苔草属植物；鸟媒，如蜂鸟等。另外，蝙蝠、蜗牛等小动物也能传粉。

3 受精

受精指的是两种配子融合成为合子的过程。由合子发育成一具有双亲遗传性的新个体。受精是有性生殖的中心环节。

被子植物的卵细胞是位于子房内胚珠的胚囊中，而精子是在花粉粒中。因此，精子必须依靠花粉粒在柱头上萌发，形成花粉管向下传送，经过花柱进入胚囊后，受精作用才有可能进行。传粉是受精的必要前提条件。

3.1 花粉粒的萌发和花粉管的生长

花粉粒与柱头间相互识别，如是亲和的，则花粉粒从柱头上吸水，在角质酶和果胶酶的作用下，花粉管穿过柱头乳突的已被侵蚀的角质膜，经乳突的果胶质 - 纤维素壁，进入柱头组织。花粉粒内壁从萌发孔处向外突出并伸长形成花粉管，这一过程称花粉粒的萌发。花粉管吸收花柱中的营养，经花柱道或引导组织不断生长深达胚珠。

花粉管进入胚珠的方式有三种：珠孔受精、合点受精和中部受精（图 3-16）。

（1）珠孔受精。花粉管到达胚珠以后，直接伸向珠孔（直生胚珠），或经过弯曲折入珠孔口（倒生、横生胚珠），再由珠孔进入胚囊，统称珠孔受精。一般植物都为此类。

（2）合点受精。花粉管经胚株基部的合点而达到胚囊的称合点受精，如榆树、胡桃等。

（3）中部受精。花粉管穿过珠被，由侧倒折入胚囊的称中部受精，如南瓜。

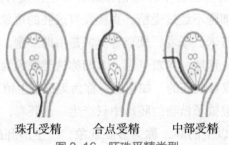

珠孔受精　　　合点受精　　　中部受精

图 3-16　胚珠受精类型

3.2　双受精过程及其生物学意义

3.2.1　双受精的过程

当花粉管进入胚囊时，先端破裂，两个精子由花粉管进入胚囊。其中一个精子与卵细胞结合，形成二倍体的合子，将来发育成胚；另一个精子与极核结合形成三倍体的初生胚乳核，这种两个精子分别与卵和极核结合的现象，称为双受精。双受精是进化过程中被子植物所特有的现象。

3.2.2　双受精的生物学意义

精细胞与卵细胞的融合是两个单倍体的雌、雄配子融合在一起，形成了二倍体的合子，一方面恢复了植物原有的染色体数目；另一方面在传递亲本遗传性、加强后代个体的生活力和适应性方面具有较大意义。精卵融合将父、母本具有差异的遗传物质组合在一起，形成具有双重遗传性的合子；由于配子间的相互同化，后代可能形成一些新的变异；受精极核形成三倍体胚乳，同样具有父、母本的遗传特性，作为新生一代胚的养料，为巩固和发展这一特点提供物质条件。因此双受精在植物界是有性生殖过程中最进化、最高级的形式，是被子植物在植物界繁荣昌盛的重要原因之一，也是植物遗传和育种的重要理论和依据。

3.2.3　受精的选择作用

在自然情况下，开花时，各种不同的花粉都有可能被传送到柱头上。但只有亲和的花粉粒能够萌发，形成花粉管伸入子房，经受精形成正常发育的种子。不亲和的花粉则受到排斥，不能萌发或受精，这表明受精是有选择性的。通常只有一条花粉管进入胚囊放出两个精子进行受精。选择是通过花粉与雌蕊组织之间的识别等一系列生理、生化、遗传机理的控制。两亲本间必须具有一定的遗传背景，即只有在遗传性上差异既不过大，也不过小的亲本之间才能实现受精。大多数植物广泛表现为种内异花受精，这种选择既有利于维持种的稳定性，又能保证种的生活力和适应性。受精的选择性是长期自然选择条件下形成的，是生物适应性的一种表现。由此即可避免自花受精或近亲繁殖，从而保证了后代生活力的提高和适应性的加强。

3.3　无融合生殖与多胚现象

（1）无融合生殖。有些植物不经过精卵融合而直接发育成胚的现象称无融合生殖。无融合生殖中，卵细胞不经过受精，直接发育成胚的现象称孤雌生殖，如芸薹属植物、蒲公英、早熟禾玉米、小麦、烟草等。或是由助细胞、反足细胞或极核等非生殖细胞发育成胚，如葱、鸢尾、含羞草等，人们称这类现象为无配子生殖。也有的是由珠心或珠被细胞直接发育成胚的，如柑属，称为无孢子生殖。

（2）多胚现象。一般被子植物的胚珠中只产生一个胚囊，种子内也有一个胚。但有的植物种子中有一个以上的胚，称为多胚现象。产生多胚的原因很多，可为无配子生殖或无孢子生殖的结果，也可能是由一个受精卵分裂成几个胚（裂生多胚）而形成的。

● **材料准备**

解剖镜、镊子，根据季节选择杨树、云杉、榆树、蚕豆、菜豆、豌豆、花生、玉米、小麦等 10 种开花植物的花枝。

任务 实施

步骤一：结合课件与视频资料，学习开花的概念、传粉的类型、传粉媒介、植物双受精的过程及意义等基本知识。

步骤二：观察 10 种开花植物的花，详细观察其雄蕊、雌蕊的结构及特点，判断其传粉类型。

步骤三：观察 10 种开花植物的花，详细观察其雄蕊、雌蕊的结构及特点，判断其传粉媒介的类型。

步骤四：任务总结，小组讨论并总结植物开花的习性、传粉的类型及传粉媒介、被子植物双受精的过程及意义。

任务 检测

请扫描二维码答题。

项目三任务四
任务检测

任务 评价

班级：_____　　组别：_____　　姓名：_____

项目	评分标准	分值	自我评价	小组评价	教师评价
知识技能	能区分自花传粉与异花传粉	10			
	说出开花的概念，并举例描述	10			
	说出传粉的过程，并举例描述	10			
	能准确说出植物对异花传粉的适应性，并举例描述	10			
	能说出风媒花与虫媒花的区别，并举例	10			
	叙述被子植物双受精的概念、过程及意义	10			
任务质量	整体效果很好为15～20分，较好为12～14分，一般为8～11分，较差为0～7分	20			
素养表现	注意细节，严谨审慎；独立思考，诚实守信	10			
思政表现	认真观察，仔细归纳总结，养成耐心细致的工作态度，提高职业素养	10			
合计		100			
自我评价与总结					
教师点评					

任务五　果实的结构

任务 导入

现有肉质果 8 种、干果 12 种，分别观察这 20 种果实的形态结构，并按果实分类

的大类和小类分组，说出每一种果实的类型，并描述其果实的特点。

任务 准备

● 知识准备

1. 果实的发育和结构

卵细胞受精后，花各部分随之发生显著变化，通常花瓣凋谢，花萼枯落（少数植物的花萼宿存）雄蕊和花柱、柱头也都枯萎，仅子房连同其中的胚珠继续发育增大，形成果实。花梗变为果柄。果实包括由胚珠发育的种子和由子房壁发育的果皮（图3-17）。

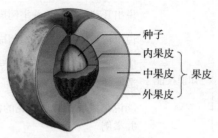

图3-17　果实的结构

1　果实的类型

1.1　按果实性质划分

按果实性质划分，分为真果和假果。

1.1.1　真果

真果是仅由子房发育而来的果实，如桃、杏、李、大豆等。真果外为果皮，内含种子。果皮可分为外果皮、中果皮和内果皮三层（图3-17）。外果皮上常有角质、蜡质和表皮毛，并有气孔分布。中果皮很厚，占整个果皮的大部分，在结构上各种植物差异很大。各种植物的内果皮差异也很大，有的内果皮细胞木化加厚，非常坚硬，如桃、李、核桃；有的内果皮细胞变为肉质化的汁囊，如柑橘；有的内果皮分离成单个的浆汁细胞，如葡萄、番茄等。

1.1.2　假果

假果是除子房以外，还有花托、花萼、花冠，甚至是整个花序参与发育而成的果实，如梨、苹果、瓜类、石榴、菠萝等（图3-18）。如苹果、梨的可食部分，主要由花托发育的，而真正的果皮，即外、中、内三层果皮位于果实中央托杯内，仅占很少部分，其内为种子。

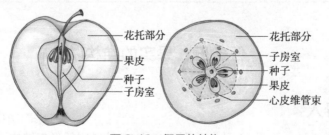

图3-18　假果的结构

1.2　按花或花序分

按花或花序分，分为单果、聚合果和聚花果。

1.2.1　单果

由一朵花中的单雌蕊或复雌蕊子房形成的果实称为单果。

根据果皮的性质与结构，单果又可分为肉质果与干果两大类。

（1）肉质果。果实成熟后，肉质多汁，又分为下列类型（图3-19）。

核果（桃）　　浆果（葡萄）

梨果（苹果）　　柑果（柑橘）　　瓠果（黄瓜）

图 3-19　肉果的类型

①核果。由单雌蕊或复雌蕊子房发育而成，内含一粒种子，三层果皮性质不一，外果皮极薄，中果皮肉质，内果皮木质化成坚硬的核，如桃、杏、李、樱桃等的果实。

②浆果。由复雌蕊子房发育而成，果皮除表面几层细胞外，柔嫩、肉质而多汁，内含多数种子，如葡萄、番茄、柿等。在番茄中，除中果皮与内果皮肉质化外，胎座也肉质化。

③梨果。由下位子房的复雌蕊发育而来，花托强烈增大和肉质化并与果皮愈合，外果皮、中果皮肉质化而无明显界限，内果实革质，如苹果、梨、山楂等的果实。

④柑果。由多心皮复雌蕊子房发育而成，外果皮坚韧革质，有挥发油腔。中果皮疏松髓质，分布有维管束，内果皮形成若干室向内生有许多肉质的表皮毛，内果皮是主要的食用部分，如柑橘、柚、柠檬、橙等的果实。

⑤瓠果。如瓜类植物的果实，由下位子房的复雌蕊形成的假果。花托与果皮愈合，无明显的外、中、内果皮之分，果皮和胎座肉质化，如西瓜、南瓜、黄瓜等葫芦科植物的果实。

（2）干果。果实成熟后，果皮干燥，又分裂果和闭果两类（图3-20）。

①裂果。果皮成熟开裂，散出种子。根据心皮数目和开裂方式，又分为以下类型。

a. 荚果。由单雌蕊子房发育而成，子房一室，成熟后沿背缝线和腹缝线两面开裂，如大豆、豌豆等。也有不开裂的，如花生、合欢、黄檀等的果实。

b. 蓇葖果。由单雌蕊（一心皮）的子房发育而成的果实，成熟时沿背缝线或腹缝线一面开裂，如飞燕草的果实和八角、牡丹等聚合果中的每一小果。

c. 蒴果。由合生心皮复雌蕊发育而来，成熟开裂方式多种，如背裂（鸢尾、棉花的果实）、腹裂（烟草、牵牛的果实）、孔裂（罂粟的果实）、齿裂（石竹的果实）和周裂（马齿苋、车前的果实）等。

d. 角果。由2个心皮的复雌蕊子房发育而来，果实中央有一片由侧膜胎座向内延伸形成的假隔膜，将子房分为假二室。成熟时果实沿两条腹缝线裂开，如十字花科植物的果实。根据果实长短不同科分为长角果和短角果，如白菜、萝卜、油菜等为长角果；如荠菜、独行菜等为短角果。

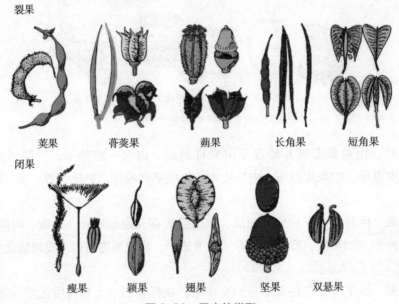

图 3-20   果实的类型

②闭果。果实成熟后不开裂，有下列类型。

a. 瘦果。由单雌蕊或2～3个心皮合生的复雌蕊而仅具一室的子房发育而来，果皮坚硬，内含1粒种子的果实。成熟时，果皮和种皮易于分离，如白头翁、向日葵、荞麦等的果实。

b. 颖果。由2～3个心皮组成，1室，含1粒种子，果皮与种皮紧密愈合不易分离，如小麦、玉米等禾本科植物的果实。

c. 翅果。果皮向外延伸成翅，以适应风力传播。除翅的部分以外，其他部分实际上与坚果或瘦果相似，如榆、槭树、枫杨等的果实。

d. 坚果。果皮坚硬，一室，含一粒种子，果皮与种皮分离，如板栗、榛、麻栎等的果实。

e.双悬果。伞形科植物的果实成熟后分离为两个瘦果，称为双悬果，如芹菜、胡萝卜等。

f.分果。由复雌蕊子房发育而成，每室含1粒种子。成熟时，各心皮沿中轴分开，形成分离的小果，但小果的果皮不开裂，如锦葵、蜀葵等的果实。

g.四小坚果。唇形科和紫草科植物等的果实成熟后分离为四个小坚果称为四小坚果。

1.2.2　聚合果（图3-21）

由一朵花中多数离心皮雌蕊的子房发育而来，每一雌蕊都形成一个独立的小果，集生在花托上。根据小果的类型又可分为聚合瘦果（草莓）、聚合坚果（莲）、聚合核果（悬钩子）和聚合蓇葖果（牡丹、八角）。

1.2.3　聚花果（图3-21）

果实由整个花序发育而来，花序也参与果实的组成部分，也称复果，如桑、菠萝、无花果等的果实。

聚合果　　　聚花果

图3-21　聚合果与聚花果

2　果实和种子的传播

植物在长期的自然选择过程中，植物的果实和种子具备适应各种传播方式的特征（图3-22），以利于果实和种子的传播，扩大后代植株分布的范围，使种族得以繁衍。

图3-22　果实传播的途径

（1）风力传播。借助风力传播的果实和种子，细小质轻，能悬浮在空气中被风吹送到远处，如兰科植物的种子。有的果实或种子生絮毛、果翅或其他有助于承受风力飞翔的特殊构造，如棉、柳的种子有长茸毛以及榆、槭果实有翅等。

（2）水力传播。水生植物和沼泽植物的果实或种子，多借水力传播。如莲的花托形成"莲蓬"，是由疏松的海绵状通气组织所组成，适于水面飘浮传播。生长在热带海边的椰子，其外果皮与内果皮坚实，可抵抗海水的侵蚀；中果皮为疏松的纤维状，能借海水飘浮传至远方。

（3）人类和动物活动传播。果实生有刺或钩，当人或动物经过时，可黏附于衣服或动物的皮毛上，被携带至远处，如鬼针草的果实有刺，土牛膝的果实有钩等。另外，有些植物的果实和种子成熟后被鸟兽吞食，它们具有坚硬的种皮或果皮，可以不受消化液的侵蚀，种子随粪便排出动物体外，传到各地仍能萌发生长，番茄的种子就是如此。

（4）果实弹力传播。有些植物的果实，其果皮各层细胞的含水量不同。故成熟干燥后，收缩的程度也不相同，因此，可发生爆裂而将种子弹出，如大豆、蚕豆、凤仙花等的果实。

● **材料准备**

分别准备各种类型的肉质果 8 种、干果 12 种、聚合果 5 种、聚花果 3 种（鲜果或果实标本）。

 任务 实施

步骤一：结合课件与视频资料，学习果实的发育及果实的类型等基本知识。

步骤二：观察 20 种植物的果实，判断各种果实所属的大类，并将果实分为单果、聚合果和聚花果三类。

步骤三：观察单果中的肉质果，并将 8 种肉质果注明相应的果实类型。

步骤四：观察单果中的 12 种干果，并将 12 种果实注明相应的果实类型。

步骤五：观察单果中的 5 种聚合果，并将 5 种果实注明相应的果实类型。

步骤六：任务总结，小组讨论并总结植物果实的发育过程，并总结各种果实类型。

技能拓展

观察实训

任务 检测

请扫描二维码答题。

项目三任务五
任务检测一

项目三任务五
任务检测二

项目三任务五
任务检测三

任务 评价

班级：_____　　组别：_____　　姓名：_____

项目	评分标准	分值	自我评价	小组评价	教师评价
知识技能	叙述果实的结构组成	10			
	掌握真果与假果的区别，并分别举例描述	20			
	掌握干果与肉质果的区别，并分别举例描述	10			
	掌握常见的 5 种肉质果的类型，并能够分别举例说明	10			
知识技能	掌握常见的 12 种干果类型，并能分别举例说明	10			
任务质量	整体效果很好为 15～20 分，较好为 12～14 分，一般为 8～11 分，较差为 0～7 分	20			
素养表现	学习态度端正，观察认真、爱护仪器，耐心细致	10			
思政表现	阅读传统的植物学典籍，建立文化自信	10			
合计		100			

自我评价与总结	
教师点评	

　　自然界里存在着各种各样的植物，不仅丰富了物种的组成，而且发挥了重要的作用。在已发现约 50 万种的植物中，包含了藻类、菌类、地衣、苔藓、蕨类和种子植物。生活环境包括陆生、水生、喜光、喜阴等，到处都存在着各种各样能够进行光合作用的绿色、褐色和红色植物。它们的大小、形态、结构、寿命、生活习性、营养方式、繁殖方式和生态特性等各异，共同组成了复杂的植物界。本项目旨在了解如何对植物进行分类，掌握分类的单位、分类的依据、植物命名、常用的分类方法及植物标本的制作方法。

知识目标

　　说出植物分类学的概念及工作内容，了解植物分类学的发展。知道植物分类学的各级单位及科属种的概念，命名方法及分类法。掌握植物标本制作的方法。

技能目标

　　厘清植物分类学的发展历程，命名的方法和植物分类的方法。举例说出植物分类学的各级单位及科属种的概念。学会使用植物检索表和制作植物标本。

素养目标

　　树立爱护植被的意识，践行爱护植物的理念；通过制作植物标本，提高学生的动手能力。

任务一　认识植物分类

📖 任务 **导入**

　　自然界中的植物多种多样，对其进行分类，有助于系统地了解和认识它们。请你通过学习植物分类，对你所认识的植物进行分类。

任务 准备

● 知识准备

1　植物分类学概述

植物分类学是研究整个植物界不同类群的分类地位及其起源、来源关系以及进化发展规律的一门基础学科。概念有广义和狭义之分。广义的植物分类学（plant taxonomy）是研究植物的进化过程、进化规律并对植物进行具体分类的科学。狭义的植物分类学则是研究植物的具体分类，包括种、种以上和种以下的分类。其基本内容是提出一个能反映植物界各种群间性状异同、亲缘关系和进化历程的分类系统，借以对植物进行分类鉴别。

植物分类学最基本的工作内容包括分类、命名和鉴定3个方面。

分类（classification）即分门别类，用比较、分析和归纳的方法，依据植物的演化规律及亲缘关系，建立一个合乎逻辑的分类阶元系统（system of categories）。每个阶元系统可以包括有任何数量的植物有机体，用于反映每一种植物的系统地位和归属。

命名（nomenclature）是把地球上的各种植物按照《国际植物命名法则》给予正确的名称包括对植物有机体命名的制度和方法，以及对各种命名规则的建立、解释、应用等进行研究。

鉴定（identification or determination）是确定植物分类地位和名称的过程，也是植物学科中的一项基本技能。

2　植物分类学的研究历史与现状

植物分类学是有着悠久历史的一门学科，它是在人类识别植物和利用植物的社会实践中发展起来的。随着时代的推进，内容的更新和方法的进步，以及人类认识水平的提高，使它持续发展而不断地发生变化。回顾植物分类学的历史发展过程，可以划分为4个时期：史前与"本草学"时期、人为分类系统时期、自然分类系统时期和系统发育分类系统时期。

近几十年来，随着现代科学技术的应用，植物分类学得到了迅速发展，出现了许多新的研究方向和新的边缘学科，如实验分类学、细胞分类学、化学分类学和数值分类学等。特别是生物化学、分子生物学的发展以及对生命的基本物质蛋白质、核酸的深入研究，所取得的丰富成果，有力地推动了经典分类学（classical taxonomy，就是运用形态地理学理论和方法开展的分类学研究）从描述阶段向着客观的实验科学阶段的进展。

植物分类学作为一门古老的学科，它研究的内容不仅对植物的种类分门别类，而且还探讨这些种类的成因和亲缘演化关系，用进化的观点查明和探讨其演化机制，重视利用新兴学科，如解剖学、孢粉学、植物化学、分子生物学等的形成和发展，使植物分类学已成为一门高度综合的学科。

3　植物分类的等级单位

植物分类学设立的分类的等级单位，具有相应的拉丁文名称和特定的词尾，用于表示每种植物的系统演化地位和归属，其目的是建立科学的分类系统。常用单位有：界、门、纲、目、科、属和种（species）。其中，种是基层等级或基本单位。同一种植物，以它们特有的、相对稳定的特征与相近似的种区别开来。把彼此相近似的种组合成属，又把相近似的属组合成科（词尾 -aceae），依据同样的原则由小到大，依次组合成目（词尾 -ales）、纲（词尾 -opsida）和门（词尾 -phyta 或 -phycophyta），而后统归于植物界。其中，种和属没有特定的词尾。在每一等级内，如果种类繁多，也可根据需要再设立亚等级，如亚门（词尾 -ophytina）、亚纲（词尾 -idae）、亚目（词尾 -ineae）、亚科（词尾 -oideae）和亚属。有时在科以下除了设亚科以外，还有族（词尾 -eae）和亚族（词尾 -inae）。在属以下除了亚属以外，还有组和系各等级。在种以下，也可细分为亚种、变种和变型等。现以宽叶独行菜（*Lepidium latifolium* Linn.）和草地早熟禾（*Poa pratensis* Linn.）为例，将其在分类系统中的地位排列如下。

界：植物界（Regnum Vegetabile）

　门：种子植物门（Spermatophyta）

　　亚门：被子植物亚门（Angiospermae）

　　　纲：双子叶植物纲（Dicotyledoneae 或 Magnoliopsida）

　　　　亚纲：五桠果亚纲（Dilleniidae）

　　　　　目：白花菜目（Capparales）

　　　　　　科：十字花科（Brassicaceae）

　　　　　　　属：独行菜属（*Lepidium* Linn.）

　　　　　　　　种：宽叶独行菜（*Lepidium latifolium* Linn.）

　界：植物界（Regnum Vegetabile）

　　门：种子植物门（Spermatophyta）

　　被子植物亚门（Angiospermae）

　　　纲：单子叶植物纲（Monocotyledoneae 或 Liliopsida）

　　　　亚纲：鸭跖草亚纲（Commelinidae）

　　　　　目：莎草目（Cyperales）

　　　　　　科：禾本科（Poaceae 或 Gramineae）

亚科：早熟禾亚科（Pooideae）

族：早熟禾族（Poeae）

属：早熟禾属（*Poa* Linn.）

种：草地早熟禾（*Poa pratensis* Linn.）

4　科、属、种的概念

种是生物分类的基本单位，是具有一定形态结构、生理生化特征以及一定自然分布区的个体的总称。关于物种的概念，至今仍存在不同的认识。但是，大多数学者认为种是起源于共同的祖先，并有一定自然分布区的生物群。其个体间能自然交配产生正常能育的后代，种间存在生殖隔离，如苹果（*Malus pumila* Mill.）、茄（*Solanum melongena* L.）。物种是生物进化的产物，它既有相对稳定的形态和生理特征，又处在进化发展之中。物种概念的运用，大大提高了植物分类的研究水平。

属是由亲缘关系接近、形态特征相似的种所组成，如茄属（*Solanum* L.）、辣椒属（*Capsicum* L.）。

科是由亲缘关系接近、形态特征相似的属所组成，如百合科（*Liliaceae* Juss.）、榆科（*Ulmaceae* Mirb.）。

5　种下分类单元

根据《国际植物命名法则》的规定，在种下可以设亚种、变种、亚变种、变型、亚变型诸多等级，它们都是依次从属等级的诸分类群。现在分类学中常用的也只有亚种、变种和变型3个等级。

（1）亚种。亚种（subsp.）是种内发生比较稳定变异的类群，在地理上有一定的分布区。例如，栽培稻（*Oryza sativa* Linn.）有两个亚种籼稻（*Oryza sative* subsp. *indica* Kato.）和粳稻（*Oryza sativa* subsp. *japonica* Kato.）。

（2）变种。变种（var.）是种内发生比较稳定变异的类群，它与原变种有相同的分布区，它的分布范围比起亚种要小得多，因此有人认为变种是一个种的地方种，如野甘蓝（*Brassica oleracea* L. var. *oleracea*）、宽叶独行菜（*Lepidium latifolium* L. var. *latifolium*）。

（3）变型。变型（f.）有形态变异，分布没有规律，而是一些零星分布的个体，如栽培观赏的羽衣甘蓝（*Brassica oleracea* var. *acephala* DC.）。

（4）品种。品种（cv.）是经过人工选择和培育，在遗传上相对纯合稳定，是有相似或一致的外部形态特征，并且具有一定经济价值的某一种栽培植物或群体的总称。它们是人类在生产实践中，经过人工选择培育而成的，它们具有某些生物学特性，如丰产、抗逆等性状，而不是自然界中的野生植物，如早橘（*Citrus reticulata* 'Subcompressa'）。

● 材料准备

根据季节准备 10 种开花植物的标本，当地主要植物检索表。

知识拓展

 任务 **实施**

步骤一：通过观看图片与视频资料等，初步认识植物分类，掌握植物分类的内容及分类的单位。

步骤二：观察 10 种植物的营养器官及繁殖器官，对植物的特征进行详细的形态特征描述。

植物分类学研究

步骤三：根据 10 种植物的形态特征描述，利用植物检索表进行检索，确定 10 种植物所属的科、属和种名。

步骤四：教师检查确定 10 种植物检索的准确率，并对检索不正确同学进行相应的指导。

步骤五：任务总结，小组讨论并总结植物分类的基本知识；通过观看图片与视频资料等，初步认识植物分类，掌握植物分类的内容及分类的单位；初步认同个体与整体之间关系，树立集体观念和大局意识。

 任务 **检测**

请扫描二维码答题。

项目四任务一
任务检测一

项目四任务一
任务检测二

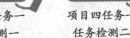 任务 **评价**

班级：＿＿＿＿＿＿　　组别：＿＿＿＿＿＿　　姓名：＿＿＿＿＿＿

项目	评分标准	分值	自我评价	小组评价	教师评价
知识技能	能说出植物分类基本等级单位	10			
	能够正确区分植物科、属、种等基本分类单位	20			
	能够通过拉丁学名，区分种下分类单位	20			
任务质量	整体效果很好为 30 分，较好为 20～29 分，一般为 10～19 分，较差为 0～9 分	30			
素养表现	学习态度端正，观察认真、爱护仪器，耐心细致	10			

（续表）

项目	评分标准	分值	自我评价	小组评价	教师评价
思政表现	树立正确的价值观，树立集体观念和大局意识	10			
	合计	100			
自我评价与总结					
教师点评					

任务二　掌握植物命名

任务 导入

玫瑰的学名为 *Rosa rugosa* Thunb.，它的学名从何而来？构成如何？学习本节课，你能揭开谜底。

任务 准备

● **知识准备**

植物分类学是研究整个植物界不同类群的分类地位及起源、来源关系及进化规律的一门基础学科。其中，分类、鉴定、命名是植物分类学的基本工作。学会正确运用植物分类学的基础知识和基本原理，学会查阅工具书和资料是学好植物分类学的基础。

1　植物的命名方法

1753 年，林奈发表巨著《植物种志》（ *Species Plantarum* ），采用双名法为记载的每一种植物命名，打破了同物异名和同名异物的命名混乱现象。双名法为全世界的生物学家所接受，并在国际上建立了《国际植物命名法规》（ *International Code of Botanical Nomenclature*, ICBN ）、《国际栽培植物命名法规》（ *The International Code of Nomenclature of Cultivated Plants*, IC-NCP ）等。

1.1　双名法

双名法是用拉丁文给植物命名的一种方法，它规定每一种植物的拉丁名由 2 个拉丁词（或拉丁化形式的词）组成，前一个词为属名，代表该植物所隶属的分类单位，第二个词为种加词。一个完整的学名还要在双名的后面附加命名人的姓名或姓名的缩写。例如，玫瑰的学名为 *Rosa rugosa* Thunb.、秋英的学名为 *Cosmos bipinnatus* Cav.、小麦的学名为 *Triticum aestivum* L.。

属名通常采用植物的特征、古植物名、地名和人名等拉丁文名词，用单数第一格，书写时第一个字母必须大写，如 Rosa、Cosmos 和 Triticum。

种加词通常用拉丁文的形容词，也可用同位名词或名词的第二格，书写时第一个字母一律小写，如 sativa（栽培的）、pumila（矮的）。

命名人是为该植物命名的作者。命名人的姓名如果超过一个音节时，通常采用缩写，第一个字母必须大写，缩写的人名在下角加缩写点"."以便识别，如 Linn.、Thunb.。

1.2　三名法

三名法是种下等级中的亚种、变种和变型所采用的命名方法。拉丁名的主体是属名 + 种加词 + 亚种、变种或变型加词。在种加词之后，要分别加上亚种（subsp.）、变种（var.）、变型（f.）的缩写词，以表示该植物的分类等级，最后要附上亚种、变种或变型的命名人的姓名缩写。例如，籼稻（亚种）的学名（*Oryza sative* subsp. *indica* Kato.）、宽叶独行菜（变种）的学名（*Lepidium latifolium* var. *latifolium*）、早橘（品种）（*Citrus reticulata* 'Subcompressa'）。

2　植物命名法规概要

《国际植物命名法规》（*International Code of Botanical Nomenclature*）（以下简称法规）最早是 1867 年在法国巴黎举行的第一次国际植物学会议上，委托德堪多的儿子（Alphonso de Candolle）负责起草，当时称为《植物命名法规》（*Lois de la Nomenclatun Botanique*），经参考英国和美国学者的意见修改后出版，称为"巴黎法规"，该法规共分 7 节 6 条。

国际植物命名法规是各国植物分类学者共同遵循的规则。现将其要点简述如下。

2.1　命名模式和模式标本

科或科级以下分类群的名称，都是由命名模式决定的。更高等级（科级以上）分类群的名称，只有当其名称是属名的才由命名模式来决定。命名模式要求新科的命名要指明模式属，新属的命名要指明模式种，种和种级以下分类群的命名必须有模式标本为依据。模式标本必须永久保存，不能是活体。

模式标本有：主模式标本、等模式标本、和模式标本、后选模式标本、副模式标本、新模式标本、原产地模式标本等类型。

2.2　有效发表和合格发表

植物学名的有效发表条件为发表作品一定是出版的印刷品，通过出售、交换或赠送，放置公共图书馆或植物学家能去的研究机构的图书馆。仅在公共集会、标本或手稿及仅在商业目录中或非科学性的新闻报刊上宣布的新名称，即使有拉丁文特征集要，也属无效。

1935 年 1 月 1 日起，除藻类和化石植物外，新分类群学名的发表，须伴随有拉丁文描述或特征集要，否则不算合格发表。科或科级以下新分类群的发表自 1958 年以后，须指明其命名模式，方属于合格发表。

2.3　优先律原则

凡符合法规要求的、最早发表的名称，均是唯一的合法名称。种子植物的种加词，优先律的起点是 1753 年林奈出版的《植物种志》（*Species Plantarum*），属名的起点是 1754 年及 1764 年林奈出版的《植物属志》（*Genera Plantarum*）。因此，一种植物如已有两个或两个以上的学名，应以最早发表的名称为合法名称，其余的均为异名。

2.4　新组合与基本异名

某植物种被命名且经过合法有效的发表，但经研究发现定错了属，或降低分类等级而改为亚种或变种，则需要重新组合。重新组合时，作者可以改变它的属名，重新组合到其他属去。但种加词和原命名人仍须保留，而将原命名人用括号括起来，再在其后加上重新组合该植物种的姓名或缩写。

2.5　保留名

凡不符合法规命名的名称，理应废弃，但已惯用久的名称，可经国际植物学会议讨论通过作为保留名。例如，某些被保留下来的科名，其拉丁词尾不是 –aceae，有唇形科（Labiatae）、菊科（Compositae）、棕榈科（Palmae）。

2.6　名称的废弃

凡符合法规所发表的植物名称，均不能随意废弃，但有下列情形之一者，应予废弃或作为异名处理。

①按法规中优先律原则应予废弃的。

②将已废弃的属名用作种加词的。

③同一属的两个次级区分或同一种内两个不同类群，具相同名称的，即使它们隶属不同模式，不同等级，也不合法，应用同按优先律原则处理。

④当种加词用简单词为名称，但不能表达意义、重复属名或不能充分显示其双名法的，均属无效，须废弃。

2.7　杂种

杂种用两个种加词之间加"×"表示，有两种表示：如 *Calystegia sepium × silvatica*。

栽培植物有专门的命名法规，基本的方法是在种级以上与天然种命名法相同，种下设品种（cv.）。

● **材料准备**

10 种常见植物的标本，植物检索表。

 任务 实施

步骤一：通过观看图片与视频资料等，初步认识植物分类的单位，掌握植物命名的方法及法规概要。

步骤二：观察 10 种植物的营养器官及繁殖器官，对植物的特征进行详细的形态特征描述。

步骤三：根据 10 种植物的形态特征描述，利用植物检索表进行检索，确定 10 种植物所属的科、属和种名。

步骤四：根据植物命名法规对 10 种植物的科名、属名、种名进行分析，并用双名法标出 10 种植物的种名的组成。

步骤五：任务总结，小组讨论并总结植物命名的方法；通过观看图片与视频资料等，初步认识植物分类的单位，掌握植物命名的方法及法规概要；初步认同植物分类学是不断发展与前进的，成就的取得是站在巨人的肩膀上的，向科学家的精神致敬。

任务 检测

请扫描二维码答题。

项目四任务二
任务检测

任务 评价

班级：_____　　　组别：_____　　　姓名：_____

项目	评分标准	分值	自我评价	小组评价	教师评价
知识技能	能说出植物双名法的组成	10			
	能够正确使用植物拉丁学名	20			
	能够通过检索，获得正确的植物名称	20			

（续表）

项目	评分标准	分值	自我评价	小组评价	教师评价
任务质量	整体效果很好为30分，较好为20～29分，一般为10～19分，较差为0～9分	30			
素养表现	学习态度端正，观察认真、爱护仪器，耐心细致	10			
思政表现	正确处理个体与整体之间关系，树立集体观念和大局意识	10			
合计		100			
自我评价与总结					
教师点评					

任务三　掌握植物分类方法

任务 导入

植物分类学作为植物科学中研究历史最悠久的学科，旨在研究各类群的发生、发展和消亡的规律，将自然界的植物分门别类，鉴别到种，便于人们更好地认识、利用和改造植物，从而为人类服务。

任务 准备

根据教材中有关检索表的介绍，参考《中国植物志》《青海植物志》《青海地区常见植物志》等常用的工具书，了解植物检索表的常见类型和式样。运用检索表鉴定2～3种植物，掌握检索表的基本使用方法。编制10种不同植物的检索表。

● 知识准备

1　分类的方式方法

在植物分类学的历史发展过程中，植物分类大致采取人为分类法和自然分类法两种方法。

1.1　人为分类法

人为分类法是人们主观地仅选择植物形态、习性和用途等某个或少数几个性状作为分类依据，便于人们认识和应用的一种分类方法。依照外形和用途，把植物分为草、木、谷、果、菜 5 个部。依照经济用途，又可分为粮食、蔬菜、牧草、草药、纤维和香料等。

这种分类方法建立的系统为人为，不考虑植物的亲缘关系和演化次序，因应用比较简单实用，目前仍在使用。

1.2　自然分类法

自然分类法是应用现代自然科学的先进手段，比较植物的亲缘关系和演化次序为分类依据。通常采用植物的形态结构异同作为判断亲疏程度。例如，茄和辣椒彼此间相同点多，在分类上隶属同一科——茄科；而茄和玉米相同点少，在分类上属于不同的科。但它们均能产生种子，因而隶属于种子植物门。

2　植物检索表

植物检索表是鉴定植物不可或缺的工具，是选取植物的显著特征，运用表格的形式进行编排、分类的一种方法。检索表的编制是根据法国人拉马克（Lamarck，1744—1829 年）的二歧分类原则，把各类群的相对性状分成相对的两个分支，再把每个分支中的相对性状分成两支，依次下去直至到科、属或种检索表的终点为止。常用的检索表有定距检索表和平行检索表两种格式。

2.1　定距检索表

把两个相对性状编为同样的号码，并列于书页左侧同等距离处，下一级两个相对性状向右退一定的距离，逐级下去，直至最终，如植物七大类群检索表。

植物 7 大类群检索表

1. 植物体构造简单，无根、茎、叶的分化，无多细胞构成的胚（低等植物）。
　　2. 植物体不为藻类和菌类所组成的共生体。
　　　　3. 植物体内含叶绿素或其他光合色素，营自养生活……………………藻类植物
　　　　3. 植物体内无叶绿素或其他光合色素，营异养生活……………………菌类植物
　　2. 植物体为藻类和菌类所组成的共生体………………………………地衣类植物
1. 植物体构造复杂，有根、茎、叶的分化，有多细胞构成的胚（高等植物）。
　　4. 植物体有茎、叶，而无真根…………………………………………苔藓植物
　　4. 植物体有茎、叶和真根。
　　　　5. 植物以孢子繁殖……………………………………………………蕨类植物
　　　　5. 植物以种子繁殖
　　　　　　6. 胚珠裸露，不为心皮所包被……………………………………裸子植物

　　6. 胚珠被心皮构成的子房包被……………………………………… 被子植物

2.2　平行检索表

　　平行检索表的特点是将每一对相对立的特征并列于相邻的两行，每行的最后是数字或植物名称。若为数字，则为另一对并列的特征叙述，如此继续至所需编入的植物全部纳入表中。上述定距检索表可写为下列样式。

1. 植物体构造简单，无根、茎、叶的分化，无多细胞构成的胚（低等植物）…　2
1. 植物体构造复杂，有根、茎、叶的分化，有多细胞构成的胚（高等植物）…　4
　　2. 植物体不为藻类和菌类所组成的共生体…………………………………　3
　　2. 植物体为藻类和菌类所组成的共生体………………………… 地衣类植物
3. 植物体内含叶绿素或其他光合色素，营自养生活………………… 藻类植物
3. 植物体内无叶绿素或其他光合色素，营异养生活………………… 菌类植物
　　4. 植物体有茎、叶，而无真根………………………………… 苔藓植物
　　4. 植物体有茎、叶和真根………………………………………………　5
5. 植物以孢子繁殖………………………………………………… 蕨类植物
5. 植物以种子繁殖………………………………………………………　6
　　6. 胚珠裸露，不为心皮所包被………………………………… 裸子植物
　　6. 胚珠被心皮构成的子房包被………………………………… 被子植物

2.3　检索表的使用方法

　　定距检索表和平行检索表是检索表常见的形式。定距检索表将相对应的特征编为同一号码，并书写在距书页左边同样距离处，每个次一项特征比上一项特征向右缩进一定距离，如此下去。每行字数减少，直到出现科、属、种。而平行检索表中每一对相对的特征紧紧相接，便于比较，每一行描述之后为一学名或数字，如是数字则另起一行。

　　在使用植物检索表时，首先要用科学规范的形态术语对待鉴定植物的形态特征进行准确的描述，然后根据待鉴定植物的特点，其对照检索表中所列的特征，一项一项逐次检索。先鉴定出该种植物所属的科，再用该科的分属检索表查出其所属的属，最后利用该属的分种检索表检索确定其为哪一种植物。

　　在使用检索表时要注意以下方面。

　　①待鉴定植物要尽可能完整，除了要有茎、叶部分，最好还有花和果实，特别是花的特征对准确鉴定尤其重要。

　　②在鉴定时，要根据看到的特征，按次序逐项检索，不允许跳过某一项而去查另一项，并且在确定待查标本属于某个特征两个对应状态中的哪一类时，最好把两个对应状态的描述都看一看，然后根据待查标本的特点，确定属于哪一类，以免发生鉴定错误。

在编制检索表时要注意以下方面。

①在检索表中只能有两种性状状态相对应，而不能有 3 种或更多种并列。

②最好选择性状比较稳定、不同类群之间又有明显间断的性状作为检索性状，避免使用不稳定且不同类群之间表现为数量差异的性状，如叶的大小等。

③对性状进行描述时，要把器官名称放在前面，把表示性状的形容词或数字放在器官名称的后面。比如，描写花的颜色要写成"花白色"，而不是"白花"；描写雄蕊的数目要写成"雄蕊 5"，而不是"5 个雄蕊"。尽可能正确使用专业术语。

- **材料准备**

《中国植物志》《青海植物志》《青海地方植物志》《青海经济植物志》等当地主要植物检索表。根据季节准备 10 种开花植物的标本。

 任务 实施

步骤一：通过观看图片与视频资料等，学习植物检索表的类型及应用方法。

步骤二：观察 10 种植物的营养器官及繁殖器官，对植物的特征进行详细的形态特征描述。

步骤三：根据 10 种植物的形态特征描述，利用植物检索表进行检索，确定 10 种植物所属的科、属和种名。

步骤四：教师检查确定 10 种植物检索的准确率，并对检索不正确同学进行相应的指导。

步骤五：任务总结，小组讨论并总结植物检索表的应用方法。

任务 检测

请扫描二维码答题。

项目四任务三
任务检测

任务 评价

班级：_____ 组别：_____ 姓名：_____

项目	评分标准	分值	自我评价	小组评价	教师评价
知识技能	能说出植物检索表的类型	10			
	能够正确使用植物检索表	20			
	能够通过检索，获得正确的植物名称	20			

（续表）

项目	评分标准	分值	自我评价	小组评价	教师评价
任务质量	整体效果很好为 30 分，较好为 20～29 分，一般为 10～19 分，较差为 0～9 分	30			
素养表现	学习态度端正，观察认真、爱护仪器，耐心细致	10			
思政表现	正确处理个体与整体之间关系，树立集体观念和大局意识	10			
合计		100			
自我评价与总结					
教师点评					

任务四　植物标本制作

任务导入

现有几株新鲜的波斯菊植株，想要制作成植物腊叶标本和浸渍标本，将它们长久保存，你有没有什么好的方法呢？学习本节课内容，希望你能学会制作植物标本。

任务准备

● 知识准备

植物标本是指各种植物的实物，经过各种方法处理，使之可以长久保存，并尽量保持原貌，借以提供作为展览、教育、鉴定、考证及其他各种研究之用的植物样品。

1 植物标本的采集

1.1 野外观察

（1）生活环境。了解植物的生活环境（生境），包括地形、坡度、坡向、光照、湿度、共同生活的植物以及动物的活动情况等。尽量做到观察全面且细致。

（2）生长习性。要区分植物是草本还是木本。若是草本植物，要分清是一年生、二年生还是多年生；直立草本还是草质藤本。若是木本植物，则要分清乔本、灌木还是半灌木，常绿植物还是落叶植物。同时还要观察是否是肉质植物，是陆生、水生还是湿生植物，是自养、寄生、附生或腐生植物。同时还要注意观察茎的类型：直立、斜倚、平卧、匍匐、攀缘或缠绕茎。

（3）典型部位。典型的种子植物包括根、茎、叶、花、果实和种子六部分。观察植物时，开始于根，结束于花果。先用肉眼观察，然后在放大镜的帮助下，注意植物各部分所处的位置，形态、大小、质地、颜色、气味，有无附属物以及附属物的特征，折断后有无浆汁流出等，做到观察全面细致。特别是花果，它们是高等植物分类的基础，对花的观察顺序是：花梗→花萼→花瓣→雄蕊→柱头的顶部，从下往上，从外向内地进行细致观察。

对根、茎、叶、花、果实观察时，注意以下方面。

①根。区分根系（直根系或须根系），块根或圆锥根，气生根或寄生根。

②茎。区分圆茎、方茎、三棱形茎或多棱形茎，实心或空心，节和节间是否明显，茎的类型是匍匐茎、平卧茎、直立茎、攀缘茎或缠绕茎，茎的变态类型是根状茎、块茎、鳞茎、球茎或肉质茎等。

③叶。区分单叶或复叶。复叶的类型有奇数羽状复叶、偶数羽状复叶、二回偶数羽状复叶、掌状复叶、单身复叶或掌状三小叶、羽状三小叶等。叶序是对生、互生、轮生、簇生还是基生。叶脉是平行脉、网状脉、羽状脉、弧形脉还是三出脉。叶的形状（如圆形、心形等），叶基的形状，叶尖的形状，叶缘、托叶以及有无附属物等都均做全面观察。

④花。首先，观察花是否是单生，若组成花序，还需区分是哪种花序。其次，观察花的性别是两性花、单性花还是杂性花，若是单性花则要看是雌雄同株还是异株。花被的观察主要看花萼与花瓣有无区别，单被花还是双被花，合瓣花还是离瓣花。雄蕊的个数，排列顺序，是否合生，与花瓣的排列是互生还是对生，有无附属物或退化雄蕊存在；雄蕊的类型是单体雄蕊、四强雄蕊、二强雄蕊、二体雄蕊还是聚药雄蕊等。而雌蕊应观察心皮数目，合生还是离生，胎座类型、胚珠数、子房的形状及位置。花柱、柱头等都要细致观察。

⑤果实。先分清果实的类型，再分大小，有无附属物及形状等。

以上所述是观察种子植物的一般方法，但对于木本和草本的特殊之处还需要注意以下要点。

观察木本类型，要注意树形（主要是树冠的形状）。由于树种不同，或同一树种年龄或生活环境不同，树冠的形状也不相同，一般可分为圆锥形、圆柱形、卵圆形、阔卵形、圆球形、倒卵形、扁球形、伞形、茶杯形等。观察树形，能帮助我们识别树种。还可以通过观察树皮的颜色、厚度、平滑和开裂、开裂的深浅和形状等；树皮上的皮孔的形状、大小、颜色、数量及分布情况等，来帮助我们进一步识别树种。

同时，还要注意观察木本植物枝条的髓部，了解髓的有无、形状、颜色及质地，茎或枝上的叶痕形状、维管束痕（叶迹）的形状及数目、芽着生的位置或性质等，这些也是识别树种的依据。

观察草本植物，要注意植物的地下部分，有些种具地下茎，一般地下茎在外表与地上茎不同，常与根混淆。还要仔细注意地下茎和根的特殊变化。

总之，野外观察一种植物时，观察顺序是从生境到植物体、个体的外部形态到内部结构。既要注意植物的一般性状、代表性状，也要识别个别和特殊特征。

1.2　植物标本的采集

植物分类中所用的植物标本（或腊叶标本），是由一株植物或植物的一部分经过压制干燥后而制成的。制成标本的目的是便于保管，以便今后学习、研究及对照之用。故要求我们在野外采集植物时，选材、压制及对记录等，应尽量完备。

1.2.1　采集植物标本时应注意的事项

①采集时，首先要考虑需要植物的哪一部分或哪一枝和要采多大最为理想，标本的尺度是以台纸的尺度准。植物体过小，而个体数又极稀少时，但因种类奇特少见，必须采集。每种植物应采若干份，这由植物种类的性质视野外状况和需要数量来决定。一般至少采两份。对于我们来说，一份送交植物标本室保存，另一份可作学习观察及将来学习研究之用。同时，采集时可多采些花，作为室内解剖观察。在采集复份标本时，必须是采同种植物的，须更小心，否则不能当作复本。

②植物的花、果是目前种子植物在分类学上鉴定的依据。因此，采集时须选多花多果的枝。若枝上仅有一花或数花时，可多采同株植物上一些短的花果枝，经干制后置于纸袋内，附在标本上；若是雌雄异株的植物，力求两者皆能采到，有利于后续的鉴定工作。

③一份完整的标本，除花果外，还需有营养体部分，故要选择生长发育好、无病虫害且有代表性的植物体部分作为标本。同时，标本上要具有二年生枝条。因当年生枝尚未定型，变化较大，不易鉴别。

④采集草本植物要采全株，包括地下部分的根茎和根。若有鳞茎、块茎也需采集，能够准确判定植物是多年生或一年生，有助于鉴定。

⑤每采好一种植物标本后，应立即牢固地挂上号牌。号牌用硬纸做成，长3～

5 cm，宽 15～30 mm，有的号牌上还印有填写的项目。号牌必须用铅笔填写，其编号须与采集记录表上的编号相同。

1.2.2　采集特殊植物的方法

（1）棕榈类植物。此类有大型的掌状叶和羽状复叶，可只采一部分（能恰好容纳在台纸上），不过必须把全株的高度、茎的粗度、叶的长度和宽度、裂片或小叶的数目、叶柄的长度等记在采集记录表上。叶柄上如有刺，也要取一小部分。若花序不能全部压制，也必须详细地记下花序的长度、阔度和着生部位。

（2）水生有花植物。此类植物有的有地下茎，有的叶柄和花梗随着水的深度增加而增长。因此，要采一段地下茎来观察叶柄和花梗着生的情况。另外，有的茎叶非常纤细、脆弱，一露出水面枝叶就会粘贴重叠，失去原来的形状。对此，最好成束捞起，用湿纸包好或装在布袋里带回，放在盛水的器具里，等它恢复原状后，将报纸（1 张）放在浮水的标本下，轻轻地托出水面，连纸一起用干纸夹压起，之后勤换吸水纸，直至标本的水分吸干为止。

（3）寄生植物。列当、槲、桑等都寄生在其他植物体上，采集这类植物的时候，必须连寄主上它所寄生的部分同时采下，并要把寄主的种类、形状、同寄生植物的关系记录下来。

1.3　野外记录

记录方式有两种：一是日记，二是填写已印好的表格。前者适用于观察记载，后者适用于采集记录。每采集一种植物标本时需填写一份采集记录表。

在填写采集记录表时，应注意以下几点。

①填写时认真负责，要求填写的内容正确、精简扼要。

②记录表上的采集号与标本上挂的号牌必须是相同的号码。

③填写根、茎、叶、花、果时，应尽量填写经过压制干燥后易于失去的特征（如颜色、气味、是否肉质等）。

④将填写好的表格，按采集号的次序集中成册，不得遗失、污损。

2　植物腊叶标本制作

2.1　材料及用具

各种植物标本，标本夹，吸水纸，胶水，标签纸，各种杀虫剂等。

2.2　方法及步骤

2.2.1　整理标本

把标本上多余的枝叶疏剪一部分，避免遮盖花果。较长的植株可以折成"N"形或"V"形再压制。

2.2.2　压制植物标本

野外采集标本后，如果方便，可就地进行压制，亦可带回室内压制；若将标本带回压制，需注意不要使标本萎蔫卷缩（尤其是草本植物采集后不及时压制，时间稍长会如此），否则会加大压制时的难度，也会影响标本质量。

最常用的方法是干压法：把标本夹的两块夹板打开，把有绳的一块平放着做底板，铺上四五张吸水纸，放上一枝标本，盖上两三张吸水纸，再放一枝标本，以此类推。放标本时应注意：第一，整齐平坦，不要把上、下两枝标本的顶端放在夹板的同一端；第二，每枝标本都要有一两个叶子背面朝上，等排列到一定的高度后（30～50 cm），上面多放几张纸，放上另一块不带绳子的夹板，压标本的人轻轻地跨坐在夹板的一端，用底板的绳子绑住一端，绑的时候要略加一些压力，同时跨坐的一端用同样大的压力顺势压下去，使两端高低一致，然后手按着夹板来绑另一端，将身体移开，用脚踏着将它绑好。

压制中，标本的任何一部分都不要露出纸外。花果比较大的标本，压制时会因突起而造成空隙，使部分叶子卷缩起来，故在压制此类标本的时，用折好的吸水纸把空隙填平，让全部枝叶受到同样的压力。新压的标本，经过 0.5～1.0 d 就要更换一次吸水纸（否则标本会腐烂发霉），换下来的湿纸，必须晒干或烘干、烤干，预备下次换纸时用。换纸的时候要特别注意把重压的枝条、折叠着的叶和花等小心地张开理好。如果发现枝叶过密，可适当疏剪部分叶和花，脱落的果、叶和花用密封袋保存起来，同时袋上写好原标本的编号。

标本压制后，通常经过 8～9 d 就完全干燥了，此时由于失水，标本不再有初采时的新鲜颜色。

针叶树标本在压制过程中，针叶最容易脱落。为防止此现象，采来以后放在乙醇、沸水或稀释过的热黏水胶溶液里浸泡一段时间。

多肉植物（如石蒜科、百合科、景天科、天南星科等），标本不易干燥，有的甚至在压制中，还能继续生长。所以，必须先用沸水或药物处理一下，破坏它的生长能力，然后再压制，但花是绝对不能放在沸水里处理的。

在压制一些肉质而多髓心的茎和地下块根、块茎、鳞茎及肉质而多汁的花果时，可将它们剖开，压制其部分结构，压制的部分必须具有代表性，同时还要把它们的形状、颜色、大小、质地等详细地记录下来。

对于一些珍贵的植物及个别特殊植物，在采集时或压制处理前，除详细记录外，必要时也可摄影，之后可在标本上附上照片。

标本压制干燥后，要按照号码顺序整理，用纸把同一号码的正副标本分隔开，再用纸把这个号码的标本夹包成一包，然后在纸包表面右下角写上标本号码。每 20 包（可视压制者的意见）依号捆在一起。这样就可以贮存或者运送了。

2.3 植物标本的制作

2.3.1 上台纸

将压制好的标本，经消毒处理后，根据原来登记的号码把标本取出来，标本的背面要用毛笔薄薄地涂上一层胶水后贴在台纸上。台纸一般长 42 cm，宽 29 cm，也可以稍有出入。若标本比台纸大，可适当修剪，但顶部必须保留。每贴好十几份，捆成一束，压上重物，让标本和台纸黏结在一起。用重物压后，可将标本放在玻璃板或木板上，顺着枝、叶的方向，在枝叶的主脉左右，用小刀在台纸上各切一小长口，把口切好后，用镊子夹一张小白纸插入小长口里，拉紧，涂胶，贴在台纸背面。每一枝标本，最少要贴 5～6 个小纸条，有时候遇到多花多叶的标本，需要贴 30～40 个；有的标本枝条很粗，或者果实比较大，不容易贴结实，可用线缝在台纸上，缝的线在台纸背面要整齐排列，不要重叠，最后拉紧线头；有些植物标本的叶、花及小果实等很容易脱落，要把脱落的叶、花、果实等装在牛皮纸袋，贴在标本台纸的左下角；有些珍稀标本如原始标本（模式标本）很难获得，应该在台纸上贴一张玻璃纸或透明纸，保护好标本，防止磨损。

2.3.2 登记和编号

上台纸后，把已抄好的野外记录表贴在左上角，注明标本的学名、科名、采集人、采集地点、采集日期等。

每一份标本都要编上号码。野外记录本、野外记录表、卡片、鉴定标签上的同一份标本的号码要相同。

2.3.3 标本鉴定

根据标本、野外记录，认真查找工具书，核对标本的名称、分类地位等，如果已经鉴定好，就要填好鉴定标签并贴在台纸的右下角。

2.4 植物标本的保存

2.4.1 腊叶标本的保存

贮藏标本的地方必须干燥通风。

植物标本易受虫害（如啮虫、甲虫、蛾等幼虫危害），对于这类虫害，一般用药剂来防除。

①在上台纸前，用升汞乙醇饱和溶液消毒。可将标本浸在里面，也可用喷雾器往标本上喷或用笔涂。用升汞消过毒的标本，台纸上须注明"涂毒"等字样，因升汞易挥发，对人体有害，使用的时候要注意。

②往标本柜里放焦油脑、樟脑精、卫生球等有恶臭的药品。

③用二硫化碳熏蒸，这种方法的杀虫效果很好，但是时间一长杀虫效力就消失，每次消毒 48 h 以上为佳。

④用氰酸钾消毒。消毒时，将标本室通到室外的放气管开关关紧，门窗的空隙也

要用纸条封好，打开标本柜的门，在盆里放上氰酸钾，盆上用铁架放置一个分液漏斗，漏斗里盛稀硫酸。布置好后，其余人退出，留一个人把漏斗的开关转开，后立即离开，尽快锁门。经 24 h 后，在室外打开放气管，散放毒气，等毒气散尽，打开门窗。通风 24 h 后方能到标本室内去工作。

⑤在标本橱里放精萘粉。将精萘粉用软纸包成若干小包（每包 100～150 g），分别放在标本橱的每个格里，此法简便，效果好。

2.4.2 使用标本时应注意的事项

对标本尤其是原始标本一定要好好爱护，不可曲折。翻阅及放置标本一定要轻拿轻放，按观察前的次序摆放。同时，用完的标本尤其是原来收藏在标本橱里的标本，必须立刻放回原处。

阅览标本的时候，如果贴着的纸片脱落了，应把它照旧贴好。

在查对标本时，不要轻易解剖标本。

3 植物浸渍标本的制作

3.1 设备与材料

3.1.1 主要设备与用具

天平、水浴锅、标本瓶（15 cm×25 cm）、大烧杯（煮绿色标本）、量筒、载玻片（用来固定标本）、白线（固定标本）、剪刀、玻棒、标签纸等。

3.1.2 药品与试剂

乙醇、甲醛（或福尔马林）、醋酸铜（或硫酸铜）、酸、硼酸、亚硫酸、氯化钠、石蜡等。

3.2 植物材料

新鲜完整的草本植株，木本植物绿色叶枝（枝条长度 25～30 cm），成熟的新鲜红色果蔬（如小番茄、樱桃、红枣、红色小萝卜），新鲜黄色果蔬（如姜、梨、金橘、黄番茄等）。

3.3 制作步骤

植物浸渍标本的制作一般要经过采集、制作、记载等一系列步骤。

3.3.1 植物标本的采集

自然界植物种类繁多，采集标本要根据使用目的而定。

采集标本时应注意以下几点。

①采集完整的标本。被子植物尽量采到花、果和种子。草本植物要求尽量将根、茎、叶、花、果实和种子采全。对一些有地下茎的植物，必须采集这些植物的地下部分，否则难以鉴定。

②雌雄异株的植物，应分别采集雌株和雄株。

③乔木、灌木或特别高大的草本植物，只能采集其植物体的一部分。但必须注意采集该植物具有代表性的部分。

④对寄生植物的采集，应注意连同寄主一起采下，并要分别注明。

⑤采集标本的份数，一般要采2～3份，同一个编号。

⑥采集标本时应注意爱护资源，特别是稀有植物。

⑦必须认真做好野外记录。主要内容包括植物的产地、生活环境、性状、花的颜色和采集日期等。

3.3.2 标本的清理

标本采集后，在制作前还必须经过清理，其目的是除去泥沙杂质，使要展示的特征更为突出。还需清除枯枝烂叶，凋萎的花果，若叶子太密集，还应适当修剪。

标本清理后，应尽快进行制作，放置时间太久，有的标本的花、叶容易变形，影响效果。

3.3.3 原色植物浸渍标本制作方法

原色植物浸渍液的配方很多，常根据浸制标本的色泽和浸制的目的进行选择。

3.3.3.1 绿色植物标本浸制

植物体之所以呈绿色是因为叶绿体中含有叶绿素，叶绿素是一种复杂的有机化合物，其分子结构的中央有一个金属镁原子，这就是叶绿素呈现绿色的原因。

绿色浸渍标本的基本原理。用铜离子置换叶绿素中的铁离子和镁离子。利用酸作用把叶绿素分子中的镁离子分出来，此时因叶绿素缺镁，所以植物就变成褐色。用铜置换叶绿核心分子镁，以铜原子为核心的叶绿素分子结构很稳定，不易分解破坏，不溶于乙醇或福尔马林中，故植物标本在保存液中可以保持绿色。

绿色浸渍标本制作，通常先用固定液固定颜色，然后用清水漂洗，最后置于保存液中保存。

方法一：醋酸铜、醋酸液处理浸制法。

用50 mL冰醋酸和50 mL水配成50%醋酸溶液，在溶液中慢慢加入醋酸铜粉末，不断搅拌，直到饱和为止（100 mL可溶醋酸铜约6 g），配成醋酸铜母液。按标本染色深浅不同，将醋酸铜母液用水稀释至3～4倍，将溶液倒入大烧杯内加热至85℃。然后将标本放入，并轻轻翻动，不久材料由绿色变黄、变褐，继续加热直至材料又变成绿色时即可停止加热。取出绿色标本，在清水里漂洗干净，浸入5%的福尔马林溶液瓶中保存。保存液一定要没过标本。

上述方法中也可用硫酸铜代替醋酸铜，配成饱和的硫酸铜溶液（约100 mL可溶硫酸铜6 g），用硫酸铜溶液同上述方法处理绿色植物。

方法二：针对有些比较薄嫩容易软烂的植物，可以直接浸到饱和醋酸铜10 mL和醋酸10～16 mL的混合液中，或者浸到硫酸铜饱和溶液700 mL、福尔马林50 mL、水 250 mL 混合液中，浸泡 8～14 d 后，取出用水洗净，再浸入 4%～5% 的福尔马林保存。

3.3.3.2　红色标本的浸制

红色主要是由于其内含有花青素，花青素溶于水，其分子的基本结构是由两个芳香环——A 环和 B 环组成，花青素随着 pH 的变化可使植物的花现出各种颜色：在酸性下可保持红色反应。

方法一：硼酸、乙醇、福尔马林液浸制法。

取硼酸粉末 45 g 溶于 200～400 mL 水中，然后加入 75%～90% 乙醇 200 mL，福尔马林 30 mL，混合澄清，用澄清液保存标本。如保存粉红色标本时，须将福尔马林减至微量或不加。

方法二：福尔马林、硼酸溶液浸制法。

取 4 mL 福尔马林、4 g 硼酸、400 mL 水配制成福尔马林硼酸溶液。选择完整成熟的新鲜果实（如小番茄、樱桃、桃、杏、枣等），洗净后浸入上述溶液中，当果实由红色转为深褐色时取出。浸泡时间一般为 1～3 d，要视果实的大小、颜色深浅而定。果实取出后直接浸入亚硫酸硼酸保存液（1 份 1% 亚硫酸和 1 份 2% 硼酸配成）中保存，可保持果实原有色泽。

3.3.3.3　黄色、黄绿色标本的浸制

方法一：0.3%～0.5% 的亚硫酸溶液 1 000 mL，95% 乙醇 10 mL，40% 甲醛 5～10 mL 混合液直接保存黄色材料。

方法二：植物的黄色或黄绿色部分，如马铃薯、姜、梨、苹果、金橘、黄金瓜、黄番茄等，把标本浸入 5% 硫酸铜溶液里 1～2 d 取出后用水漂洗干净，再放入由 30 mL 6% 亚硫酸、30 mL 甘油、30 mL 95% 乙醇和 900 mL 水配制成的保存液内浸泡保存。如果浸泡果实，应在浸泡之前先向果实内注射少量保存液。

3.4　浸渍标本的保存

3.4.1　封口

植物浸制标本装瓶后，瓶口要加盖，用熔化的石蜡涂在瓶口接缝处封口。目的是防止保存液挥发和标本发霉变质。封口后，在标本瓶的上方贴上标签，注明名称、产地、制作日期、制作人等。

3.4.2　标本的保存

标本瓶存放在阴凉处，避免阳光直射，这样可以使标本原有的色泽保持较长时间。

- **材料准备**

标本夹，吸水纸，采集袋，枝剪，铲子，标本，台纸，铅笔，小刀，镊子，标签纸，白纸，采集记录表，采号签，标本鉴定签，剪刀等。

任务 实施

步骤一：通过观看图片与视频资料等，学习植物标本采集、植物腊叶标本和浸渍标本制作的方法。

步骤二：赴野外按要求采集草本植物标本30种，对采集的植物标本进行整理及压制。

步骤三：整理标本，利用植物检索表进行检索，确定30种植物所属的科、属和种名。

步骤四：整理充分干燥的标本，并按照腊叶标本制作要求，完成腊叶标本制作，每人完成2份标本。

步骤五：按照浸渍标本制作要求，采集新鲜植物标本，然后根据浸渍标本制作过程，完成浸渍标本制作。

步骤六：任务总结，小组讨论并总结植物检索表的应用方法。

 任务 评价

班级：＿＿＿＿＿＿＿＿　　组别：＿＿＿＿＿＿＿＿　　姓名：＿＿＿＿＿＿＿＿

项目	评分标准	分值	自我评价	小组评价	教师评价
知识技能	能够说出不同植物采集时注意的问题	10			
	能够说出植物腊叶标本制作过程	10			
	能够正确制作腊叶标本	10			
	能够说出植物浸渍标本制作过程	10			
	能够正确制作浸渍标本	10			
任务质量	整体效果很好为30分，较好为20～19分，一般为10～18分，较差为0～9分	30			
素养表现	学习态度端正，观察认真、爱护仪器，耐心细致	10			
思政表现	正确生态环保理念，保护稀有物种，保护植物多样性	10			
合计		100			

（续表）

自我评价与 总结	
教师点评	

项目导读

此项目主要针对北方地区，特别是西北地区常见的栽培或野生牧草的分类和识别，根据牧草的营养价值、饲用价值以及在天然草地的分布情况进行筛选，对营养和饲用价值高的优质牧草、优良牧草，中等牧草和可食牧草，草原常见毒杂草等，展开生物学特性、分布、营养价值等方面的介绍。通过学习，让学生学会识别常见的栽培牧草、天然牧草、杂草以及毒杂草。

知识目标

熟知天然草地常见牧草种类，能够描述牧草的形态特征，了解其饲用价值，能够识别常见不可食草和毒杂草。

能力目标

能说出豆科、莎草科、菊科、禾本科植物的形态特征；能够鉴定识别以上科常见牧草及毒杂草。

素养 + 思政目标

了解豆科、莎草科、菊科、禾本科饲用牧草价值，掌握常见栽培牧草的生产状况，激发学生对草业技术专业知识的学习兴趣，提升学生生态环保理念，保护植物多样性，保护环境。

任务一 豆科常见牧草及毒杂草

任务导入

现有常见牧草种类 30 种，请根据豆科植物特征，从中筛选出豆科常见牧草和毒杂草。

📚 任务 准备

● 知识准备

豆科　$\uparrow K_{(5)} C_{1+2+2} A_{(9+1)}$，$\uparrow K_{(5)} C_{1+2+2} A_{(9+1)}$，$10 \underline{G}_{1:1}$

豆科约 440 属 12 000 种，广布世界各地，是被子植物中第三大科；我国有 129 属 1 485 种，全国各地均有分布。本科植物蛋白质含量高，家畜适口性好，在天然草地具有重要地位，常见栽培牧草有紫花苜蓿、三叶草、箭筈豌豆、野豌豆、草木樨等，在各科牧草中被列于首位。此外，还有栽培供食用或为油料作物，如大豆、落花生、豌豆、蚕豆、豇豆、菜豆；有的乔、灌木种类，如国槐、刺槐等可做行道树、庭院绿化树和蜜源植物。

1　豆科的特征

草本、灌木或乔木，直立或攀缘，叶通常互生，复叶，很少为单叶，常有托叶。花两性，两侧对称；萼齿 5；具蝶形花冠，最上方一片最大，为旗瓣，两侧两片为翼瓣，最里面两片边缘合生成龙骨瓣；雄蕊 10，合生为单体或二体，少分离；雌蕊 1，子房上位，1 室，胚珠 2 至多数生于沿腹缝线着生的边缘胎座上；常组成总状花序或圆锥花序，少为头状花序或穗状花序；荚果开裂或不开裂。

2　本科常见植物

2.1　沙冬青属 *Ammopiptanthus* Cheng f.

常绿灌木，叶革质，掌状三出复叶，托叶贴生于叶柄上。总状花序，花黄色，雄蕊 10，荚果扁平。

本属 2 种，我国均产，沙冬青（图 5-1），小沙冬青 2 种。沙冬青：有毒植物，可固沙，为国家二级保护植物。

2.2　野决明属 *Thermopsis* R. Br.

多年生草本，掌状三出复叶，托叶叶状，分离。总状花序，花大型，黄色，雄蕊 10，荚果扁平。本属 25 种，我国产 12 种，常见披针叶野决明。

披针叶野决明 *Thermopsis lanceolata* R. Br.（图 5-2）

多年生草本植物，高可达 40 cm。茎直立，全株被黄白色柔毛。叶柄短，托叶叶状，小叶矩圆状椭圆形或倒披针形；总状花序顶生，具花，排列疏松；萼钟形，密被毛。花冠黄色，旗瓣近圆形，子房密被柔毛，具柄。荚果线形、先端具尖喙、黄褐色，种子圆肾形、黑褐色、有光泽。5—7 月开花，6—10 月结果。分布于内蒙古、河北、山西、陕西、宁夏、甘肃、西藏等地。喜生长在草甸草原、碱化草原、盐化草甸及青藏高原 3 200～3 400 m 的向阳缓坡、平滩。饲用价值：披针叶野决明叶量大，粗蛋白质含量高，为冬春季节家畜采食牧草，夏季家畜一般不采食。

图 5-1　沙冬青　　　　　　　　　　图 5-2　披针叶野决明

2.3　车轴草属 *Trifolium* L.

草本，掌状三出复叶，少 5～7 小叶。花小，排列呈头状、穗状或短总状花序，凋萎后不脱落。荚果小，几乎藏于萼内。本属约 250 种，我国引入和野生共 13 种，有些种为世界著名牧草。营养价值较高，适口性好。包括红车轴草、白车轴草、野火球等。

2.3.1　白车轴草 *Trifolium repens* L.（图 5-3）

多年生草本植物，茎匍匐蔓生，节上生根，全株无毛；掌状三出复叶，叶柄长 10～30 cm，小叶心形，边缘具细齿，托叶卵状披针形，膜质；头状花序，总花梗长于叶柄；花冠白色、乳黄色或淡红色，具香气；荚果倒卵状，矩形，包于膜质，膨大；种子褐色，近圆形；花期 4—6 月。原产于欧洲和北非，在我国东北、华北、华中、西南、华南各地有栽培，新疆有野生。在湿润草地、河岸、路边呈半自生状态。是世界著名的优良牧草。

2.3.2　红车轴草 *Trifolium pratense* L.（图 5-4）

掌状三出复叶；托叶近卵形，膜质；叶柄较长，茎上部的叶柄短；小叶卵状椭圆形，被褐色长柔毛，叶面上常有 "V" 形白斑。花序球状或卵状；无总花梗或具甚短

图 5-3　白车轴草　　　　　　　　　图 5-4　红车轴草

总花梗，具花 30～70 朵，密集；萼钟形，萼齿丝状，花冠紫红色至淡红色，旗瓣匙形，比翼瓣和龙骨瓣长；荚果卵形；通常有 1 粒扁圆形种子。原产于欧洲和西亚，我国南北各地均有栽培，新疆有野生。为世界著名优良牧草，可饲用或观赏。

2.4 草木樨属 *Melilotus*（L.）Mill.

一年生或二年生草本。羽状三出复叶，小叶边缘全部有锯齿。花小，组成细长或稀疏的总状花序，花黄色或白色。荚果小，不开裂，含 1～2 粒种子。本属约 20 种，我国 5 种 1 亚种，多为优良牧草，许多种已培育为牧草。常见的有草木樨、白花草木樨等。

2.4.1 草木樨 *Melilotus suaveolens* Ledeb.（图 5-5）

二年生草本植物。茎直立粗壮，多分枝；羽状三出复叶，小叶倒卵形至倒披针形，小叶边缘全部有锯齿；总状花序腋生，花序轴在花期中显著伸展，花冠黄色；荚果近球形，有网纹；含 1 粒种子，卵形；花期 5—9 月；果期 6—10 月。产于东北、华北和西北地区，多生于河滩、沟谷、湖盆洼地等低湿地，为优等饲用植物，现已广泛栽培。

2.4.2 白花草木樨 *Melilotus albus* Desr.（图 5-6）

一年生或二年生草本植物。植株高大，直立，多分枝，几无毛；叶互生，羽状三出复叶，具叶柄，小叶边缘具疏锯齿；花白色，花冠为白色短钟形；花序初期较为稠密，开放后渐变疏松。荚果小，椭圆形或近圆形，表面具网纹，内含种子 1～2 粒。花期 5—9 月；果期 6—10 月。产于东北、华北和西北地区，为优等饲用植物。

图 5-5 草木樨

图 5-6 白花草木樨

2.5 苜蓿属 *Medicago* L.

一年生或多年生草本。羽状三出复叶，小叶边缘上部有锯齿，中下部全缘。花小，黄色或紫色。组成短总状或头状花序，花黄色或白色。荚果螺旋形、镰刀形或肾形，不开裂。本属约 65 种，我国 14 种 2 变种，多为优良牧草，许多种已培育为牧草，如苜蓿、野苜蓿（黄花苜蓿）、天蓝苜蓿等。

2.5.1　苜蓿 *Medicago sativa* L.（图 5-7）

多年生草本。茎直立，多分枝，羽状三出复叶，小叶倒卵形或倒披针形，小叶边缘上部有锯齿，中下部全缘。短总状花序腋生，花紫色或蓝紫色；荚果螺旋形，不开裂。主要分布在黄河中下游即西北地区，东北的南部地区也有少量栽培。为世界上栽培最为广泛的优良牧草。

2.5.2　天蓝苜蓿 *Medicago lupulina* L.（图 5-8）

多年生草本植物。全株被柔毛或有腺毛。茎平卧或上升，多分枝，叶茂盛。羽状三出复叶，托叶卵状披针形，小叶倒卵形或倒心形。花序小头状，总花梗细；苞片刺毛状，甚小；花冠黄色，旗瓣近圆形。荚果肾形，表面具同心弧形脉纹，有种子1粒。种子卵形，褐色，平滑。7—9月开花，8—10月结果。我国分布于东北、华北、西北、华中、四川、云南等地，俄罗斯及其他一些欧洲国家亦有分布。生于湿草地及稍湿草地，常见于河岸及路旁，为优等饲用植物。

图 5-7　苜蓿

图 5-8　天蓝苜蓿

2.5.3　花苜蓿 *Medicago ruthenica*（L.）Trautv.（图 5-9）

多年生草本植物，茎直立或上升，茎多分枝，四棱形。羽状三出复叶，小叶倒披针形，顶生小叶稍大。花序伞形腋生，花萼钟形，花冠黄褐色，中央有深红或紫色条纹，子房线形。荚果长圆形或卵状长圆形，顶端具短喙。花期6—9月，结果期8—10月。广泛分布于我国北部，生于丘陵坡地、沙质地、路旁，为优等饲用植物。

图 5-9　花苜蓿

2.6 锦鸡儿属 *Caragana* Fabr.

灌木。偶数羽状复叶或假掌状复叶，叶轴脱落或宿存变成刺状。托叶宿存并硬化成刺，花多黄色，单生或簇生。荚果细长，膨胀或扁平。本属约 100 种，我国约产 62 种，多分布于黄河以北干旱地区，为良好饲用灌木，如小叶锦鸡儿、柠条锦鸡儿、鬼箭锦鸡儿等。

2.6.1 小叶锦鸡儿 *Caragana microphylla* Lam.（图 5-10）

灌木，树皮灰黄色或黄白色，嫩枝被毛。小叶 10～20 枚，羽状排列，倒卵形或倒卵状矩圆形。花单生，花冠黄色，长 20～25 mm，龙骨瓣的瓣柄与瓣片近等长，耳不明显，子房无毛。荚果圆筒形，具锐尖头。产于东北、华北及西北等地。嫩枝叶可做饲草，是固沙和水土保持植物。

2.6.2 柠条锦鸡儿 *Caragana korshinskii* Kom.（图 5-11）

株高 1.5～3 m，树皮金黄色，有光泽，小叶 12～16 枚，羽状排列，倒披针形或矩圆状披针形，两面密被绢毛，花单生或簇生，黄色，荚果矩圆状披针形，产于西北

图 5-10 小叶锦鸡儿全株

图 5-11 柠条锦鸡儿

地区，生于荒漠、荒漠草原地带的流动沙丘及半固定沙地，为中等饲用植物，亦为优良的固沙和保土植物。

2.6.3 狭叶锦鸡儿 *Caragana stenophylla* Pojark.（图 5-12）

矮灌木，高 15～70 cm。树皮灰绿色或褐色，有光泽；小枝细长，具条棱，小叶 4 枚，条状倒披针形，假掌状排列；托叶在长枝者硬化成针刺；长枝上叶柄硬化成针刺，宿存，短枝上叶无柄，簇生；花单生，黄色，旗瓣圆形或宽倒卵形，中部常带橙褐色，花梗较叶短；荚果圆筒形，两端渐尖。产于

图 5-12 狭叶锦鸡儿

东北、华北及西北地区，生于沙质或砾石质坡地，为良好饲用植物。

2.6.4　鬼箭锦鸡儿 *Caragana jubata*（Pall.）Poir.（图 5-13）

多刺矮灌木，高 0.3～1.0 m。基部分枝，茎多刺。偶数羽状复叶，小叶 4～6 对；叶轴宿存并硬化成刺，长 5～7 cm；叶密集于枝的上部，小叶长椭圆形，有针尖；托叶与叶柄基部贴生，不硬化成刺。花单生，花梗极短；花冠蝶形，淡红色或近白色。荚果长椭圆形，密生丝状长柔毛。分布于西北、河北、青海、甘肃等地，为中等饲用牧草。

2.7　甘草属 *Glycyrrhiza* L.

多年生草本，常有刺毛状或鳞片状腺体。奇数羽状复叶。花序总状或穗状，腋生，花密集；花冠淡蓝紫色或紫红色、白色或黄色。荚果卵形、椭圆形、镰刀形或弯曲成环状，褐色，外面密被刺毛状腺体。本属约有 20 种，我国有 8 种，大多供饲用。

甘草 *Glycyrrhiza uralensis* Fisch.（图 5-14）

根粗壮而深长，味甜。小叶 7～17 枚，卵形、倒卵形或椭圆形。花较大，淡蓝紫色或紫红色。荚果条状矩圆形、镰形或弯曲成环形，密被刺毛。产于东北、华北及西北地区，生于沙地。根为著名中药，茎叶可饲用。

图 5-13　鬼箭锦鸡儿

图 5-14　甘草

2.8　棘豆属 *Oxytropis* DC.

草本或半灌木。奇数羽状复叶或小叶轮生。花序总状、穗状，有时密集近头状。花紫色、白色或淡黄色，龙骨瓣先端具喙。荚果常膨胀，膜质或革质。本属 300 余种，我国约产 146 种，多分布于西南、西北地区。部分可饲用，有的种有毒，如小花棘豆、黄花棘豆、密花棘豆、甘肃棘豆等均为有毒植物。

2.8.1　猫头刺 *Oxytropis aciphylla* Ledeb.（图 5-15）

俗名刺叶柄棘豆，垫状矮小半灌木，高 10～15 cm。根系发达。茎多分枝，开展，全体呈球状植丛。叶轴宿存呈刺状，偶数羽状复叶；小叶 4～6 枚，对生，条形。总状花序腋生，具 1～2 花；花冠红紫色、蓝紫色、以至白色。荚果硬革质，矩圆形，腹缝线深陷，密被白色贴伏柔毛，种子圆肾形。强旱生植物，为荒漠草原带的标志植物之一。产于我国西北，生长于石质平原、覆沙地及丘陵坡地，其嫩叶和花可饲用。

2.8.2 小花棘豆 *Oxytropis glabra*（Lam.）DC.（图 5-16）

多年生草本，株高可达 20～30 cm。茎匍匐，上部斜升。小叶 11～19 枚，披针形或卵状披针形，总状花序稀疏，长 4～7 cm。花小，长 6～8 mm，花冠淡紫色或蓝紫色，喙长 0.25～0.50 mm。荚果矩圆形，下垂。产于我国西北，生长于湖盆边缘和沙丘间盐湿低地，为有毒植物，能引起家畜慢性中毒，其中以马中毒较严重。

图 5-15 猫头刺   图 5-16 小花棘豆

2.8.3 黄花棘豆 *Oxytropis ochrocephala* Bunge（图 5-17）

多年生草本，高 10～50 cm，茎粗壮，直立，被白色短柔毛和黄色长柔毛。叶为羽状复叶，叶柄与小叶间有淡褐色腺点，密被黄色长柔毛。多花组成密总状花序，花冠黄色。荚果革质，长圆形，膨胀。我国产于西北、青海、西藏东南部，生于田埂、荒山、平原草地、林下。为干旱草原沙漠的常见植物，对于固沙和防止沙化具有重要价值。也是草场的毒草之一，可导致牲畜中毒死亡，影响家畜的繁殖，还会造成草场退化。

图 5-17 黄花棘豆

2.8.4 甘肃棘豆 *Oxytropis kansuensis* Bunge（图 5-18）

多年生小草本，高 15～25 cm。茎直立或斜上；羽状复叶，长 5～13 cm，茎及叶轴密被长柔毛；小叶 13～25 枚，叶片卵状长圆形至披针形，两面均密被长柔毛。头状花序生于花梗顶端，花冠黄色，旗瓣长 10～18 mm，翼瓣稍短，龙骨瓣比翼瓣短，顶端具喙；雄蕊 10，二体；荚果长椭圆形，膨胀，密生黑色长柔毛。产于青海、甘肃等西北地区的高寒牧区，为草地常见毒草，可致家畜中毒死亡。

2.8.5　密花棘豆 *Oxytropis imbricate* Kom.（图 5-19）

多年生草本，高 10～15 cm，丛生，呈球状。根粗壮，圆柱形。茎缩短，羽状复叶长约 10 cm，密生；小叶 15～23 枚，长椭圆形或卵状披针形。总状花序密集，但结果的花序延伸而稀疏，通常偏向一侧；花小，长约 8 mm；花冠红紫色，黄色，喙长 2.5 mm；子房披针形，密被柔毛，具钩状喙和短柄。荚果宽卵形或近圆形，喙短，钩状；种子 1～2 粒，肾形。产于青海、宁夏、甘肃等地区天然草地，为常见毒草。

图 5-18　甘肃棘豆

图 5-19　密花棘豆

2.9　黄芪属 *Astragalus* L.

草本或半灌木。植株通常被单毛或丁字毛。奇数羽状复叶，有时仅具 3 小叶或 1 小叶。总状、头状或穗状花序；花冠蓝紫色、黄色或白色。荚果椭圆形、矩圆形、卵形、圆筒形、膜质或革质，2 室或不完全 2 室，少 1 室。本属约 2 000 多种，我国有 278 种，各地均产，其中许多为饲用植物，有的可药用或做绿肥。

2.9.1　斜茎黄芪 *Astragalus laxmannii* Jacq.（图 5-20）

多年生草本，高 20～100 cm。根粗壮，暗褐色，有时有长主根。茎粗壮，多数或数个丛生，斜升；羽状复叶，小叶 7～25 枚，卵状椭圆形、椭圆形或矩圆形，下面密被白色丁字毛。总状花序腋生，花冠蓝紫色或红紫色，龙骨瓣先端无喙。荚果矩圆形。产于东北、华北、西北及西南各地，生长于草甸、林缘、灌丛及农田，为优等饲用植物。

图 5-20　斜茎黄芪

2.9.2 草木樨状黄芪 *Astragalus melilotoides* Pall.（图 5-21）

多年生草本。主根粗壮。茎直立或斜升，高 30～50 cm，多分枝，具条棱。羽状复叶，小叶 3～7 枚，矩圆形；总状花序细长，花小，多数，粉红色或白色；荚果小，近圆形；种子 4～5 粒，肾形，暗褐色。产于东北、华北、西北等地，生于向阳山坡、路旁草地或草甸草地，是适宜干旱寒冷地区种植及草场补播的优良牧草之一。

2.9.3 多枝黄芪 *Astragalus polycladus* Bur. et Franch.（图 5-22）

多年生草本。根粗壮。茎多数，纤细，丛生，平卧或上升，高 5～35 cm。奇数羽状复叶，具小叶 11～23 枚，长 2～6 cm；叶柄长 0.5～1.0 cm，向上逐渐变短。总状花序生密集呈头状；花萼钟状，长 2～3 mm，外面被白色或混有黑色短伏贴毛，萼齿线形；花冠红色或青紫色，子房线形，被白色或混有黑色短柔毛。荚果长圆形，1 室，种子 5～7 粒。

图 5-21 草木樨状黄芪

图 5-22 多枝黄芪

2.9.4 蒙古黄芪 *Astragalus membranaceus* var. *mongholicus*（Bunge）P.K.Hsiao（图 5-23）

黄芪属植物黄花的变种，多年生草本，高 50～80 cm。主根深长而粗壮，棒状，稍带木质。茎直立，上部多分枝，单数羽状复叶互生；小叶 12～18 对，阔椭圆形。总状花序疏松，腋生，具 10～25 花；花萼钟形，萼齿 5，甚短，被黑色短毛或仅在萼齿边缘被有黑色柔毛；花冠淡黄色，蝶形，旗瓣长圆状倒卵形，先端微凹，翼瓣和龙骨瓣均有长爪；雄蕊 10，两体（9+1）。荚果膜质，膨胀，卵状长圆形，先端有喙，有显著网纹。子房光滑无毛，种子肾形，黑褐色。

图 5-23 蒙古黄芪

2.9.5　青海黄芪 *Astragalus kukunoricus* N. Ulziykhutag（图 5-24）

多年生草本。主根粗壮。茎匍匐，长 20～40 cm，栽培者可达 92 cm。羽状复叶，小叶 11～17 枚。总状花序腋生，有 1 至数朵蓝紫色花。旗瓣扁圆形，长约 1 cm，翼瓣和龙骨瓣比旗瓣稍短，具短耳和爪。荚果长 5～8 mm，具喙。耐寒、耐旱、耐牲畜践踏，是青藏高原天然草场的主要豆科牧草之一。我国分布于青海、甘肃、西藏及四川等地区，为优良的天然牧草。

2.9.6　糙叶黄芪 *Astragalus scaberrimus* Bunge（图 5-25）

多年生草本。地上茎不明显或极短。羽状复叶，小叶 7～15 枚，椭圆形或近圆形，两面密被伏贴毛，叶表面粗糙。总状花序腋生，生 3～5 花；花梗极短；花冠淡黄色或白色；荚果披针状长圆形，具短喙，背缝线凹入，革质。我国分布于西北地区，多生于山坡、路旁、河滩沙地或荒地。其粗蛋白质含量高，为优良牧草，小畜喜食。

图 5-24　青海黄芪

图 5-25　糙叶黄芪

2.10　田菁属 *Sesbania* Scop.

草本或落叶灌木。偶数羽状复叶。总状花序腋生于枝端；苞片和小苞片钻形，早落；花萼阔钟状，萼齿 5；花冠黄色或具斑点，旗瓣宽，翼瓣镰状长圆形，龙骨瓣弯曲，与翼瓣均具耳；雄蕊二体；子房线形，具柄，柱头小，头状顶生，胚珠多数。荚果细长圆柱形，先端具喙，种子圆柱形。约 50 种，我国有 5 种，其中 2 种系引进栽培。

田菁 *Sesbania cannabina*（Retz.）Pers.（图 5-26）

一年生草本，高 3.0～3.5 m。茎绿色，有时带褐色红色，微被白粉，有不明显淡绿色线纹。羽状复叶；叶轴长 15～25 cm，上面具沟槽，小叶 20～30 对，对生或近对生，线状长圆形。总状花序，小花 2～6 朵，疏松；花冠黄色，二体雄蕊。荚果细长圆柱形，长 12～22 cm，宽 2.5～3.5 mm，外面具黑褐色斑纹，喙尖，种子绿褐色，有光泽，短圆柱状。我国分布于南方大部地区，为优良的绿肥或牧草。

2.11 骆驼刺属 *Alhagi* Gagnebin

多年生草本或半灌木。枝条及花序轴先端均硬化呈刺状；单叶，全缘。总状花序，花红色。荚果串珠状。本属5种，分布于欧亚大陆的荒漠区，我国1种，为骆驼刺，是良好的饲用植物，骆驼喜食，生于覆沙盐渍化低地，为重要固沙植物。

骆驼刺 *Alhagi camelorum* Fisch.（图5-27）

半灌木，高25～40 cm。叶互生，卵形、倒卵形或倒圆卵形，先端圆形，具短硬尖。总状花序，腋生，花序轴变成坚硬的锐刺，当年生枝条的刺上具花3～6朵，老茎的刺上无花；花冠深紫红色。荚果线形，常弯曲。我国分布于内蒙古、甘肃和新疆等地。性喜光、强健耐寒、耐旱、耐贫瘠土壤，喜欢沙漠地带。为秋冬季优良牧草，同时，在防风固沙、生态保护方面有非常重要的作用。

图5-26 田菁

图5-27 骆驼刺

2.12 胡枝子属 *Lespedeza* Michx.

灌木或草本。羽状三出复叶，小叶全缘；托叶锥形，脱落。总状或圆锥花序，花有2型，一种有花冠，结实或不结实；另一种无花冠，结实。荚果扁，卵形或椭圆形，网脉明显，不开裂，含1粒种子。本属60余种，我国26种，许多种家畜采食。

2.12.1 胡枝子 *Lespedeza bicolor* Turcz.
（图5-28）

直立灌木，高达1～3 m，多分枝。小叶质薄，顶生小叶较大，宽椭圆形或卵形。总状花序腋生，长于叶，呈大型、较疏松的圆锥花序；花冠红紫色。荚果斜倒卵形，网脉明显。我国分布于东北、华北、西北地区，生于山地、林下或林缘，为中等饲用牧草。耐干旱、瘠薄，再生能力强。为高产型树叶饲料资源，具有很高的营养价值。

图2-28 胡枝子

2.12.2 美丽胡枝子 *Lespedeza thunbergii* subsp. *formosa*（Vogel）H.Ohashi（图 5-29）

直立灌木，高 1～2 m，多分枝。叶羽状，小叶椭圆形、长圆状椭圆形或卵形。总状花序腋生，单一或构成顶生的圆锥花序；花冠红紫色，旗瓣近圆形或稍长，基部具明显的耳和瓣柄，翼瓣倒卵状长圆形，基部有耳和细长瓣柄，龙骨瓣比旗瓣稍长，在花盛开时明显长于旗瓣，基部有耳和细长瓣柄。荚果倒卵形，表面具网纹且被疏柔毛。我国产于华北、华东、西南及广东地区，生于山坡林下、灌丛中，嫩叶和花可做饲料。

2.12.3 兴安胡枝子 *Lespedeza davurica* auct. non（Laxm.）Schindl.：V. N. Vassil. （图 5-30）

小灌木，高达 1 m。茎稍斜升；羽状复叶，具 3 小叶；小叶披针状矩圆形，总状花序腋生，较叶短或与叶等长；萼裂片先端呈刺芒状，与花冠近等长；花冠白色或黄白色，闭锁花生于叶腋，结实。荚果小，先端有刺尖。我国产于东北、华北经秦岭淮河以北至西南各地，生于干山坡、草地、路旁及沙质地上。适应能力强。幼嫩枝叶可供家畜食用，又可作为水土保持的先锋植物和绿化树种。

图 5-29　美丽胡枝子　　　　　　　图 5-30　兴安胡枝子

2.13 羊柴属 *Corethrodendron* Fisch. & Basiner

灌木。奇数羽状复叶。总状花序腋生，疏松，多花；花萼钟状或斜钟状；齿 5，不等长或近等长。小苞片 2，在花萼的基部。花冠紫色或粉紫色，龙骨瓣常较翼瓣长。荚果具 1～6 荚节，压扁或双凸，有时具刺，卵形或椭圆形，网脉明显，不开裂，含 1 粒种子。本属约 150 种，我国 41 种，分布于内陆干旱和高寒地区，多数饲用，为优良牧草。

2.13.1 红花羊柴 *Corethrodendron multijugum*（Maxim.）B. H. Choi & H. Ohashi （图 5-31）

草本状或半灌木，高 40～80 cm，茎直立，多分枝。托叶棕褐色，干膜质；小叶 15～29 枚，阔卵形、卵圆形。总状花序腋生，花序长达 28 cm；花 9～25 朵，萼斜钟状，花冠紫红色或玫瑰状红色；旗瓣倒阔卵形；翼瓣线形，长为旗瓣的 1/2；龙骨瓣稍短于旗瓣。荚果通常 2～3 节，节荚椭圆形或半圆形，具细网纹，网结通常具不多的刺，边缘具较多的刺。分布于我国北方各省区，生于荒漠地区的砾石质山坡、干燥山坡和砾石河滩等地，为优良牧草。

2.13.2 羊柴 *Corethrodendron fruticosum*（Pall.）B. H. Choi & H. Ohashi（图 5-32）

为半灌木，高 100～150 cm。奇数羽状复叶，小叶 7～23 枚，上部的叶具少数小叶，中下部的叶具多数小叶，枝上部小叶条形或条状矩圆形，下部小叶矩圆形、长椭圆形或宽椭圆形。总状花序腋生，具 10～30 朵花，花冠紫红色，花萼钟形，萼齿长短不一。荚果通常具 1～2 荚节，荚节矩圆状椭圆形，两面扁平，具网状脉纹。分布于我国西北部，生于草原及荒漠草原的半固定、流动沙丘或黄土丘陵浅覆沙地，为优等牧草。

图 5-31 红花羊柴

图 5-32 羊柴

2.13.3 细枝羊柴 *Corethrodendron scoparium*（Fisch. & C. A. Mey.）Fisch. & Basiner（图 5-33）

半灌木，高 80～300 cm。茎直立，多分枝，茎皮亮黄色，呈纤维状剥落。下部叶具小叶 7～11 枚，上部叶具小叶 3～5 枚或更少；小叶披针形或线状长圆形。总状花序腋生，花少数，排列疏散；花冠紫红色。荚果有 2～4 荚节，荚节近球形，膨胀，具明显细网纹和白色密毡毛。种子圆肾形，光滑。产于我国西北部，生长于荒漠区的半固定或流动沙丘上，为优良饲用灌木。

2.13.4 蒙古羊柴 *Corethrodendron fruticosum* var. *mongolicum*（Turcz.）Turcz. ex Kitag.（图 5-34）

半灌木，高 40～80 cm。茎多分枝。托叶棕褐色，干膜质；奇数羽状复叶，小叶 11～19 枚，被短柔毛，椭圆形或长圆形。总状花序腋生，具 4～14 朵花；花萼钟状，花冠紫红色。荚果 2~3 节，节荚椭圆形，膨胀，具细网纹，荚果无刺。种子肾形，黄褐色。分布于我国辽宁西部、内蒙古东北部的草原地区，生于沿河或古河道沙地，为优良牧草。

图 5-33　细枝羊柴

图 5-34　蒙古羊柴

2.14　驴食豆属 *Onobrychis* Mill.

草本或灌木。奇数羽状复叶，叶柄有时宿存而变为刺状。穗状或总状花序，花淡紫色、粉红色、白色或淡黄色。荚果通常 1 荚节，压扁，半圆形或肾形，有网纹或窝点，具刺或齿。本属约 120 种，我国 2 种野生 1 种栽培，均为优良牧草，如红豆草（栽培）、沌河红豆草等。

红豆草 *Onobrychis cyri* Grossh.（图 5-35）

多年生草本，高 40~80 cm。茎直立，中空。小叶 13~19 枚，长圆状披针形或披针形。总状花序腋生，明显超出叶层，花多数；花冠玫瑰紫色，旗瓣倒卵形，翼瓣长为旗瓣的 1/4，龙骨瓣与瓣约等长；子房密被贴伏柔毛。荚果具 1 个节荚，节荚半圆形，上部边缘具或尖或钝的刺。我国华北、西北地区栽培；适应性强，在海拔 3 500 m 左右的甘南高寒牧区也能生长。茎秆柔软，适口性好，蛋白质含量高，为各类畜禽所喜食。被誉为"牧草皇后"，也是优良的蜜源植物。

图 5-35　红豆草

2.15　野豌豆属 *Vicia* Speium L.

草本，茎多攀缘，少直立或匍匐。偶数羽状复叶，叶轴顶端具卷须或刚毛。花单生或总状花序，雄蕊管的顶端倾斜，花柱圆柱形，上部四周被长柔毛或在顶端有簇毛。荚果扁。本属约 200 种，我国有 43 种。大多数为优良牧草，如蚕豆、广布野豌豆、歪头菜、假香野豌豆、窄叶野豌豆、新疆野豌豆、毛叶苕子、救荒野豌豆、山野豌豆、箭筈豌豆等为广泛栽培的优良牧草。

2.15.1　广布野豌豆 *Vicia cracca* L.（图 5-36）

多年生草本，高 40～150 cm。茎攀缘或蔓生，有棱。偶数羽状复叶，小叶 5～12 对，卷须有 2～3 分枝，托叶半边箭头形。总状花序，花 10～40 朵，密集一面向着总花序轴上部；花冠紫色、蓝紫色或紫红色，旗瓣中部缢缩呈提琴形。荚果长圆形，先端有喙。广泛分布于我国各地的草甸、山坡、灌丛及林间。为牛羊等牲畜喜食的优等饲用植物。

2.15.2　救荒野豌豆 *Vicia sativa* L.（图 5-37）

一年生或二年生草本，高 15～90 cm。茎斜升或攀缘，具棱。偶数羽状复叶，叶轴顶端卷须有 2～3 分枝；小叶 4～14 枚。花 1～2 朵，腋生；花冠紫红色或红色，旗瓣长倒卵圆形，先端圆，中部缢缩，翼瓣短于旗瓣，长于龙骨瓣。荚果长圆形，果瓣扭曲。种子圆球形。全国均有分布。为优良牧草，广泛栽培。

图 5-36　广布野豌豆

图 5-37　救荒野豌豆

2.15.3　歪头菜 *Vicia unijuga* A. Br（图 5-38）

多年生草本，植物高 15～100 cm；茎丛生，具棱，茎基部表皮红褐色或紫褐红色。叶轴末端为细刺尖头，偶见卷须；小叶 1 对，卵状披针形或近菱形。总状花序单一，稀有分枝，呈圆锥状复总状花序；花 8～20 朵一面向密集于花序轴上部；花萼紫色，钟状；花冠蓝紫色、紫红色或淡蓝色，旗瓣倒提琴形，

图 5-38　歪头菜

中部缢缩，翼瓣先端钝圆，龙骨瓣短于翼瓣。荚果扁、长圆形，先端具喙，果瓣扭曲。分布于我国东北、华北、华东、西南等地，可做优良牧草，牲畜喜食。

2.15.4　新疆野豌豆（*Vicia costata* Ledeb.）（图 5-39）

多年生攀缘植物，高 20~80 cm。茎斜升，多分枝。偶数羽状复叶，顶端卷须分枝；小叶 6~16 枚，长圆披针形。总状花序明显长于叶，长 3~11 朵一面向着生于花序轴上部，花冠黄色，淡黄色或白色，具蓝紫色脉纹；旗瓣倒卵圆形，翼瓣与旗瓣近等长，龙骨瓣略短。荚果扁线形。分布于我国东北、内蒙古、西北地区，生长于干旱荒漠、砾坡及沙滩。为优质饲用牧草，可放牧利用，也可刈割青饲，或刈割晒制干草。

2.15.5　山野豌豆 *Vicia amoena* Fisch. ex DC.（图 5-40）

多年生草本，高 30~100 cm。茎具棱，多分枝，斜升或攀缘。偶数羽状复叶，顶端卷须有 2~3 分枝；小叶 8~14 枚。总状花序，花 10~20 朵，密集着生于花序轴上部；花冠红紫色、蓝紫色或蓝色，花期颜色多变；旗瓣倒卵圆形，先端微凹，翼瓣与旗瓣近等长，龙骨瓣短于翼瓣。荚果长圆形，种皮革质，深褐色，具花斑。分布于我国黑龙江、吉林、四川等地，生于山坡、林缘、灌丛湿地。为优良牧草，蛋白质含量非常丰富，牲畜喜食，也可做水土保持及绿肥。

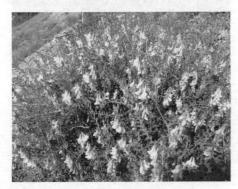

图 5-39　新疆野豌豆

图 5-40　山野豌豆

2.16　山黧豆属 *Lathyrus* L.

草本，茎攀缘，少直立或平卧。偶数羽状复叶，叶轴末端形成卷须或小刺。总状花序腋生，雄蕊管口部截形；花柱扁，上部里面被毛，如刷状。荚果稍扁或近圆柱形。本属约 130 种，我国有 18 种。多数为优良牧草，如香豌豆、牧地香豌豆、家山黧豆等为广泛栽培的优良牧草。

2.16.1　香豌豆 *Lathyrus odoratus* L.（图 5-41）

一年生草本，高 50~200 cm。茎攀缘，多分枝，具翅。叶具 1 对小叶，托叶半箭形；叶轴具翅，叶轴末端具有分枝的卷须；小叶卵状长圆形或椭圆形，全缘，具羽状脉或有时近平行脉。总状花序，具 1～3 朵花；花下垂，极香，花冠有各种颜色。荚果矩圆形，棕黄色，被短柔毛。分布于我国青海、甘肃、四川等地。栽培供观赏。

2.16.2 牧地山黧豆 *Lathyrus pratensis* L.（图 5-42）

多年生草本，高 30～120 cm，茎平卧或攀缘。叶具 1 对小叶；叶轴顶端具卷须，单一或分枝；小叶披针形。总状花序腋生，具 5～12 朵花，花黄色。荚果线形，黑色，具网纹。分布于我国黑龙江、陕西、甘肃、青海、新疆、四川、云南及贵州等地，生于山坡草地、疏林、路旁。

图 5-41 香豌豆

图 5-42 牧地山黧豆

2.16.3 家山黧豆 *Lathyrus sativus* L.（图 5-43）

一年生草本，高 30～50 cm。茎多分枝，有翅。叶具 1 对小叶，小叶披针形。总状花序，通常只 1 朵花，稀 2 朵；花冠白色、蓝色或粉红色。荚果近椭圆形，扁平。分布于我国北方地区，是生长期短、产量高、品质好、营养价值高的饲料作物，可做牧草也可制干草。

图 5-43 家山黧豆

2.17 豌豆属 *Pisum* Linn.

一年生或多年生草本。偶数羽状复叶，小叶 1～3 对，叶轴顶端有分枝的卷须；托叶大，叶状。花单生或数朵排列成总状花序，腋生，花冠白色、紫色或红色，9+1 式二体雄蕊；花柱扁而纵折，沿内侧面有纵列髯毛。荚果肿胀，长圆形，种子球形。本属 6 种。我国栽培 1 种。

豌豆 *Pisum sativum* L.（图 5-44）

一年生攀缘草本，高 0.5～2.0 m。全株绿色，光滑无毛，被粉霜。叶具小叶 4～6 枚，托叶比小叶大，叶状，心形，下缘具细牙齿，小叶卵圆形。花单生于叶腋或数朵排列为总状花序，花冠颜色多样，9+1 式二体雄蕊。荚果肿胀，长椭圆形，内侧有坚硬纸质的内皮；种子圆形，青绿色，干后变为黄色。我国广泛栽培，为主要的食用豆类作物之一。

图 5-44 豌豆

2.18 大豆属 *Glycine* Willd.

多年生或一年生、直立或缠绕草本。三出羽状复叶，小叶全缘，有小托叶。花小，组成腋生总状花序；花白色、蓝色或紫色，花瓣具长柄，略伸出萼外，9+1 式二体雄蕊，花柱光滑无毛。荚果线形或长圆形，扁平或稍膨胀，种子间常有缢纹。本属约 10 种，我国有 6 种，如大豆、野大豆等均为优质饲料。

2.18.1 大豆 *Glycine max*（L.）Merr.（图 5-45、图 5-46）

一年生草本，高可达 2 m。茎粗壮，密被褐色长硬毛。叶具 3 小叶，小叶纸质，宽卵形，顶生一枚较大。总状花序，有 5～8 朵无柄、密集的花，植株下部的花有时单生或成对生于叶腋间；花冠紫色、淡紫色或白色，雄蕊二体。荚果肥大，长圆形，稍弯，下垂，黄绿色，密被褐黄色长硬毛；种子 2～5 粒，椭圆形、近球形，黄绿色（干后黄色）。起源于我国，是重要粮食作物之一，也是极好的饲料。

图 5-45 大豆，全株

图 5-46 大豆，花序

2.18.2 野大豆 *Glycine soja* Siebold & Zucc.（图5-47）

一年生缠绕草本，长1～4 m。茎、小枝纤细，全体疏被褐色长硬毛。叶具3小叶，顶生小叶卵圆形或卵状披针形，侧生小叶斜卵状披针形。总状花序短，花小，淡红紫色或白色；旗瓣近圆形；翼瓣斜倒卵形，有明显的耳；龙骨瓣比旗瓣及翼瓣短小，密被长毛。荚果长圆形，两侧稍扁，密被长硬毛，种子间稍缢缩；种子2～3颗，椭圆形，稍扁，褐色至黑色。产于我国黑龙江、河北、河南等地。家畜喜食，为优良饲料，也可做牧草、绿肥和水土保持植物。

图5-47 野大豆

- **材料准备**

准备30种豆科常见牧草腊叶标本或新鲜植物标本，记录笔、记录本。

- **工具准备**

生物解剖镜、镊子、放大镜、解剖刀、植物检索表。

 任务 **实施**

步骤一：利用解剖镜观察豆科植物标本，总结营养器官特征。

步骤二：利用解剖镜观察豆科植物标本，总结繁殖器官特征。

步骤三：查阅植物检索表及相关资料，鉴定30种植物标本的中文名，并根据其饲用价值进行分类。

步骤四：挑选出30种豆科植物中的毒杂草。

步骤五：任务总结。

任务 **检测**

请扫描二维码答题。

项目五任务一
任务检测一

项目五任务一
任务检测二

任务 **评价**

班级：_____   组别：_____   姓名：_____

项目	评分标准	分值	自我评价	小组评价	教师评价
知识技能	掌握豆科植物的特征	20			
	掌握豆科植物野外识别要点	20			
	掌握利用植物检索表鉴定植物的技能	20			
任务进度	提前完成10分，正常完成7~9分，超时完成3~6分，未完成0~2分	10			
任务质量	整体效果很好为15分，较好为12~14分，一般为8~11分，较差为0~7分	15			
素养表现	学习态度端正，观察认真、爱护仪器，耐心细致	10			
思政表现	树立生态环保理念，保护珍稀濒危植物，保护植物多样性	5			
合计		100			
自我评价与总结					
教师点评					

任务二　莎草科常见牧草

🍎 任务 **导入**

现有莎草科常见牧草种类10种，请根据莎草科各属植物特征，将其按属别进行分类，并鉴定出10种植物的中文名。

📚 任务 **准备**

- **知识准备**

莎草科 $P_{0\sim\infty} A_{1\sim3} G_{(2\sim3:1:1)}$；♂：$P_0 A_3$；♀：$P_0 \underline{G}_{(2\sim3:1:1)}$

莎草科隶属单子叶植物纲，约4 000种，广布于全世界，我国有31属，670种。有些可为织席或制纸的原料，有些入药，有些可提取淀粉。分布于全国各地，是我国湿地以及高山草甸、亚高山草甸和高寒草甸的重要组成部分，在草原和荒漠地带分布不多。其营养价值高，但味淡，茎叶常为二氧化硅所浸润而坚硬粗糙，饲用价值仅次于禾本科、豆科和杂类草，具有重要的饲用价值和极高的生态价值。

1 莎草科的植物学特征

多年生，稀一年生草本。多具根状茎兼具球茎；秆实心，常三棱形，基部具闭合的叶鞘或叶片退化而仅具叶鞘，无节，叶常3列。花小，由小穗组成，小穗单生或若干小穗再排列呈穗状、头状、圆锥状或长侧枝聚伞花序，花序下通常具1至多数叶状、刚毛状或鳞片状苞片，苞片基部具鞘或无。花两性或单性，雌雄同株，少有雌雄异株，单生于小穗鳞片（颖片）腋内，由2至多数花（极少仅具1花）组成穗状花序（称为小穗），小穗鳞片覆瓦状螺旋排列或为2行排列，小花无花被或花被退化成下位刚毛或下位鳞片，有时雌花为先出叶所形成的果囊所包被；雄蕊3枚，少为2或1枚，花粉1～4孔，子房1室，具1胚珠，花柱单1，柱头2～3裂。小坚果三棱形、双凸状或圆球形。

2 莎草科常见植物

2.1 藨草属 *Scirpus* L.

秆三棱形，簇生或散生，具根状茎或无，有时具块茎。有叶或只具叶鞘。花序为简单或复出的长侧枝聚伞花序，或头状，极少仅有1枚小穗；小穗多花，鳞片螺旋状排列，每鳞片内均具1朵两性花，或最下1至多数鳞片中空无花；下位刚毛粗短，呈刚毛状，常具倒刺，通常6条，很少6～9条或缺。坚果三棱形或扁平。约200种，我国有37种，广布于全国，生于湿地上或沼泽中，为造纸和编织原料，茎叶青鲜时马和牛采食，可做饲料。

扁秆荆三棱 *Bolboschoenus planiculmis*（F. Schmidt）T. V. Egorova（图5-48）

多年生草本。具匍匐根状茎和块茎。高60～100 cm，秆细，三棱形，靠近花序部分粗糙，基部膨大。叶扁平，宽2～5 mm，向顶部渐狭，具长叶鞘。叶状苞片1～3枚；长侧枝聚伞花序短缩呈头状，或有时具少数辐射枝，通常具1～6个小穗；小穗卵形或长圆状卵形，锈褐色，具多数花；柱头2，小坚果双凸形。全国各地几乎均产，海拔高度2～1 600 m处都能生长。散生于湿地、沼泽、湖畔、河岸等积水滩地。可饲用，青鲜时牛马采食，也可作为混合饲料或青贮发酵饲料。

2.2 水葱属 *Schoenoplectus*（Rchb.）Palla

多年生草本。秆散生或丛生，无节。叶通常简化成鞘。苞片为秆的延长，简单长侧枝聚伞花序假侧生，有时复出。小穗大或中等大，多花。鳞片边缘具缺刻和微毛，下位刚毛6或较少，针状，具倒刺。雄蕊3。小坚果双凸状。

水葱 *Schoenoplectus tabernaemontani*（C. C. Gmel.）Palla（图5-49）

多年生草本。匍匐根状茎粗壮。高达1～2 m，具3～4个叶鞘，鞘长可达38 cm，膜质，最上面一个叶鞘具叶片。叶片线形，苞片1枚。长侧枝聚伞花序简单或复出，假侧生，具多个辐射枝；小穗单生或2～3个簇生于辐射枝顶端，卵形或长圆形；下位刚毛6条，等长于小坚果，红棕色，有倒刺；柱头2，长于花柱。小坚果倒卵形或椭圆形，双凸状。我国各地广布，生长在湖边或浅水塘中。在人工湿地中，对污水中有机物、氨氮、磷酸盐及重金属有较高的除去率，可做生态修复植物，秆也可做编织材料。

图5-48 扁秆荆三棱

图5-49 水葱

2.3 扁穗草属 *Blysmus* Panz. ex Schult.

叶片通常狭；小穗具柄，有数小花，但仅顶生小花两性，排成圆锥花序；小穗柄曲膝状，小穗自曲折处脱落；外稃5至多脉，最下2～3枚外稃常具5脉，孕性外稃常具7脉，顶端延伸成长芒。

2.3.1 华扁穗草 *Blysmus sinocompressus* Tang & F. T. Wang（图5-50）

多年生草本。秆散生，高5～20 cm，扁三棱状，中部以下生叶，叶条形，具脊；苞片叶状，通常长于花序。穗状花序单一，顶生，矩圆形，长1.5～3.0 cm，含3～10小穗；小穗排列成2列，有2～9朵两性花。下位刚毛卷曲，细长，长约为小坚果3倍，有倒刺。产于我国华北、西北及西南地区。根茎发达，营养繁殖及竞争能力很强，常成片形成以它占绝对优势的单一群落。喜生长于沼泽湿草地环境。其含粗蛋白质较高，粗脂肪，幼嫩时为家畜喜食，

图5-50 华扁穗草

饲用价值较高。

2.3.2 扁穗草 *Blysmus compressus*（L.）Panz. ex Link（图 5-51）

多年生草本，秆近散生，三棱形。中部以下生叶，叶平张，近顶端三棱形且有细齿，叶舌很短，截形，膜质，锈色。苞片叶状，穗状花序一个，长 10～22 mm，小穗 3～12 个，呈 2 列，密，最下一个小穗常远离；下位刚毛 6 条，直或微卷曲，较粗短，长约为小坚果 2 倍。产于我国新疆，生于湿地及浅水沼泽。

图 5-51　扁穗草

2.4 荸荠属 *Eleocharis* R. Br.

秆丛生或散生，具根状茎，常生于水中。叶退化而仅具叶鞘；小穗单生于茎顶，通常含多数两性花或有时仅有少数两性花，鳞片螺旋排列，稀近 2 列，最下的 1～2 枚鳞片通常中空无花；下位毛状体 5～8 条，有时缺或发育不全，通常具倒刺；雄蕊 1～3；柱头 2～3 裂，花柱基部膨大，于果顶收缩成节，宿存。本属约 150 多种，我国约有 30 种，遍及全国，生于湿地及浅水沼泽。

2.4.1 荸荠 *Eleocharis dulcis*（Burm. f.）Trin. ex Hensch.（图 5-52）

匍匐根状茎细长，顶端生块茎（称为荸荠）。秆多数丛生，圆柱状，高 15～60 cm，有横隔膜，干后表面现有节。小穗顶生，圆柱状，长 1.5～4.0 cm，直径 6～7 mm，淡绿色，含多数花，基部有 2 鳞片。花柱基三角形，与小坚果之间不缢缩，基部具领状的环，柱头 3。我国各地都有栽培。球茎供食用，也供药用，饲用价值较低。

图 5-52　荸荠植株、球茎

2.4.2　牛毛毡 *Eleocharis yokoscensis*（Franch. & Sav.）Tang & F. T. Wang（图 5-53）

根状茎很细，秆多数，细如毫发，密丛生如牛毛毡（故此得名），高 2～12 cm。小穗卵形，长 3 mm，径 2 mm，淡紫色，仅含数花，所有鳞片全有花；下部的少数鳞片近 2 列，花柱基和小坚果之间缢缩，花柱基稍膨大，呈短尖状，直径约为小坚果宽的 1/3；柱头 3；小坚果表面细胞呈横线形网纹。分布于全国，为常见田间杂草。

2.5　莎草属 *Cyperus* L.

秆散生或丛生，通常三棱形，叶基生。长侧枝聚伞花序简单或复出，有时短缩呈头状，基部具叶状苞片数枚。小穗 2 至多数，稍压扁，小穗轴宿存；鳞片 2 列；无下位刚毛，雄蕊 1～3 枚；花柱基部增大，柱头 3，很少 2。小坚果三棱形。

碎米莎草 *Cyperus iria* L.（图 5-54）

一年生草本，具须根。秆丛生，高 8～85 cm，扁三棱形。基部具少数叶，叶短于秆，宽 2～5 mm。叶状苞片 3～5 枚。长侧枝聚伞花序复出，很少为简单，具 4～9 个辐射枝，每个辐射枝具 5～10 个穗状花序或有时更多；穗状花序卵形或长圆状卵形，长 1～4 cm，具 5～22 个小穗；小穗排列松散，披针形，压扁，长 4～10 mm，宽约 2 mm，具 6～22 朵花；小穗轴上近于无翅。几乎遍布全国，生长于田间、山坡、路旁阴湿处，为常见农田杂草。

图 5-53　牛毛毡　　　　　　　　图 5-54　碎米莎草

2.6　薹草属 *Carex* L.

该属植物均为具地下根状茎的多年生草本植物。秆为直立三棱形丛生（或散生）且中生或侧生。花单性，无被；雄花雄蕊 3；雌花子房外包有苞片形成的囊包（即果囊），花柱突出于囊外，柱头 2～3。

2.6.1　西藏嵩草 *Carex tibetikobresia* S. R. Zhang（图 5-55）

多年生草本。秆密丛生，纤细，高 20～50 cm，基部具褐色宿存叶鞘。叶短于秆，丝状，柔软，宽不及 1 mm。穗状花序，长 1.3～2.0 cm；支小穗多数，密生，顶生的雄性，侧生的雄雌顺序，基部 1 朵雌花，其上具 3～4 朵雄花。先出叶边缘分离达基部，膜质；柱头 3 个。产于青海、甘肃、四川、西藏等地区，生于海拔 3 000～4 600 m 的高山灌丛草甸、河滩地等湿润草地。根系发达，生活力强，生长在气候寒冷而潮湿积水、日照短的高山沼泽及草甸地区，是青海主要的夏秋放牧草场草种。其植株矮小，茎叶茂盛，叶柔软，有较高的营养价值，适口性好，家畜喜食，特别是马、牛最为喜食；在青藏高原上是夏秋季的主要放牧饲草。

2.6.2　线叶嵩草 Carex capillifolia（Decne.）S. R. Zhang（图 5-56）

多年生草本。秆密丛生，纤细，高 14～40 cm，径约 1 mm，钝三棱形，基部具栗褐色宿存叶鞘。叶短于秆，柔软，丝状，宽约 1 mm，平滑。穗状花序圆柱形，长约 2.5 cm，粗 4～5 mm；支小穗多数，密生，顶生的雄性，侧生的雄雌顺序，基部具 1 朵雌花，其上具 2～4 朵雄花。先出叶腹面边缘分离至 3/4 处，长 3.5～6.0 mm，膜质。小坚果椭圆形或三棱形，柱头 3 个。生于海拔 3 500 m 左右的高寒草甸，主要分布于青海、四川、云南和西藏等地。为优良牧草。

图 5-55　西藏嵩草　　　　　　　　　　　　　图 5-56　线叶嵩草

2.6.3　嵩草 Carex myosuroides Vill.（图 5-57）

多年生草本。秆密丛生，具短根状茎。秆纤细，径约 0.5 mm，高 10～30 cm，柔软，基部具大量宿存叶鞘，栗棕色；叶短于秆或与秆近等长，线形，柔软。穗状花序，顶生单一小穗，线状长圆形，长 1.0～2.5 mm，径 2～3 mm；支小穗多数，稍疏生，顶生的雄性，侧生的雄雌顺序。先出叶卵形、椭圆形或长圆形。小坚果倒卵形、卵形或为双凸状，长 1.8～2.2 mm，具 2 棱，暗灰褐色，有光泽。产于东北、西北及青藏高原的湿地、河漫滩、灌丛草甸等湿润地区，海拔 2 600～4 800 m。其富含蛋白质，营养价值高，为优质牧草，再生能力强，耐牧。各类牲畜均喜食，为高寒草甸重要组成种群，同时有极其重要的生态价值。

2.6.4　喜马拉雅嵩草 *Carex kokanica*（Regel）S. R. Zhang（图 5-58）

多年生草本。秆丛生，高 6～35 cm，钝三棱形，下部圆柱形。叶短于秆 1/2 或 1/3，宽 2～4 mm。小穗多数，复穗状，紧缩呈穗状圆锥花序；支小穗多数，上部 1～3 朵雄花，下部 1 朵雌花；先出叶长圆形，边缘仅基部愈合，或不愈合。

图 5-57　嵩草

小坚果长圆形或三棱形。产于青海、四川、云南、新疆和西藏，生于长于青藏高原的高山、亚高山草甸，灌丛草甸，沼泽，河漫滩等潮湿草地，海拔 3 700～5 300 m。其叶量大，柔软，具较高的营养价值，适口性好，各种牲畜均喜食，尤以马、牛利用较好；耐牧性强，是青藏高原地区夏、秋季的优良放牧饲草。同时，也具有较广的生态适应性，常常形成以它为建群种的草地群落，呈块状分布，草被茂密，群落总覆盖度达 70%～90%，以喜马拉雅嵩草为主的草地类型，是青藏高原高寒地区的主要放牧草地之一。

2.6.5　矮生嵩草 *Carex alatauensis* S. R. Zhang（图 5-59）

多年生草本。根状茎短，秆密丛生，矮小，高 8～13 cm，钝三棱形，基部具褐色的宿存叶鞘。叶短于秆，平展，宽 1～2 mm，外层枯死叶片不脱落。穗状花序椭圆形，支小穗通常 4～10 个，密生。先出叶边缘分离几达基部，长 3.5～5.0 mm，膜质。柱头 3 个。产于青海、新疆、四川、西藏、甘肃、宁夏和河北等地，生于亚高山草甸带山坡阳处，海拔 2 500～3 200 m。其植株低矮，茎叶柔软，粗蛋白质和粗脂肪含量

图 5-58　喜马拉雅嵩草

图 5-59　矮生嵩草

高，适口性好，再生性强，耐践踏，马、牛、羊均喜食，牦牛和藏羊最喜食，是高寒地区优良牧草之一。

2.6.6 粗壮嵩草 *Carex sargentiana*（Hemsl.）S. R. Zhang（图 5-60）

多年生草本。植株粗壮，根状茎短。秆密丛生，高 10～50 cm，圆柱形，基部具淡褐色的宿存叶鞘。叶革质，短于秆，边缘粗糙内卷。穗状花序粗壮，圆柱形，长 2～8 cm，径 7～10 mm；支小穗多数，顶生的雄性，侧生的雄雌顺序，基部具 1 朵雌花，其上具 2～4 朵雄花，有时 1 朵退化。先出叶囊状，长 8～10 mm，厚纸质，边缘愈合至中部或中部以上；花柱基部稍增粗，柱头 3 个。我国产于甘肃、青海、西藏，生于海拔 2 900～5 300 m 的高山灌丛草甸、沙丘或河滩沙地。粗壮嵩草是嵩草属中较耐旱的一种植物，草质较粗糙，但粗蛋白质、粗脂肪含量高，牛和马四季采食，是高寒地区重要牧草之一。粗壮嵩草常构成具有代表性的高山草甸草地类型，具有极其重要的生态价值。

2.6.7 高山嵩草 *Carex parvula* O. Yano（图 5-61）

多年生草本。根茎密丛生。秆矮小，高 1～3 cm，纤细，基部具暗褐色枯死叶鞘。叶与秆近等长，刚毛状。花序简单穗状。支小穗 5～7 枚，密生。先出叶椭圆形，腹面边缘仅基部愈合。小坚果扁三棱形。花柱短，柱头 3。分布于青海、西藏、甘肃、云南等地，尤其在青藏高原分布较广。其生活力很强，能耐低温寒冷的气候，常形成以高山嵩草占优势的群落，是优势建群植物。在青藏高原海拔 3 800～4 500 m 的地带，以高山嵩草占优势的草地，常作为夏秋季家畜的主要放牧地之一。高山嵩草为牦牛、藏绵羊和藏马所喜食，为重要饲用牧草。

图 5-60 粗壮嵩草

图 5-61 高山嵩草

2.6.8 白颖薹草 *Carex duriuscula subsp. rigescens*（Franch）S.Y.Liang et Y.C.Tang（图 5-62）

多年生草本。具细长匍匐根状茎，秆高 5～40 cm。基部灰褐色纤维状残留叶鞘，叶短于秆，扁平。穗状花序卵形或球形，长 8～25 mm，径 5～10 mm；淡白色，密生5～8 枚小穗；小穗卵形或宽卵形；果囊宽椭圆形或宽卵形，平凸状，革质，锈色，两面具多条脉，基部圆形。小坚果近圆形或宽椭圆形，包于果囊中。分布于华北、西北及辽宁、山东、河南等地区，生于田边、干旱山坡。可饲用，但更合适做草坪建植植物。

2.6.9　暗褐薹草 *Carex atrofusca* Schkuhr Riedgr.（图 5-63）

多年生草本。根状茎具短匍匐枝；疏丛生，高 15～30 cm，钝三棱形，基部淡褐色旧叶鞘包住新生叶。叶远短于秆，宽 2～4 mm。小穗 3～5 个，顶生的雄性，有时为雌雄顺序；侧生的雌性，具密花。小坚果椭圆形，三棱状，长 1.0～1.2 mm，淡褐色；柱头 3 个。分布于甘肃、青海、四川、云南、西藏等地，生于海拔 3 000 m 左右的高山草甸、河漫滩、林缘等，为优质饲用植物。

图 5-62　白颖薹草

图 5-63　暗褐薹草

2.6.10　糙喙薹草 *Carex scabrirostris* Kukenth.（图 5-64）

多年生草本。根状茎向下延伸，具黑褐色须根。高 30～45 cm，丛生。秆纤细，基部包裹褐色丝状分裂的旧叶鞘，叶短于秆。小穗 3～4 个，顶生的雄性，侧生的雌性；囊包近直立，长过鳞片 1 倍，披针形；喙很长，边缘有短糙毛，口部白色透明，具 2 齿。小坚果倒卵状长圆形，淡褐色；柱头 3 个。分布于甘肃秦岭中，生于海拔3 400～3 600 m 的山梁低洼地和沼泽化湿地上。常和小薹草、滨发草等伴生。为优质饲用植物。

2.6.11　青藏薹草（*Carex moorcroftii* Falc. ex Boott）（图 5-65）

多年生草本。根状茎粗壮匍匐，秆高 10～30 cm，坚硬，基部具褐色纤维状分裂的叶鞘。叶基生，短于秆，革质。小穗 4～5，密生；顶生的雄性，侧生的雌性；果囊椭圆形或椭圆状倒卵形，革质，黄绿色，上部带紫色，顶端骤缩成短喙。主要产于青海、西藏与四川西部。耐寒性强，多生于海拔 3 500～5 300 m 的山坡草地、河边、高山草甸、沼泽草甸草地等潮湿地区。其粗蛋白质含量较高，是早春萌发后，牛、马、羊春季的抓膘草，适口性好，为优良牧草。

图 5-64　糙喙薹草

图 5-65　青藏薹草

- **材料准备**

准备 10 种莎草科常见牧草腊叶标本或新鲜植物标本，记录笔、记录本。

- **工具准备**

生物解剖镜、镊子、放大镜、解剖刀、植物检索表。

 任务 实施

步骤一：利用解剖镜观察莎草科植物标本，总结营养器官特征。

步骤二：利用解剖镜观察莎草科植物标本，总结繁殖器官特征。

步骤三：查阅植物检索表及相关资料，鉴定 10 种植物标本的中文名，并根据其饲用价值进行分类。

步骤四：挑选出 10 种莎草科植物中的优质牧草。

步骤五：任务总结。

任务 检测

请扫描二维码答题。

项目五任务二
任务检测

任务 评价

班级：_____ 组别：_____ 姓名：_____

项目	评分标准	分值	自我评价	小组评价	教师评价
知识技能	掌握莎草科植物的特征	20			
	掌握莎草科植物野外识别要点	20			
	掌握利用植物检索表鉴定植物的技能	20			
任务进度	提前完成10分，正常完成7~9分，超时完成3~6分，未完成0~2分	10			
任务质量	整体效果很好为15分，较好为12~14分，一般为8~11分，较差为0~7分	15			
素养表现	学习态度端正，观察认真、爱护仪器，耐心细致	10			
思政表现	树立生态环保理念，保护珍稀濒危植物，保护植物多样性。	5			
合计		100			
自我评价与总结					
教师点评					

任务三 禾本科常见牧草

📖 **任务** 导入

现有禾本科常见牧草种类30种，请根据禾本科各属植物特征，将其按属别进行分类，并鉴定出30种植物的中文名。

任务 准备

● 知识准备

禾本科 $\uparrow \male\female$ P_3A_3 或 $A_{3+3}\underline{G}_{(2\sim3:1:1)}$

禾本科隶属单子叶植物纲，约 700 属，10 000 种，遍布全球，在被子植物中被列为第四大科。我国有 200 属，1 500 种以上，全国皆产，是我国草原、草甸、湿地甚至荒漠植被的重要组成部分，具有重要的生态意义。本科植物与人类关系极为密切，其中小麦、玉米、水稻和高粱等是人类粮食的主要来源；其次还有糖用作物甘蔗，蔬菜作物竹笋、茭白等；其中绝大部分种为优良牧草，饲用价值仅次于豆科，有着重要的经济价值。

1 禾本科专用术语（图 5-66）

沙套：黏附于根外的细沙粒所形成的鞘状物。

节：禾本科植物秆上环状隆起而实心的部分，这些节大都由秆节和鞘节两个环组成。

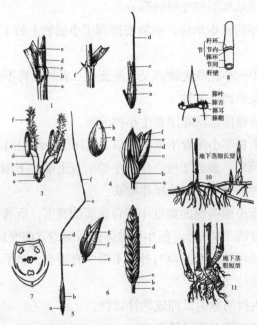

1—叶及秆（a—叶鞘，b—叶舌，c—叶片，d—节间，e—节，f—叶耳）；2—小花（a—小穗轴，b—外稃，c—内稃，d—芒）；3—小花（除去内外稃，a—鳞被，b—子房，c—花丝，d—花柱，e—花药，f—柱头）；4—小穗（a—小穗柄，b—第一颖，c—第一外稃，d—第二颖，e—第二内稃，f—第二外稃，g—第二内稃，h—第二内稃）；5—小花（a—基盘，b—外稃，c—芒柱，d—第一膝曲，e—小第二膝曲，f—芒针）；6—小穗（a—小穗柄，b—第一颖，c—第二颖，d—外稃，e—小穗轴，f—外稃，g—内稃）；7—花图式；8—竹秆；9—竹箨；10，11—竹地下茎形态。

图 5-66 禾本科专用术语图解

（引自：崔大方主编《植物分类学（第三版）》291 页）

秆节：节的上面一环。

鞘节：节的下面一环，即着生叶鞘的一环。

叶：由叶鞘和叶片两部分组成。

叶鞘：叶下部包裹秆的部分。

叶片：叶上部与秆分开的部分，通常扁平，有时内卷。

叶舌：叶鞘与叶片连接处的内侧，呈膜质或纤毛状的附属物。少数种无叶舌。

叶耳：叶片基部两侧质薄的耳状附属物。

花：禾本科植物的花通常由2~3枚鳞被（或称浆片）、3~6枚雄蕊即2~3心皮合成的雌蕊组成。

鳞被：又称浆片，即花被片，形小，膜质透明，通常2枚而位于接近外稃的一边，有时6枚，稀可较多或较少，偶可缺。

小花：简称花，禾本科植物的花连同包被其外的外稃、内稃合称小花。

外稃：位于花下方的鳞片状苞片。

内稃：位于花上方的鳞片状小苞片，通常有2脊或2脉。

基盘：小花或小穗基部加厚变硬的部分。

小穗：禾本科花序的基本单位，由紧密排列于小穗轴上的1至多数小花，连同下端的2颖组成。

中性小穗：小穗中的小花既无雄蕊又无雌蕊或二者均发育不全。

小穗轴：着生小花和颖片的轴。

穗轴：穗状花序或穗形总状花序着生小穗的轴。

穗轴节间：穗轴上相邻小穗着生处（即节）之间的一段距离。

颖：不生小花的苞片，多为2枚，生于小穗的最下端。下面一片为第一颖，上面一片为第二颖，有些种类缺1或2枚颖片均缺。

小穗两侧压扁：指小穗两侧的宽度小于背腹面的宽度，所有的颖和稃片沿其背部的中脊折合呈一定角度的"V"形，使小穗整体由两侧的方向变扁。

小穗背腹压扁：指小穗所有的颖与外稃不沿中脊折合，整个小穗沿背腹面的方向变扁，使背腹部分显著较宽。

芒：颖、外稃或内稃的脉所延伸成的针状物。

膝曲：指秆节或芒作膝关节状的弯曲。

芒柱：芒的膝曲以下的部分，常作螺旋状扭转。芒为两回膝曲时，第一次膝曲以下部分是第一芒柱，第二次膝曲与第一次膝曲之间是第二芒柱。

芒针：芒的膝曲以上部分，较细而不扭转。

第一外稃：指组成小穗的第一（最下部）小花的外稃。

（注：以上专业术语及图解引自崔大方主编《植物分类学（第三版）》291-292页）

2 禾本科的特征

一年生草本、二年生草本和多年生草本（禾亚科），少数为木本（竹亚科）。茎多直立，多为须根系，有时具地下根状茎。地上茎称为秆，有明显的节与节间，节间中空，常为筒形，髓部贴生于空腔之内壁，少数实心，以分蘖方式产生分枝。单叶互生，排成 2 列，叶由叶片和叶鞘组成；叶鞘两边缘重叠覆盖，开缝，包裹着秆，少数为封闭的圆筒，鞘节稍膨大；叶片多为条形，少数针形或卵形，扁平或边缘内卷，平行脉，中脉明显；叶鞘和叶片相连接处近轴面通常具叶舌，有时两侧还有叶耳，其边缘常生纤毛或繸毛。花序由许多小穗构成，小穗具柄或否，排列呈穗状、指状、总状或圆锥花序；小穗含 1 至数朵无柄小花，基部具 2 片不含花的颖，下部的为第一颖（外颖），上部的为第二颖（内颖），形状多变，有时一颖退化或二颖皆无；在颖的上部为小花，两性或单性，典型的小花包括外稃、内稃、鳞被、雄蕊和雌蕊 5 部分；外稃（即苞片），基部可具基盘，顶端或背部可具芒；内稃（小苞片）通常具两脉或两脊；鳞被 2～3 片，稀 6 片，雄蕊通常 3 枚或 6 枚，稀 1～2 枚，花丝线状，花药基部 2 深裂；雌蕊 1 枚，由 2～3 心皮构成，子房上位，1 室，内含 1 胚珠，花柱 2 或 1，柱头常为羽毛状或乳突状。颖果，少为浆果、坚果或胞果。种子具丰富的胚乳，基部外侧为胚，内侧为种脐。

3 禾本科主要植物

3.1 芦苇属 *Phragmites* Adans.

多年生高大草本，具发达根状茎的苇状沼生草本。茎直立；叶舌厚膜质，边缘具毛；叶片披针形，大多无毛。顶生大型圆锥花序；小穗含 3～7 朵小花，颖矩圆状披针形，具 3～5 脉，不等长；第一外稃远大于颖，通常不孕，含雄蕊或中性，其余外稃向上逐渐变小，顶端渐尖如芒状，具 3 脉，基盘细长，被丝状长柔毛，内稃段于外稃。本属约 10 种，分布于温带和热带地区。我国有 3 种分布甚广。

芦苇 *Phragmites australis*（Cav.）Trin. ex Steud.（图 5-67、图 5-68）

秆高达 3 m，根状茎十分发达。叶鞘无毛或具细毛；叶舌短，边缘密生短纤毛，叶片披针状线形。圆锥花序大型稠密，微下垂，长 10～30 cm，分枝粗糙，多数，分枝着生稠密下垂的小穗，小穗含 4 花。颖具 3 脉。雄蕊 3，花药黄色。颖果长约 1.5 mm。我国南北各地均产，生于池塘、湖泊、河岸以及沙丘及低洼地。幼嫩枝叶的粗蛋白质含量高达 12%，可调制干草或青贮饲料，也可做固堤、固渠的优良植物，或者防风固沙植物。

3.2 黑麦草属 *Lolium* L.

多年生或一年生草本。叶片扁平，穗状花序顶生，小穗含 4～15 朵小花，单生于穗轴每节，两侧压扁，以其背面对向穗轴；第一颖除顶生小穗外退化，第二颖位于背

图 5-67 芦苇花序　　　　　　　　图 5-68 芦苇全株

轴的一方，具 5～9 脉，外稃背部圆形，具 5 脉，无芒或有芒。本属约 10 种，我国有 5 种，2 种栽培饲用，少数种为毒草。如黑麦草、多花黑麦草饲用，毒麦、欧毒麦为毒杂草。

3.2.1　黑麦草 *Lolium perenne* L.（图 5-69、图 5-70）

为短期多年生丛生草本，根状茎细弱，高 30～90 cm，具 3～4 节。叶舌短小，叶片线形柔软，长 5～20 cm，宽 3～6 mm，有时具叶耳，叶鞘疏松。穗状花序直立或稍弯，长 10～20 cm，小穗含 7～11 朵小花，颖披针形，为其小穗长的 1/3，具 5 脉；外稃长圆形无芒，草质，具 5 脉，平滑，基盘明显，上部小穗具短芒；内稃与外稃等长，两脊生短纤毛。颖果。生于草甸草场，路旁湿地。我国各地普遍引种栽培做优良

图 5-69　黑麦草花序　　　　　　　图 5-70　黑麦草全株

牧草或应用于各种类型的草坪中。

3.2.2 多花黑麦草 *Lolium multiflorum* Lam.（图5-71、图5-72）

一年生或短期多年生草本。秆高50～130 cm，具4～5节，较细弱至粗壮。秆直立或基部偃卧节上生根。叶片扁平，叶鞘疏松，叶舌长达4 mm。穗状花序扁，长10～20 cm，小穗以背面对向穗轴，含10～15朵小花；第一颖退化，第二颖颖披针形，质地较硬，与第一小花等长，具5～7脉；外稃质地较薄，芒细弱，5脉。原产欧洲。喜温凉湿润气候，耐盐碱，生长期分蘖力强，再生能力强，可多次收割利用。我国普遍引种栽培做优良牧草。其产量高，营养价值高，适口性好，可做青饲、晒制干草、青贮，或放牧，也是垦荒地的先锋草种和水土保持的优良品种。

图5-71 多花黑麦草全株　　　　　图5-72 多花黑麦草花序

3.2.3 毒麦（*Lolium temulentum* L.）（图5-73、图5-74）

一年生疏丛草本。秆高30～60 cm。叶鞘疏松，长于节间；叶舌短，叶片长15 cm左右。穗状花序，穗轴节间长5～10 mm；小穗单生无柄，以背腹面对向穗轴，含5～7朵小花；第一颖（除顶生小穗外）退化，第二颖有7～9脉，质地较硬；外稃肿胀，有5脉，具芒，长1～2 cm。颖果矩圆形，腹面凹陷呈一宽沟，与内稃嵌合不易脱离。原产欧洲，我国东北、西北、江苏、安徽等地的麦田里曾有发现。因谷粒常受寄生菌感染而含毒麦碱，为有毒的杂草。

3.3 冰草属 *Agropyron* Gaertn.

多年生，根外常具沙套，通常不具根茎。秆仅具少数节。叶鞘紧密裹茎，叶片常内卷。穗状花序顶生，穗轴节间短，每节着生1枚小穗，顶生小穗常退化；小穗含3～11朵小花，两侧压扁，小穗互相紧接呈覆瓦状排列。小穗轴粗短，脱节于颖之上。

图 5-73 毒麦花序 　　　　　　　　　图 5-74 毒麦全株

颖舟形，具 1～3 脉，边缘膜质，背部具脊，外稃具芒尖或短芒，具 5 脉，内稃与外稃等长，先端具 2 齿，颖果与稃片黏合而不易脱落。本属约 15 种，我国有 6 种，4 变种；多为优良牧草，适应性强，营养价值高，其鲜草与干草家畜均喜食。

3.3.1　冰草 *Agropyron cristatum*（L.）Gaertn.（图 5-75、5-76）

多年生草本，秆成疏丛，须根具沙套，有时分蘖横走或下伸呈长达 10 cm 的根茎。高 20～60 cm，叶片质较硬而粗糙，常内卷，长 5～20 cm。花序较粗壮，圆形或两端微窄，长 2～6 cm。小穗紧密平行排列成两行，整齐呈篦齿状。颖舟形，第一颖长 2～3 mm，第二颖长 3～4 mm，具略短于颖体的芒，脊上连同背部脉间被长柔毛；外稃被柔毛，顶端具短芒。产于我国东北、西北及青藏高原等地区，生于荒漠草原、

图 5-75 冰草全株 　　　　　　　　　图 5-76 冰草花序

草原和高寒草原等干燥地区及沙地。冰草是草原及高寒草原植被的重要组成成分，为优良牧草，家畜喜食，营养价值很高，是中等催肥饲料，为我国北方干旱及半干旱地区人工草地建植的重要牧草之一。

3.3.2　光穗冰草 *Agropyron cristatum* var. *pectinatum*（M. Bieb.）Roshev. ex B. Fedtsch.（图 5-77、图 5-78）

本种与原变种的主要区别是，颖与外稃全部光滑无毛或仅疏生 0.1～0.2 mm 长的短刺毛。产于青海、甘肃、新疆、内蒙古等地区的山坡地，亦为优良牧草。

图 5-77　光穗冰草全株

图 5-78　光穗冰草花序

3.3.3　沙生冰草 *Agropyron desertorum*（Fisch.）Schult.（图 5-79、图 5-80）

多年生草本，秆呈疏丛，直立，高 20～70 cm。叶片多内卷呈锥状。穗状花序直立，长 4～8 cm，小穗长 5～10 mm，宽 3～5 mm，含 4～7 朵小花；颖舟形，脊上具稀疏短柔毛，第一颖长 3～4 mm，第二颖长 4.5～5.5 mm，具短芒尖；外稃舟形，通常无毛或有时背部以及边脉上多少具短刺毛，先端具长 1.0～1.5 mm 的芒尖，内稃脊上疏被短纤毛。分布于我国内蒙古、山西等地区，多生于干燥草原、沙地等地区。为优良牧草，各种家畜均喜食。

3.3.4　沙芦草 *Agropyron mongolicum* Keng（图 5-81、图 5-82）

多年生草本。秆呈疏丛，直立，高达 60 cm，具 2～6 节，叶片长 5～15 cm，内卷呈针状，叶脉隆起呈纵沟；穗状花序，长 3～9 cm，小穗向上斜升，长 8～14 mm，含 2～8 小花；颖两侧不对称，具 3～5 脉，外稃无毛或具稀疏微毛，具 5 脉，内稃脊具短纤毛。分布于我国内蒙古、山西、陕西、甘肃等地区。生于干草原、沙地，极耐干旱和寒冷，并耐风沙的侵袭，是干草原和荒漠草原地区退化草场补播的较好材料。沙芦草是良好的固沙植物，也是良好的牧草，是各种家畜均喜食植物。

图 5-79　沙生冰草全株

图 5-80　沙生冰草花序

图 5-81　沙芦草全株

图 5-82　沙芦草花序

3.4　披碱草属 *Elymus* L.

多年生草本，通常丛生无根状茎。叶扁平或内卷。穗状花序顶生，直立或下垂；小穗常 2～6 枚同生于穗轴的每节，或在上、下两端每节可有单生者，含 3～7 小花；颖锥形、线形以至披针形，先端尖以至形成长芒，具 3～7 脉，脉上粗糙；外稃先端延伸成长芒或短芒以至无芒，芒多少反曲。本属 160 余种，我国有 82 种 23 变种，大部分为优良牧草，畜均喜食。

3.4.1　鹅观草 *Elymus kamoji*（Ohwi）S. L. Chen（图 5-83、图 5-84）

多年生草本，秆直立，高 30～100 cm。叶片扁平，长 5～40 cm，叶舌短，仅 0.5 mm。穗状花序，长 9～20 cm，弯曲或下垂；穗轴节间长 8～16 mm，基部者长达

图 5-83 鹅观草全株　　　　　　　　图 5-84 鹅观草花序

25 mm，小穗绿色或带紫色，单生于穗轴各节，长 13～25 mm（芒除外），含 3～10 小花；颖卵状披针形，先端锐尖或具 2～7 mm 短芒，具 3～5 条粗壮的脉，边缘白色宽膜质，第一颖长 4～6 mm，第二颖长 5～9 mm；外稃披针形，具 5 脉，第一外稃长 8～11 mm，先端延伸成芒，芒粗糙，长 20～40 mm。内稃约与外稃等长。分布于我国除青海、西藏等地外，几乎遍及全国。多生于海拔 100～2 300 m 的山坡和湿润草地。可做饲料，叶质柔软而繁盛，产草量大，可食性高。

3.4.2　垂穗披碱草 *Elymus nutans* Griseb.（图 5-85、图 5-86）

秆直立，基部稍呈膝曲状，高 50～70 cm。叶片扁平，长 6～8 cm。穗状花序较紧密，通常曲折而先端下垂，长 5～12 cm，基部的一、二节均不发育小穗；小穗绿

图 5-85　垂穗披碱草全株　　　　　　图 5-86　垂穗披碱草花序

色，成熟后带有紫色，通常在每节生有 2 枚而接近顶端及下部节上仅生有 1 枚，多少偏生于穗轴 1 侧，近于无柄或具极短的柄，长 12～15 mm，含 3～4 小花；颖长圆形，长 4～5 mm，2 颖几乎相等，先端具芒，3～4 脉；外稃长披针形，具 5 脉；第一外稃长约 10 mm，顶端延伸成芒，芒粗糙，向外反曲或稍展开，长 12～20 mm；内稃与外稃等长。分布于西北、青藏高原、新疆地区，多生于草原或山坡道旁和林缘；耐寒、耐旱、耐瘠薄、再生能力强，饲用价值中等偏上，适合作为放牧利用，也有防止土地沙漠化的作用。

3.4.3 披碱草 *Elymus dahuricus* Turcz.（图 5-87、图 5-88）

秆疏丛，直立，高 70～140 cm，基部膝曲。叶鞘光滑无毛，叶片扁平，稀可内卷，长 15～25 cm。穗状花序直立，较紧密，长 14～18 cm，宽 5～10 mm；中部各节具 2 小穗而接近顶端和基部各节只具 1 小穗；小穗绿色，成熟后变为草黄色，长 10～15 mm，含 3～5 小花；颖披针形，长 8～10 mm，先端芒长达 5 mm，有 3～5脉；外稃披针形，具 5 条脉，全部密生短小糙毛，第一外稃长 9 mm，先端延伸成芒，芒粗糙，长 10～20 mm；内稃与外稃等长。产东北、西北、青藏高原、新疆地区。生于山坡草地或路边；耐旱、耐寒、耐碱、耐风沙，为优质高产的饲草。

图 5-87 披碱草全株

图 5-88 披碱草花序

3.4.4 老芒麦 *Elymus sibiricus* L.（图 5-89、图 5-90）

多年生草本，秆单生或呈疏丛，高 60～90 cm，粉红色，下部的节稍呈膝曲状。叶鞘光滑无毛；叶片扁平，长 10～20 cm，宽 5～10 mm。穗状花序较疏松而下垂，长 15～20 cm，通常每节具 2 枚小穗，有时基部和上部的各节仅具 1 枚小穗；小穗灰绿色或稍带紫色，含 3～5 小花；颖狭披针形，具 3～5 明显的脉，先端渐尖或具长达 4 mm 的短芒；外稃披针形，具 5 脉；第一外稃长 8～11 mm；内稃几乎与外稃等长，

图 5-89 老芒麦花序

图 5-90 老芒麦全株

先端 2 裂。产于东北、华北、西北、青藏高原、新疆等地区，生于路旁和山坡。其富含蛋白质，为优良饲用植物。

3.4.5 圆柱披碱草 *Elymus dahuricus* var. *Cylindricus* Franch.（图 5-91、图 5-92）

多年生丛生草本，秆细弱，高可达 80 cm；叶鞘无毛；叶片扁平，干后内卷，长5～12 cm；穗状花序直立，狭瘦，先端各节仅具 1 枚小穗，其余各节具 2 小穗；小穗绿色或带有紫色，通常含 2～3 小花，仅 1～2 小花发育；颖披针形，具 3～5 脉，先端渐尖或具短芒；外稃披针形，第一外稃长 7～8 mm，具 5 脉；内稃与外稃等长。分布于我国内蒙古、河北、四川、青海、新疆等地区，多生于山坡或路旁草地。为优良饲用牧草，从返青至开花前，马、牛、羊均喜食饲草。

图 5-91 圆柱披碱草全株

图 5-92 圆柱披碱草花序

3.4.6　肥披碱草 *Elymus excelsus* Turcz.（图 5-93、图 5-94）

本种与披碱草很相似，仅植株较粗壮高大，叶片宽，穗轴每节生有小穗较多，以及外稃的背面无毛而于先端和脉上及边缘被有微小短毛而可区别。分布于东北、华北、西北、青藏高原、新疆等地区，多生于山坡、草地和路旁。其返青早，分蘖拔节持续时间长，叶量较丰富，生长前期草质较好。为各种家畜所喜食的牧草。

图 5-93　肥披碱草全株

图 5-94　肥披碱草花序

3.5　偃麦草属 *Elytrigia* Desv.

多年生，具根状茎。穗状花序直立，小穗含 3～10 小花，两侧扁压，无柄，单生于穗轴的每节，无芒或具短芒；颖披针形或长圆形，无脊，具 3～11 脉；外稃披针形，具 5 脉，颖果长圆形，顶端有毛，腹面具纵沟。本属 50 余种，我国有 10 种，均为优良牧草，畜均喜食。

3.5.1　偃麦草 *Elytrigia repens*（L.）Desv. ex Nevski（图 5-95、图 5-96）

多年生，具横走的根茎；秆直立，疏丛生；光滑无毛，绿色或被白霜，具 3～5 节，高 40～80 cm。叶鞘无毛或具向下柔毛；叶舌短小；叶耳膜质，细小；叶片扁平，长 10～20 cm；穗状花序直立，长 10～18 cm；穗轴节间长 10～15 mm，基部者长达 30 mm，小穗含 5～10 小花，长 10～18 mm；颖披针形，具 5～7 脉，边缘膜质，长 10～15 mm；外稃长圆状披针形，具 5～7 脉，第一外稃长约 12 mm；内稃稍短于外稃，具 2 脊；花药黄色。颖果矩圆形。在我国产于新疆、甘肃、青海、西藏等地区。生于山谷草甸及平原绿洲。其产量高，营养丰富，适口性高，是家畜喜食的优良牧草。

3.5.2　毛偃麦草 *Elytrigia trichophora*（Link）Nevski（图 5-97、图 5-98）

多年生，具根茎，须根较细韧。秆直立，高 60～150 cm，灰绿色，基部宿存枯死

图 5-95　偃麦草全株

图 5-96　偃麦草花序

叶鞘，具 3～4 节。叶鞘边缘具细纤毛；叶舌质硬；叶耳褐色，线状；叶片质较柔软，长达 30 cm；穗状花序直立，节间长 1.0～2.5 cm；小穗，含 5～11 小花；颖长圆形；第一颖稍短于第二颖，具 5 脉；外稃宽披针形，具 5 脉；第一外稃长 10～11 mm；内稃稍短于外稃，具 2 脊。主要分布于新疆地区。其营养体发达，植株高大繁茂，草质粗糙，于早春、晚秋是牛、羊很好的饲料。

图 5-97　毛偃麦草全株

图 5-98　毛偃麦草花序

3.6　新麦草属 *Psathyrostachys* Nevski

多年生，具根茎或形成密丛。叶片扁平或内卷。顶生穗状花序紧密，穗轴脆弱，成熟后逐节断落；小穗 2～3 枚生于一节，无柄，含 2～3 小花，均可育或其 1 顶生小花退化为棒状；颖锥状，具 1 条不明显的脉，被柔毛或粗糙，外稃被柔毛或短刺毛，顶端具短尖头或芒。本属 10 种，我国有 4 种 1 变种，均为优良牧草，家畜均喜食。

新麦草 *Psathyrostachys juncea*（Fisch.）Nevski（图 5-99、图 5-100）

多年生，密集丛生，具直伸短根茎；秆高 40～80 cm，光滑无毛，基部残留枯黄色、纤维状叶鞘。叶鞘短于节间；叶舌短，膜质，顶部不规则撕裂；叶耳膜质；叶片深绿色，扁平或边缘内卷；穗状花序下部为叶鞘所包，长 9～12 cm；穗轴脆而易断，小穗 2～3 枚生于 1 节，长 8～11 mm，淡绿色，成熟后变黄或棕色，含 2～3 小花；颖锥形，具 1 不明显的脉；外稃披针形，具 5～7 脉；第一外稃长 7～10 mm；内稃稍短于外稃；花药黄色。产于新疆及内蒙古，生于山地草原带。其分蘖多、叶量大，耐牧、耐盐碱，是优良的放牧型禾草。

图 5-99　新麦草全株

图 5-100　新麦草花序

3.7　大麦属 *Hordeum* Linn.

多年生或一年生草本。顶生穗状花序或因三联小穗的两侧生者具柄而形成穗状圆锥花序；小穗含 1 小花（稀含 2 小花）；穗轴扁平。本属约有 30 种，我国约有 15 种（包括变种），以西部、西北部及北部较多。属中除粮食作物外多为优良牧草，如大麦、青稞、藏青稞等。

3.7.1　藏青稞 *Hordeum vulgare* var. *trifurcatum*（Schlecht.）Alef.（图 5-101、图 5-102）

一年生，秆直立、光滑，高约 100 cm。叶鞘光滑，短于节间，两侧具两个披针形叶耳；叶舌膜质；叶片长 18～25 cm，宽 1.0～1.8 cm，扁平，稍粗糙。穗状花序长 5.5～8.0 cm（芒除外），宽约 1.5 cm；小穗长约 1 cm；颖线形，被短毛，先端延伸为长 8～10 mm 的细芒；外稃顶端具三个基部扩张的裂片，其先端渐尖而成短而弯曲的

图 5-101 藏青稞全株

图 5-102 藏青稞花序

芒或无芒。颖果成熟后易脱出。我国青海、西藏、四川、甘肃等地区常栽培。可做粮食或饲用。

3.7.2 短芒大麦草 *Hordeum brevisubulatum* (Trin.) Link（图 5-103）

多年生，常具根茎；秆疏丛型，高 25～90 cm，茎约 1.5 mm，具 3～5 节，下部节常膝曲；叶鞘无毛，通常短于节间；常具淡黄色尖形的叶耳；叶舌短，截平，叶片长 5～15 cm。穗状花序灰绿色，成熟时带紫色，长 3～9 cm，穗轴易断，节间长约 2 mm，基部者可达 6 mm，边缘具纤毛；三联小穗两侧者通常较小或发育不全，具长约 1 mm 的短柄，颖针状，外稃长 6～7 mm，较平滑或具刺毛，顶端具 1～2 mm 长的小尖头，内稃与外稃等长，花药长约 3 mm。分布于青海、内蒙古、新疆、甘肃等地区，为优质牧草。

图 5-103 短芒大麦草全株

3.7.3 布顿大麦草 *Hordeum bogdanii* Wilensky（图 5-104、图 5-105）

多年生，具根茎；秆丛生，高 20～40 cm，径约 2 mm，具 5～6 节，节凸起并密被灰色柔毛。叶鞘光滑，基本者长于节间；叶舌膜质，长约 1 mm；穗状花序直立或微下垂，长 5～10 cm，宽 5～7 mm，穗轴节间长约 1 mm，易于断落；小穗 3 枚联生于一节，其中间小穗较大，发育完全，两侧生小穗较小，发育不完全，具长约 1 mm 的短柄；颖均为针刺形，脉部明显，长 6～8 mm，外稃常被短柔毛，中间小穗外稃顶

图 5-104　布顿大麦草全株　　　　　　图 5-105　布顿大麦草花序

端具芒，长 5～8 mm，两侧生小穗的外稃较短，连同芒长 5～10 mm，内稃具 2 脊，常无毛；花药黄色，长约 2 mm。分布于甘肃、青海、新疆等地区，生于较湿润的草地。其枝叶繁茂，适口性好，粗蛋白质含量高，易调制青干草；牛、马羊最喜食，开花前营养价值最高，成熟后，各种家畜也喜食；能促进幼畜发育，提高母畜受胎率，是家畜增膘、提高成活率的良好饲草。

3.8　赖草属 *Leymus* Hochst.

多年生，具横走和直伸根茎。叶片常内卷且质地较硬。小穗常以 1～5 枚簇生于穗轴的每节，小穗轴多少扭转，颖锥刺状至披针形。小穗含 2 至多数小花；颖具 3～5脉，为锥刺状者仅具 1 脉；外稃披针形，无芒或具小尖头；子房被毛。颖果扁长圆形。本属约有 30 种，我国有 14 种，多为优良牧草。

3.8.1　羊草 *Leymus chinensis*（Trin. ex Bunge）Tzvelev（图 5-106、图 5-107）

多年生草本，根状茎横走或下伸；须根具沙套。秆散生，直立，高 45～85 cm，具 4～5 节。叶鞘光滑，基部残留叶鞘呈纤维状；叶舌短，截平，顶具裂齿，纸质；叶扁平或内卷，片长 7～18 cm，宽 3～6 mm；穗状花序直立，长 7～15 cm，宽10～15 mm；小穗长 10～22 mm，含 5～10 小花，通常 2 枚生于一节，或在上端及基部者单生，粉绿色；小穗轴扭转，平滑无毛；颖锥状，质地较硬，具不显著 3 脉，长6～8 mm，不正对外稃；外稃披针形，平滑无毛，第一外稃长 8～9 mm，背部具不明显的 5 脉；内稃与外稃等长，先端常微 2 裂。产于东北、内蒙古、河北、山西、陕西、新疆、青海等地区。其耐寒、耐旱、耐碱，更耐牛马践踏，有很强的适应性，为内蒙古东部和东北西部天然草场上的重要牧草之一，也可割制干草。其叶量多，营养价值高，适口性好，各类家禽一年四季均喜食，是优良的放牧场草种。同时，羊草根茎穿透侵占能力很强，且能形成强大的根网，盘结固持土壤作用很大，是很好的水土保持植物。我国培育的中科 5 号羊草品种广泛应用于北方草原生态修复。

3.8.2　赖草 *Leymus secalinus*（Georgi）Tzvelev（图 5-108、图 5-109）

与羊草相似，不同的是叶片长可达 30 cm，穗状花序灰绿色；小穗通常 2～3（稀

图 5-106　羊草全株　　　　　　　　　　　　　图 5-107　羊草花序

1 或 4）枚生于每节，颖线状披针形，外稃被短柔毛。产于我国西北各地区，生于干旱的沙地、平原绿洲及山地草原带。可做补充饲料，也可药用。

　　3.8.3　宽穗赖草 *Leymus ovatus*（Trin.）Tzvelev.（图 5-110）

　　多年生，具下伸根茎。秆单生或丛生，高 25～80 cm，具 3～4 节；叶鞘光滑，基部叶鞘枯褐色纤维状；叶片扁平或内卷，长 5～15 cm，上下两面粗糙或具短柔毛。穗状花序直立，密集成椭圆形或长椭圆形，长 5～11 cm，宽 1.5～2.5 cm；穗轴密被柔毛；小穗 4 枚生于一节，长 10～25 mm，含 5～7 小花；颖线状披针形，具 3 脉，两颖近等长，长 8～16 mm；外稃披针形，先端渐尖或具长 1～3 mm 的芒，5～7 脉，第一外稃长 8～10 mm；内稃与外稃近等长。分布于青海、新疆、西藏和甘肃等地区。可做补充饲料。

图 5-108　赖草全株　　　　　图 5-109　赖草花序　　　　　图 5-110　宽穗赖草花序

3.9 仲彬草属 *Kengyilia qobicola* C. Yen & J. L. Yang

多年生植物，具匍匐、地下根状茎。浓密丛生的秆，稀单生。叶片平，卷曲。穗状花序紧密，通常具顶生小穗。小穗每节1（或2），无柄，具5~7小花。外稃圆形，很少龙骨状，通常5脉，密被柔毛或具长硬毛。颖果长圆形，先端通常有毛。本属有30余种，我国有26种，多为优良牧草。

3.9.1 青海仲彬草 *Kengyilia kokonorica*（Keng）J. L. Yang，C. Yen & B. R. Baum（图5-111）

多年生草本，秆疏丛或单生，高25~50 cm，具2~3节，节常膝曲，基部具分蘖；叶鞘光滑，短于节间；叶片内卷或扁平，长2~15 cm，宽2~5 mm；穗状花序直立，紧密，长3~6 cm；小穗绿色或带有紫色，长8~10 mm，含3~5小花；颖披针状，常具3脉，中脉稍隆起，背部疏生刺毛或硬毛，顶端具2~3 mm的短芒；内稃与外稃近等长，脊上部具纤毛。产于青海、甘肃、西藏等地，生于干燥草原、砾石坡地。其抽穗前，茎叶柔软，叶量较多，是马、牛、羊喜食的中等牧草。可放牧，也可刈制干草，或建立人工割草地。

图 5-111　青海仲彬草

3.9.2 梭罗草 *Kengyilia thoroldiana*（Oliver）J. L. Yang，C. Yen & B. R. Baum（图5-112，图5-113）

多年生草本，植株低矮密丛型；高5~25 cm，具1~2节；叶鞘疏松裹茎；叶片内卷呈针状，长2~5 cm（分蘖叶片长可达8 cm），上面及边缘粗糙；穗状花序卵圆形；长3~4 cm，宽1.0~1.5 cm；小穗紧密排列而偏于1侧，含4~6小花；颖圆状披针形，先端锐尖，上部多柔毛；外稃密生柔毛，具5脉，内稃稍短于外稃，脊上部具硬长纤毛；花药黑色。产于甘肃、青海、西藏等地区，尤其在青海三江源

图 5-112　梭罗草全株

图 5-113　梭罗草花序

的唐古拉、曲麻莱、玛多、治多、杂多、囊谦、玉树等地区广泛分布，生于海拔4 700～5 100 m的山坡草地、谷底多沙处以及河岸坡地、滩地。其茎秆柔软，适口性好，是优良的牧草，同时抗旱、耐寒，抗风沙，耐盐碱，作为高寒草原的生态草种，具有非常重要的经济和生态价值，尤其对于促进我国三江源高寒草原地区草地生态环境恢复和治理，以及草地生态畜牧业建设具有重要的意义。

3.10 虉草属 *Phalaris* Linn.

一年生或多年生草本。圆锥花序紧缩为穗状；小穗两侧压扁，含1枚两性小花及附于其下的2枚（有时为1枚）退化为线形或鳞片状外稃；小穗轴脱节于颖之上；颖草质，等长，披针形，有3脉；鳞被2；子房光滑；花柱2；雄蕊3。颖果紧包于稃内。本属约有20种，我国有1种1变种，各地栽培供观赏。

3.10.1 虉草 *Phalaris arundinacea* L.（图5-114、图5-115、图5-116）

多年生，具根茎。秆常单生，高60～140 cm，具6～8节。叶鞘无毛；叶片扁平，长6～30 cm，宽1.0～1.8 cm。圆锥花序紧密狭窄，长8～15 cm，分枝直向上举，密生小穗；颖草质；孕花外稃软骨质，宽披针形，具5脉；内稃舟形，背具1脊；花药黄色，长2.0～2.5 mm；不孕外稃2枚，退化为线形，具柔毛。分布于我国东北、华北、华中、江苏、浙江等地区，生于海拔75～3 200 m的林下、潮湿草地或水湿处，草质鲜嫩，营养价值高，适口性好，马、牛、羊等家畜均喜食的优良牧草，收割或放牧以后再生力很强，亦可制干草或青贮饲料。

图5-114 虉草全株　　　　图5-115 虉草小穗　　　　图5-116 虉草花序

3.10.2 丝带草 *Phalaris arundinacea* L. var. picta L.（图5-117、图5-118）

与原变种的主要区别在于叶片扁平，绿色而有白色条纹间于其中，柔软而似丝带。植于花盆中常刈短其秆，令矮生以观赏其叶片。

图 5-117　丝带草全株

图 5-118　丝带草花序

3.11　洽草属 *Koeleria* Pers.

多年生密丛草本。叶片狭窄。顶生穗状圆锥花序；小穗含 2～4 小花，两侧压扁、脱节于颖以上，颖披针形或卵状披针形，颖不等长，宿存，边缘膜质而有光泽，具 1～5 脉；外稃有光泽，边缘及先端宽膜质，具 3～5 脉，有短芒；内稃与外稃几等长，膜质，具 2 脊；鳞被 2；雄蕊 3；子房无毛。本属有 50 余种，我国有 4 种 3 变种，为优良牧草。

3.11.1　洽草 *Koeleria macrantha*（Ledeb.）Schult.（图 5-119、图 5-120）

多年生，密丛。秆直立，具 2～3 节，高 25～60 cm，在花序下密生茸毛。秆基残存多撕裂的枯萎叶鞘，叶舌膜质，叶片内卷或扁平，线形，灰绿色，长 1.5～7.0 cm。

图 5-119　洽草全株

图 5-120　洽草花序

圆锥花序穗状，下部间断，长 5～12 cm，有光泽；小穗含 2～3 小花；颖倒卵状长圆形；第一颖具 1 脉，第二颖具 3 脉；外稃披针形，先端尖，具 3 脉，背部无芒。分布于我国北方大部分地区。其草质柔软，适口性好，粗蛋白质、粗纤维含量高，羊最喜食，牛和马乐食；草被放牧利用的时间较长，对家畜抓膘有良好的效果，牧民称之"细草"，主要用于天然草场的改良和补播。

3.12 燕麦属 *Avena* L.

一年生草本。叶片扁平，圆锥花序顶生，常开展；小穗含 2 至数朵小花；常向下垂。颖草质，具 7～11 脉；外稃质地多坚硬，具 5～9 脉，常具芒，少数无芒，膝曲而具扭转的芒柱；雄蕊 3；子房具毛。本属约有 25 种，我国有 7 种 2 变种，多为有营养价值的粮食及饲用植物。

3.12.1 野燕麦 *Avena fatua* L.（图 5-121、图 5-122、图 5-123）

一年生。须根较坚韧。秆直立，高 60～120 cm，具 2～4 节；叶鞘松弛，叶舌透明膜质；叶片扁平，长 10～30 cm。圆锥花序开展，金字塔形，长 10～25 cm，分枝具棱角，粗糙；小穗含 2～3 小花；外稃质地坚硬，芒自稃体中部稍下处伸出，膝曲，芒柱棕色，扭转。颖果。广泛分布于我国南北各地。生于荒芜田野或为田间杂草，可作为粮食的代用品，也是牛、马的青饲料，常为小麦田间杂草。

图 5-121 野燕麦全株　　　图 5-122 野燕麦小穗　　　图 5-123 野燕麦花序

3.12.2 莜麦 *Avena chinensis*（Fisch. ex Roem. & Schult.）Metzg.（图 5-124、图 5-125、图 5-126）

与燕麦相似，圆锥花序疏松开展，分枝纤细，具棱角，刺状粗糙。小穗含 3～6 小花，小穗轴细且坚韧。颖草质，两颖近相等，具 7～11 脉。外稃草质而较柔软，具

9～11 脉；内稃甚短于外稃，具 2 脊；雄蕊 3，颖果长约 8 mm，与稃体分离。分布于我国西北、西南、华北和湖北等地区，果实可磨面制粉做各种面食，或栽培做牲畜精饲料。

图 5-124　莜麦全株　　　　　图 5-125　莜麦花序　　　　　图 5-126　莜麦小花

3.13　异燕麦属 *Helictochloa* Romero Zarco

多年生；叶片扁平或卷折，圆锥花序顶生，开展或紧缩而有光泽，小穗含 2 至数朵小花，小穗轴节间具毛，脱节于颖之上及各小花之间；颖几乎相等或短于小花，具 1～5 脉，边缘宽膜质；外稃成熟时下部质较硬，上部薄膜质，常浅裂或具 2 尖齿，常于中部附近着生扭转膝曲的芒。本属约 80 种，广布于温带地区，我国有 14 种 2 变种。多数种可做饲料。

3.13.1　异燕麦 *Helictochloa hookeri*（Scribn.）Romero Zarco（图 5-127、图 5-128）

多年生，具根茎，秆疏丛型，光滑无毛，高 25～70 cm，通常具 2 节；叶鞘松弛；叶片扁平或纵卷，长 5～10 cm，基部分蘖者长达 25 cm。圆锥花序紧缩，淡褐色，有光泽，长达 15 cm，分枝粗糙常孪生，具 1～4 小穗，小穗含 3～6 小花，顶花退化；颖披针形。分布于东北、华北、西北及西南地区，生于山地草原、林缘、疏林及灌丛等较潮湿草地。为优良牧草，各类家畜均喜食。

3.13.2　藏山燕麦 *Helictotrichon tibeticum*（Roshev.）Holub（图 5-129、图 5-130）

与异燕麦相似，不同的是具短根茎，形成密丛。叶鞘紧密裹茎，叶片质硬，常内卷如针状，宽 1～2 mm。圆锥花序紧缩呈穗状，小穗含 2～3 小花，通常第三小花退化；内稃略短于外稃，具 2 脊，颖果长圆形。产于西北、西南和青藏高原等地区，生长于高山草原、林下和湿润草地，为优良牧草，可做青草或干草，或刈割后做青贮饲料，均为各种家畜喜食。

图 5-127 异燕麦全株

图 5-128 异燕麦花序

图 5-129 藏山燕麦全株

图 5-130 藏山燕麦花序

3.13.3 高秆山燕麦 *Helictotrichon altius*（Hitchc.）Ohwi（图 5-131、图 5-132）

多年生。须根少而粗硬，具短的下伸根茎。秆较粗壮，单生或少数丛生，光滑无毛，高 100 cm，具 3～4 节。叶鞘松弛，多数短于节间；叶片扁平，长达 15 cm，宽约 6 mm。圆锥花序疏松开展，长 10～20 cm，基部各节具 4～6 分枝，分枝粗糙，纤细且常屈曲，长达 7 cm，下部多裸露，上部具 1～4 小穗；小穗草绿色或带紫色含3～4 小花，顶花甚小或退化；颖不等，薄而柔软；外稃质厚，芒自稃体中部以上伸出，长 10～15 mm，在下部 1/3 处膝曲，芒柱扭转；内稃稍短于外稃，2 脊。产于黑龙江、甘肃、青海、四川等地，生于湿润草坡、灌丛及云杉林下，可做优良牧草。

图 5-131　高秆山燕麦全株

图 5-132　高秆山燕麦花序

3.14　雀麦属 *Bromus* L.

多年生或一年生草本。秆直立，丛生或具根状茎。叶鞘常关闭；叶狭，常扁平；小穗长椭圆形，有数至多数小花，两侧压扁，生于开展的圆锥花序的纤枝上。小穗轴脱节于颖之上；颖不等，锐尖，短于外稃；外稃有 2 齿，齿之下有芒；内稃较短；雄蕊 3；花柱基部扩大而冠于子房之顶。果长而有槽纹，与内稃合生。本属有 250 余种，我国有 71 种，多为优良饲料植物。

3.14.1　无芒雀麦 *Bromus inermis* Leyss.（图 5-133、图 5-134）

多年生，具横走根状茎。疏丛生，高 50～120 cm。叶鞘闭合；叶片扁平，长20～30 cm。圆锥花序密集，花后开展，长 10～20 cm；分枝长达 10 cm，3～5 枚轮生

图 5-133　无芒雀麦全株

图 5-134　无芒雀麦花序

于主轴各节，着生 2～6 小穗，小穗含 6～12 花；颖披针形；外稃长圆状披针形，具 5～7 脉，无芒或仅具 1～2 mm 的短芒；颖果长圆形，褐色。分布于东北至西北地区，生于草甸、林缘、谷地、河边路旁。其草质柔软，叶量较大，适口性好，营养价值高，为优良牧草，各种家畜喜食。同时也为山地草甸草场优势种，为建立人工草场和环保固沙的主要草种。

3.14.2　雀麦 *Bromus japonicus* Thunb.ex Murr.（图 5-135、图 5-136）

一年生，秆丛生，高达 90 cm。叶鞘闭合；叶片长 12～30 cm，两面生柔毛。圆锥花序疏展，长 20～30 cm，具 2～8 分枝，向下弯垂；分枝细，上部着生 1～4 小穗；小穗黄绿色，密生 7～11 小花；颖近等长；外稃椭圆形，草质，边缘膜质，具 9 脉，芒自先端下部伸出，长 5～10 mm；小穗轴短棒状，长约 2 mm。产于东北、黄河及长江流域，生于山坡林缘、草地、河漫滩湿地等。可药用，亦可做中等牧草。

图 5-135　雀麦全株　　　　　　　图 5-136　雀麦花序

3.14.3　扁穗雀麦 *Bromus catharticus* Vahl（图 5-137、图 5-138）

一年生，秆丛生，高达 100 cm。叶鞘闭合，被柔毛；叶片扁平，散生柔毛，长达 40 cm，宽 4～6 mm。圆锥花序开展，长约 20 cm；分枝粗糙，每节具 1～3 枚，顶端着生 1～3 小穗；小穗两侧极压扁，含 6～12 小花；颖窄披针形，第一颖具 7 脉，第二颖稍长，具 7～11 脉；外稃长 15～20 mm，具 11 脉，顶端具芒尖；内稃窄小，长约为外稃的 1/2；颖果与内稃贴生，顶端具毛茸。广泛分布于黄河、长江流域，生于田埂、林缘、河漫滩等湿润处。可作为解决冬春饲料的优良牧草利用，适口性较好，各种牲畜均喜食。

3.14.4　旱雀麦 *Bromus tectorum* L.（图 5-139、图 5-140）

一年生，秆直立，高 20～60 cm，具 3～4 节。叶鞘具柔毛；叶片被柔毛，长 5～15 cm，宽 2～4 mm。圆锥花序开展，下部节具 3～5 分枝；各分枝着生 1～5 小穗；小穗密集，偏生于一侧，稍弯垂，含 4～7 小花，长约 25 mm（芒除外），幼时绿色。颖狭披针形，第一颖具 1 脉，第二颖具 3 脉；内稃短于外稃，脊具纤毛；颖果贴生于

图 5-137　扁穗雀麦全株

图 5-138　扁穗雀麦花序

图 5-139　旱雀麦全株

图 5-140　旱雀麦花序

内稃，长 7～10 mm。产于西北及西南地区，生于荒野干旱山坡、路旁、河滩、草地。为优良温性荒漠区的早春牧草，为各种家畜所喜食，尤其羊和马喜食。也是农田中的杂草，特别是青稞地、小麦地中较多。

3.15　碱茅属 *Puccinellia* Parl.

多年生草本，通常低矮丛生。叶片线形，内卷粗糙或平滑无毛。圆锥花序开展或紧缩，小穗含 2～9 小花，小花覆瓦状排成 2 列；颖披针形不等长，均短于第一小花；第一颖较小，具 1～3 脉，第二颖具 3 脉；外稃纸质，背部圆形，有平行的 5 脉；内稃等长或稍短于其外稃；颖果与内外稃分离。本属约 200 种，分布于北半球温寒地带与北极地区，多生于碱性或微碱性土壤上。我国约 67 种，多为优良牧草。

3.15.1 碱茅 *Puccinellia distans*（Jacq.）Parl.（图 5-141、图 5-142）

多年生草本，秆直立，丛生或基部偃卧，节着土生根，高 20～30 cm，具 2～3 节，常压扁。叶鞘长于节间；叶片线形，长 2～10 cm，宽 1～2 mm，扁平或对折。圆锥花序开展，长 5～15 cm，每节具 2～6 分枝；分枝细长，平展或下垂，下部裸露，基部主枝长达 8 cm。小穗含 5～7 小花；颖质薄，第一颖具 1 脉，第二颖具 3 脉；外稃具不明显 5 脉；内稃等长或稍长于外稃，颖果纺锤形。分布于东北、西北、华北及新疆等地区，生长于轻度盐碱性湿润草地、田边、低草甸盐化沙地，是家畜喜食的优良牧草。

图 5-141　碱茅全株

图 5-142　碱茅花序

3.15.2 星星草 *Puccinellia tenuiflora*（Qriseb.）Scribn. & Merr.（图 5-143、图 5-144）

多年生，秆疏丛型，直立或基部膝曲，高 30～60 cm。具 3～4 节，顶节位于下部 1/3 处，基部通常具褐色鳞片状叶鞘；叶鞘平滑无毛；叶舌膜质；叶片对折或稍内卷，长 2～6 cm，宽 1～3 mm；圆锥花序疏松开展，长 10～20 cm，每节具 2～5 分枝，分枝细弱平展；小穗绿色或稍带紫色，含 3～4 小花；第一颖长约 0.6 mm，具 1 脉，第二颖长约 1.2 mm，具 3 脉；外稃具不明显 5 脉；内外稃等长，平滑或脊上有 1～4 个皮刺；花药线形。产于东北、华北、西北、新疆等地区，多生于潮湿的盐碱滩，为盐生草甸的建群种。其茎叶蛋白质含量高，是家畜和骆驼喜食的优良牧草。利用星星草治理碱化草地，方法简便易行，成本低、见效快，是治理碱斑的一种较理想的方法。

3.15.3 鹤甫碱茅 *Puccinellia hauptiana*（Trin. ex V. I. Krecz.）Kitag.（图 5-145、图 5-146）

多年生，疏丛型，秆高 20～60 cm。圆锥花序开展，分枝微粗糙，下部裸露不具小枝，平展或反折。小穗含 5～8 小花；颖卵形，外稃倒卵形，绿色，脉不明显；内稃等长或长于其外稃。产于东北、华北、西北及青藏高原各地，生于海拔

图 5-143　星星草全株

图 5-144　星星草花序

图 5-145　鹤蒲碱茅全株

图 5-146　鹤蒲碱茅花序

900~4 800 m 河滩、湖畔沼泽地、低湿盐碱地等，为各种家畜喜食的优良牧草。

3.16　羊茅属 *Festuca* L.

多年生，叶常狭而稍硬。圆锥花序狭窄或开展；小穗含 2 至多数小花，顶花通常发育不全；颖尖锐或渐尖，具 1~3 脉；外稃背部圆形，具 5 脉，顶端尖或裂齿间具芒或无芒；内稃与外稃近等长。本属约 300 种，分布于寒温带及热带高山。我国约 56 种，多为优良牧草，各类家畜喜食。

3.16.1　羊茅 *Festuca ovina* L.（图 5-147、图 5-148）

须根棕褐色，秆密丛生，高 15~20 cm，鞘内分枝。基部残存枯鞘，叶鞘开口几达基部；叶片内卷成细丝状，质较软，长 4~20 cm，宽 0.3~0.6 mm。圆锥花序紧缩呈穗状，长 2～5 cm；小穗淡绿色或紫红色，长 4～6 mm，含 3～6 小花；颖披针形，第一颖具 1 脉，长 2～3 mm，第二颖具 3 脉，长 3.0～3.5 mm；第一外稃长 3～4 mm，芒长 1.5～2.0 mm；内稃近等长于外稃；花药黄色，长 2 mm；子房顶端无毛。产于东北、西北和西南地区，生于山地草原、高山草甸、灌丛及沙地等。其适口性良好，是牛、羊、马均喜食的优良牧草。因其耐寒、耐旱、耐践踏、耐修剪、绿色期长，是较为流行的冷季型草坪草。

3.16.2　紫羊茅 *Festuca rubra* L.（图 5-149、图 5-150）

与羊茅相似，不同的是具短根状茎。疏丛；叶鞘基部者长于而上部者短于节间；叶片对折或内卷，稀扁平，宽 1～2 mm。圆锥花序疏松，花期开展，长 4～10 cm。第一颖窄披针形，具 1 脉，长 2～3 mm；第二颖宽披针形，具 3 脉，长 3.5～4.5 mm。产于东北、西北及西南地区，生于高寒草原、亚高山草甸，山地林缘草甸等处。为优良牧草，各类家畜喜食，亦为优良的观赏性的冷季型草坪草。

图 5-147　羊茅全株

图 5-148　羊茅花序

图 5-149　紫羊茅全株

图 5-150　紫羊茅花序

3.16.3 中华羊茅 *Festuca sinensis* Keng ex E. B. Alexeev（图 5-151）

具鞘外分枝，高可达 80 cm，具 4 节，节呈黑紫色。叶鞘松弛，具条纹；叶片部质硬，直立，长 6～16 cm，顶生者甚退化。圆锥花序开展，长 10～18 cm。分枝下部孪生，主枝细弱，长 6～11 cm，中部以下裸露，上部一至二回地分出小枝，小枝具 2～4 小穗；小穗淡绿色或稍带紫色，含 3～4 小花；颖片顶端渐尖，外稃具 5 脉，顶端具短芒。分布于甘肃、青海、四川等地区，生于高山草甸、山坡草地、灌丛等处。其茎叶柔嫩，粗蛋白质含量高，适口性好，是高寒牧区草地生产建设的优良栽培牧草。

图 5-151 中华羊茅全株

3.16.4 矮羊茅 *Festuca coelestis*（St.-Yves）V. I. Krecz. & Bobr.（图 5-152）

秆呈密丛型，细弱，高 4～10 cm，基部宿存短的褐色枯鞘。叶片纵卷呈刚毛状，较硬直，长 1.5～6.0 cm。圆锥花序紧密呈穗状，长 1～3 cm，分枝短；小穗紫色或褐紫色，含 3～4 小花。第一颖窄披针形，具 1 脉；第二颖宽披针形，具 3 脉。第一外稃长 3.5～4.0 mm；内稃具 2 脊。产于新疆及东北、华北、西北等地区，生于高山草甸、草原、灌丛、林缘等处。其再生性强、耐牧、耐践踏、分蘖力强，适宜放牧利用。各类家畜喜食，尤其绵羊最喜食，是合适于晚春和夏季放牧场的优等牧草。

3.17 早熟禾属 *Poa* L.

一年生或多年生。叶片扁平，对折或内卷。圆锥花序开展或紧缩，小穗含 2 至多数小花，小穗轴脱节于颖之上及诸花之间。颖大多短于外稃，第一颖具 1～3 脉，第二颖具 3 脉。外稃纸质或较厚，无芒，边缘多少膜质，具 5 脉，中脉成脊；内稃与外稃近等长。本属有 500 余种，大多分布于温带及寒冷地区。我国有 231 种，多为优良牧草，茎叶柔嫩、营养价值较高，各类家畜乐食，也为重要的草坪种质资源。

3.17.1 早熟禾 *Poa annua* L.（图 5-153）

一年生或二年生，无根状茎或具不明显的根状茎。秆丛生，质软，高 6～40 cm。叶鞘中部以下闭合；叶片扁平或对折，柔软，长 2～12 cm。圆锥花序开展，长 2～7 cm；分枝每节 1～3 枚；小穗含 3～5 小花，长 3～6 mm；第一外稃长 3～4 mm；内稃与外稃近等长；花药淡黄色；颖果纺锤形。广泛分布于我国南北各地，生长于草地、路旁、水沟边及潮湿处。其耐旱、耐阴、耐寒、自繁能力强，绿期长，植株矮小，枝叶柔软整齐，无须修剪，有良好的均匀性密度和平滑度是极好的观赏草坪植物。因其茎叶柔软，有一定的营养价值，是优良饲料。

图 5-152 矮羊茅全株

图 5-153 早熟禾全株

3.17.2 草地早熟禾 *Poa pratensis* L.（图 5-154、图 5-155）

多年生，具匍匐根状茎。单生或疏丛生，高达 80 cm，具 2～4 节；叶舌膜质，长 1～3 mm；叶片线形，长 30 cm 左右，宽 2～5 mm。圆锥花序开展，金字塔形或卵圆形，长 10～20 cm；每节具 3～5 枚分枝，小穗散生于分枝上，小穗绿色至草黄色，含 2～5 小花，长 4～6 mm。颖阔披针形，第一颖长 2.5～3.5 mm，具 1 脉；第二颖长 3～4 mm，具 3 脉。外稃披针形，脊与边脉在中部以下密生柔毛；第一外稃长 3～4 mm；内稃较短于外稃。颖果纺锤形。分布于黄河流域、东北和江西、四川等地，生于草原、草甸、山坡、林缘及林下等处。其枝叶幼嫩、鲜绿、适口性好，各类家畜喜食，为主要优良牧草。因其耐寒、喜湿、耐践踏性好，广泛用于各种绿地做观赏性草坪。

图 5-154 草地早熟禾全株

图 5-155 草地早熟禾花序

3.17.3　阿洼早熟禾（俗名：冷地早熟禾）*Poa araratica* Trautv.（图 5-156、图 5-157）

多年生，密丛型。具短根状茎，高 25～60 cm；叶片内卷或对折，长 4～10 cm，宽 1.0～1.5 mm。圆锥花序狭窄，每节具分枝 2～4 枚；小穗含 3～4 小花，扇形，先端带紫色；颖长披针形，均具 3 脉；外稃先端尖，具 5 脉，脊与边脉下部具柔毛；内稃短于外稃。产于青海、西藏、新疆等地，生于海拔 2 300～4 300 m 的高山草甸、灌丛、林缘等处，为优良牧草。

3.17.4　硬质早熟禾 *Poa sphondylodes* Trin.（图 5-158、图 5-159）

与草地早熟禾相似，不同在于秆呈密丛型，具 3～4 节，叶鞘基部带淡紫色，顶生长于其叶片。圆锥花序紧缩而稠密，每节具分枝 4～5 枚，小穗长 5～7 mm，含

图 5-156　阿洼早熟禾全株

图 5-157　阿洼早熟禾花序

图 5-158　硬质早熟禾全株

图 5-159　硬质早熟禾花序

4～6 小花；颖硬纸质；外稃坚纸质，先端极窄膜质下带黄铜色；颖果腹面有凹槽。产于东北、华北、西北及华东地区，生于草原、干燥沙地、山坡草地和草甸。为中等牧草，各类家畜喜食。

3.18 梯牧草属 *Phleum* L.

一年生或多年生草本，常具根茎。秆直立。圆锥花序穗状，紧密，或单生；小穗含 1 小花，两侧压扁，几无柄，脱节于颖之上；颖相等，宿存或晚落，具 3 脉，中脉成脊，顶端具短芒或尖头；外稃质薄，短于颖，具 3～7 脉，钝头，具细齿，无芒；内稃短于外稃。雄蕊 3；子房光滑，花柱细，柱头细而长，延伸于颖之外。本属约有 15 种，我国有 4 种，多为优良牧草，家畜喜食。

3.18.1 梯牧草（俗名：猫尾草）*Phleum pratense* L.（图 5-160、图 5-161）

多年生。须根稠密，有短根茎；基部常球状膨大并宿存枯萎叶鞘，高 40～120 cm，具 5～6 节；叶鞘松弛；叶片扁平，宽 3～8 mm；圆锥花序圆柱状，灰绿色，长 4～15 cm；小穗矩圆形，含 1 小花；颖膜质，长约 3 mm，具 3 脉，脊上具硬纤毛，顶端短尖头；外稃薄膜质，长约 2 mm，具 7 脉；内稃略短于外稃；颖果长圆形。产于新疆地区，其他地区引种栽培；多生于草原及林缘，其草质柔软，不论青干草均为各类家畜所喜食，营养价值较高，为优质牧草。

图 5-160 梯牧草全株

图 5-161 梯牧草花序

3.18.2 高山梯牧草 *Phleum alpinum* L.（图 5-162、图 5-163）

与梯牧草相似，不同的是基部倾斜，具枯萎呈纤维状的叶鞘，秆常具 3～4 节；圆锥花序矩圆状、圆柱形或长卵形，暗紫色；颖等长，具 3 脉，顶端具长 1.5～3.0 mm 的短芒。产于东北、西北、西南及青藏高原等地区，生于高山草地、灌丛、水边。其

　　图 5-162　高山梯牧草全株

　　图 5-163　高山梯牧草花序

可用于放牧、青贮或制成干草，可做家畜的饲料。

3.19　看麦娘属 *Alopecurus* L.

一年生或多年生草本。秆直立，丛生或单生。圆锥花序圆柱形；小穗含 1 小花，两侧压扁，脱节于颖之下；颖等长，具 3 脉，常于基部连合；外稃膜质，具不明显 5 脉，中部以下有芒，其边缘于下部连合；内稃缺；子房光滑。颖果与稃分离。本属约有 50 种，我国有 9 种，多为优良牧草，家畜喜食。

3.19.1　大看麦娘 *Alopecurus pratensis* L.（图 5-164、图 5-165）

多年生，具短根茎，秆少数丛生，高达 1.5 m，具 3～5 节；叶鞘松弛，大都短于节间，叶舌膜质，长 2～4 mm；叶片平滑，宽 3～10 mm；圆锥花序圆柱状，灰绿

　　图 5-164　大看麦娘全株

　　图 5-165　大看麦娘花序

色；小穗椭圆形，长约 5 mm；颖等长，下部 1/3 互相连合；外稃与颖近等长，芒膝曲，稃体基部伸出，芒长 6～8 mm，显著外露；花药黄色，长 2.0～2.5 mm。产于东北、西北及新疆等地区，生于山地林缘草甸、山谷及河边潮湿处。其叶量丰富、草质柔嫩、饲用品质好，各类家畜均喜食，为优良牧草。

3.19.2　苇状看麦娘 *Alopecurus arundinaceus* Poir.（图 5-166、图 5-167）

与大看麦娘相似，不同的是叶舌膜质，长约 5 mm。圆锥花序长圆状圆柱形，灰绿色或成熟后黑色；颖基部约 1/4 互相连合；外稃短于颖，芒自稃体中部伸出，长 1～5 mm，隐藏或稍露出颖外。产于东北、内蒙古、甘肃、青海、新疆等地区，生于山坡草地、草甸等湿润处。其繁殖力强、叶量丰富，为各类家畜喜食，为优良牧草。

图 5-166　苇状看麦娘全株

图 5-167　苇状看麦娘花序

3.20　针茅属 *Stipa* L.

圆锥花序开展或窄狭，伸出鞘外或基部为叶鞘所包被；小穗含 1 小花，两性，脱节于颖之上；颖近等长，具 3～5 脉；内稃等长或稍短于外稃，背部有毛或无毛，常被外稃包裹几不外露。本属约有 200 种，我国有 28 种 7 亚（变）种，是北方草原的重要组成部分，具有重要的生态意义和饲用价值，多为优良牧草，马最喜食，牛羊次之；结实后，带有尖锐基盘的颖果对羊的危害较大。

3.20.1　紫花针茅 *Stipa purpurea* Griseb.（图 5-168）

多年生，呈密丛型。须根稠密而坚韧，秆细瘦，高 20～45 cm，具 1～2 节，基部宿存枯叶鞘；叶鞘平滑；叶片纵卷呈针状，基生叶长为秆高 1/2。圆锥花序简化为总状花序，基部常包藏于叶鞘内，长可达 15 cm，分枝单生或孪生；小穗呈紫色；颖披针形，具 3 脉；内外稃背面被柔毛，芒两回膝曲扭转，芒全部具羽状柔毛，长

2～3 mm。分布于甘肃、新疆、西藏、青海、四川等地区。其茎叶柔软，适口性好，含丰富粗蛋白质、粗脂肪和粗纤维，耐牧，各种家畜全年喜食，是高寒放牧场上的良等饲用牧草。紫花针茅高寒草原在西藏草地类型中面积最大，是藏系绵羊的主要放牧草场。

图 5-168　紫花针茅全株

3.20.2　沙生针茅 *Stipa caucasica subsp. glareosa*（P. A. Smirnov）Tzvelev（图 5-169）

多年生，丛生型。须根粗韧，具沙套；高 15～2 cm，具 1～2 节；叶片纵卷如针，基生叶长为秆高 2/3；圆锥花序常为顶生叶鞘内包裹，长约 10 cm，分枝短，具 1 小穗；颖尖膜质披针形；外稃长 6～9 mm，背部具纵行短柔毛，顶端关节处生 1 圈短毛，芒一回膝曲扭转，芒柱长 1.5 cm，具长约 2 mm 的柔毛，芒针长 3 cm，具长约 4 mm 的羽状毛。分布于华北、西北、青藏高原及新疆等地区。能适应干旱、沙埋等环境，为沙地植物群落的优势种，具有重要的生态意义。其营养含量丰富，是荒漠草原地带催肥的优质牧草，各种牲畜均喜食，颖果无危害。

3.20.3　西北针茅 *Stipa sareptana* var. *krylovii*（Roshev.）P.C.Kuo & Y.H.S（图 5-170）

秆呈密丛型，高 30～80 cm，具 2～3 节，被细刺毛。叶鞘短于节间；叶片纵卷如针状，秆及叶片下面光滑无毛。圆锥花序基部为顶生叶鞘所包，长 10～20 cm；分枝细弱，2～4 枚簇生，小穗草黄色；颖披针形，先端细丝状，长 2.0～2.7 cm，第一颖具 3 脉，第二颖具 5 脉；外稃具纵条毛，达稃体的 3/4，顶端毛环不明显，基盘尖锐，长约 3 mm，被密毛，芒两回膝曲扭转，光亮，长 10～15 cm；内稃与外稃近等长，具 2 脉。颖果圆柱形，黑褐色。产于华北、西北及青藏高原、新疆等地区，多生于海拔 440～4 510 m 的山前洪积扇、平滩地或河谷阶地上。开花前各类家畜喜食，开花

图 5-169　沙生针茅全株

图 5-170　西北针茅全株

后其颖果具长芒针，基盘锐尖而坚硬，对羊及小牲畜有刺伤危害，为草原地区冬季草场主要牧草，属优良牧草。为新疆针茅变种，与原变种的主要区别在于秆及叶片下面光滑无毛。

3.20.4 戈壁针茅 *Stipa tianschanica* Roshev. var. *gobica*（Roshev.）P.C.Kuo（图 5-171、图 5-172）

多年生密丛草本。高 17～23 cm，具 2～3 节；叶鞘短于节间；叶片纵卷如针状，基生叶长为秆高 1/2～2/3；圆锥花序紧缩，长约 5 cm，基部为顶生叶鞘所包；小穗浅绿色；颖披针形，具 3 脉，两颖等长或第一颖稍长，长 2.0～2.3 cm；外稃顶端光滑，不具毛环；基盘尖锐，密生柔毛，芒一回膝曲扭转，芒针长 6～7 cm，具长约 5 mm 的羽状毛。为天山针茅的变种，与原变种的主要区别在于外稃顶端光滑，不具毛环。产于华北、西北、新疆、青海等地区，多生于高海拔的石砾山坡或戈壁滩上。颖果无危害，为荒漠草原中宝贵牧草，各种家畜均喜食，为山地草地上的优等饲用植物。

图 5-171 戈壁针茅全株　　　　　　　图 5-172 戈壁针茅花序

3.21 芨芨草属 *Neotrinia*（Tzvelev）M.Nobis，P.D.Gudkova & A.Nowak

多年生，丛生草本。叶片通常内卷。圆锥花序顶生、狭窄或开展；小穗含 1 小花，两性，小穗轴脱节于颖之上；两颖近等长，宿存，膜质或兼草质，先端尖或渐尖，稀钝圆；外稃较短于颖，圆柱形，顶端具 2 微齿，芒从齿间伸出，膝曲而宿存；内稃具 2 脉，无脊，脉间具毛，成熟后背部多少裸露；鳞被 3；雄蕊 3。本属约有 20 种，我国有 15 种，多为优良牧草。

3.21.1 芨芨草 *Neotrinia splendens*（Trin.）M.Nobis，P.D.Gudkova & A.Nowak（图 5-173、图 5-174）

多年生，须根粗而坚韧外被沙套。密丛型，秆直立，坚硬，内具白色的髓，高 0.5～2.5 m，具 2～3 节；叶片坚韧，扁平或纵卷，秆生叶舌三角形或披针形，长 5～

15 mm；圆锥花序开展，长 30～60 cm，分枝细弱，2～6 枚簇生；小穗长 4.5～7.0 mm（除芒），灰绿色，基部带紫褐色，含 1 小花。颖披针形，第一颖长 4～5 mm，具 1 脉；第二颖长 6～7 mm，具 3 脉。外稃长 4～5 mm，具 5 脉，具柔毛，芒自外稃齿间伸出，粗糙，不扭转，长 5～12 mm，易落。分布于西北、东北、华北等地区，生于微碱性的草滩及沙山坡上，是盐化草甸的重要建群种。其嫩叶是牲畜的良好饲料，可供牛羊食用。

图 5-173　芨芨草全株

图 5-174　芨芨草花序

3.21.2　醉马草 *Achnatherum inebrians*（Hance）Keng ex Tzvelev（图 5-175、图 5-176）

多年生，秆少数丛生，高 60～100 cm，具 3～4 节，基部具鳞芽。叶舌厚膜质，顶端截形或具裂齿，长约 1 mm；圆锥花序紧密呈穗状，长 10～25 cm；小穗灰绿色或基部带紫色，长 5～6 mm；颖膜质，几等长，具 3 脉；外稃具 3 脉，脉于顶端汇合且延伸成芒，芒长 10～13 mm，一回膝曲，芒柱稍扭转且被短柔毛，颖果圆柱形。产于内蒙古、甘肃、宁夏、新疆、西藏、青海等地区，多生于中低山较宽阔的沟谷处。本种有毒，牲畜误食时，轻则致疾，重则死亡。

3.22　画眉草属 *Eragrostis* BeauV.

多年生或一年生草本。秆通常丛生。叶片线形。圆锥花序开展或紧缩；小穗两侧压扁，有数个至多数小花；小穗轴常作之字形曲折；颖不等长；外稃无芒，具 3 条明显的脉，或侧脉不明显；内稃具 2 脊，常作弓形弯曲，宿存，或与外稃同落。颖果与稃体分离，球形或压扁。本属约有 300 种，我国有 31 种 1 变种，多为优良或中等牧草。

图 5-175 醉马草全株　　　　　　　图 5-176 醉马草花序

3.22.1 小画眉草 *Eragrostis minor* Host（图 5-177、图 5-178）

一年生草本，秆丛生，直立或斜升，植物体常有腺体，高 20～80 cm，具 3～4 节；叶鞘松裹茎，脉上有腺体，鞘口有纤毛；叶片线形，平展或卷缩，长 3～15 cm，宽 2～4 mm；圆锥花序疏松开展，每节一分枝，小穗长圆形，长 3～9 mm，含 4 至多数小花；颖锐尖，具 1 脉；外稃卵圆形，内稃短于外稃；雄蕊 3，颖果红褐色，近球形。我国各地均产，生于荒芜田野、草地和路旁。其茎叶柔嫩，适口性良好，营养价值高，青鲜时马、牛、羊均喜食，是放牧场上的优等牧草。

3.22.2 画眉草 *Eragrostis pilosa*（L.）Beauv.（图 5-179、图 5-180）

一年生草本，秆丛生。高 80 cm，通常具 4 节，植物体光滑不具腺体；叶鞘松裹

图 5-177 小画眉草全株　　　　　　图 5-178 小画眉草花序

图 5-179 画眉草全株

图 5-180 画眉草花序

茎，扁压，鞘缘近膜质，鞘口有长柔毛；叶片线形；圆锥花序长 10～25 cm，分枝近于轮生，腋间有长柔毛，小穗含 4～14 小花；颖披针形，第一颖无脉，第二颖具1脉；外稃广卵形，具 3 脉；内稃稍短于外稃，稍作弓形弯曲；颖果长圆形。我国各地均产，多生于荒芜田野草地上。其茎叶柔嫩，家畜喜食，为优良牧草。

3.22.3 黑穗画眉草 *Eragrostis nigra* Nees ex Steud.（图 5-181、图 5-182）

多年生，秆丛生。高 30～60 cm，具 2～3 节，植物体无腺点。叶鞘松裹茎；叶片线形，扁平，宽 3～5 mm；圆锥花序开展，分枝近轮生，纤细，曲折，腋间无毛；小穗黑色或墨绿色，含 3～8 小花；颖披针形，膜质，具 1 脉，第二颖或具 3 脉；外稃长卵圆形，具 3 脉，内稃稍短于外稃，宿存。雄蕊 3，花药黄色，颖果椭圆形。产于我国西

图 5-181 黑穗画眉草全株

图 5-182 黑穗画眉草花序

南及西北各地，多生于山坡草地。其富含蛋白质、维生素和矿物质，为优良牧草。

3.23 虎尾草属 *Chloris* Sw.

一年生或多年生簇生草本。具匍匐茎或否。叶片线形，扁平或对折。花序为少至多数穗状花序呈指状簇生于秆顶；小穗含 2~3 小花，小穗脱节于颖之上；第一外稃两侧压扁，质较厚，先端尖或钝，全缘或 2 浅裂，中脉延伸成直芒，基盘被柔毛；内稃约等长于外稃，具 2 脊，脊上具短纤毛；颖果长圆柱形。本属约有 50 种，我国有 4 种，多为牧草。

虎尾草 *Chloris virgata* Sw.（图 5-183、图 5-184）

一年生草本，秆直立或基部膝曲，高 12~75 cm，光滑无毛。叶鞘包卷松弛；穗状花序长 3~5 cm，4~10 枚簇生于茎顶而呈指状排列，常直立而并拢呈毛刷状，成熟时常带紫色；小穗除颖外具 2 芒；颖果纺锤形，淡黄色。我国各地均有分布，是良好的牧草，夏、秋家畜喜食。

图 5-183 虎尾草全株　　　　　图 5-184 虎尾草花序

3.24 狗尾草属 *Setaria* P. Beauv

一年生或多年生草本。圆锥花序顶生，圆柱状或疏展呈塔状，小穗无芒，有 1~2 小花，全部或部分小穗托以 1 至数枚刚毛，脱落于极短而呈杯状的小穗柄上，刚毛宿存，第一颖卵形或圆形，比小穗短 1/4~1/2，第二颖约与小穗等长，第一小花雄性或中性，外稃与第二颖同质，第二小花两性，外稃革质，平滑或有皱纹。本属约有 130 种，我国有 15 种 8 亚种，多为优良牧草。

3.24.1 粟 *Setaria italica* var. *germanica*（Mill.）Schred.（图 5-185、图 5-186）

俗称谷子、小米。为粱的变种，其不同特征为：植物体细弱矮小，高 20~70 cm；

图 5-185　粟全株

图 5-186　粟花序

圆锥花序呈圆柱形，紧密，长 6～12 cm，宽 5～10 mm；小穗卵形或卵状披针形，长 2.0～2.5 mm，黄色，刚毛长小穗的 1～3 倍，小枝不延伸。我国南北各地均有栽培。谷粒可食。

3.24.2　狗尾草 *Setaria viridis*（L.）P. Beauv.（图 5-187、图 5-188）

与粱相似，不同的是植株较矮，具支持根。叶鞘松弛，无毛或疏具柔毛或疣毛；圆锥花序紧密呈圆柱状或基部稍疏离，直立或稍弯垂，主轴被较长柔毛，长 2～15 cm，宽 4～13 mm（除刚毛外），刚毛长 4～12 mm，粗糙，直或稍扭曲，通常绿色或褐黄到紫红或紫色；小穗 2～5 个簇生于主轴上或更多的小穗着生在短小枝上；谷粒连同颖与第一外稃一起脱落。我国各地均有分布，为常见农田杂草，也见于田

图 5-187　狗尾草全株

图 5-188　狗尾草花序

边、撂荒地。为优良牧草，家畜喜食。

3.25　狼尾草属 *Pennisetum* Rich.

一年生或多年生草本。圆锥花序紧缩呈圆柱形穗状；小穗单生或 2～3 聚生成簇，含 1～2 小花，其下围以由刚毛所形成的总苞，并连同小穗一起脱落。颖不等长，第一外稃先端尖或具芒状尖头；第二外稃厚纸质或革质，平滑，等长或较短于第一外稃，边缘质薄而平坦，包着同质的内稃，但顶端常游离。本属约 140 种，我国有 12 种 2 变种，多为优良牧草，家畜喜食。

白草 *Pennisetum flaccidum* Griseb.（图 5-189、图 5-190）

多年生，具横走长根茎，高 30～60 cm。叶鞘疏松，基部者密集近跨生；叶片狭线形。圆锥花序紧密呈圆柱状，长 5～15 cm；小穗下由不育枝所形成的刚毛多数，刚毛柔软，细弱，微粗糙，灰白色或带紫褐色；小穗常单生，成熟后与其下的刚毛一起脱落；花药紫色，长 2.8～3.8 mm。分布于东北、西北、华北和西南地区，生于山坡、沙地和田埂等。再生性好，各类家畜喜食，为优良牧草。

图 5-189　白草全株

图 5-190　白草花序

- **材料准备**

准备 30 种禾本科常见牧草腊叶标本或新鲜植物标本，记录笔、记录本。

- **工具准备**

生物解剖镜、镊子、放大镜、解剖刀、植物检索表。

 任务 实施

步骤一：利用解剖镜观察禾本科植物标本，总结营养器官特征。

步骤二：利用解剖镜观察禾本科植物标本，总结繁殖器官特征。

步骤三：查阅植物检索表及相关资料，鉴定 30 种植物标本的中文名，并根据其饲用价值进行分类。

步骤四：挑选出 30 种禾本科植物中的优质牧草。

步骤五：任务总结。

任务 检测

请扫描二维码答题。

项目五任务三　　　项目五任务三　　　项目五任务三
任务检测一　　　任务检测二　　　任务检测三

任务 评价

班级：＿＿＿＿＿＿　组别：＿＿＿＿＿＿＿　姓名：＿＿＿＿＿＿

项目	评分标准	分值	自我评价	小组评价	教师评价
知识技能	掌握禾本科植物的特征	20			
	掌握禾本科植物野外识别要点	20			
	掌握利用植物检索表鉴定植物的技能	20			
任务进度	提前完成 10 分，正常完成 7～9 分，超时完成 3～6 分，未完成 0～2 分	10			
任务质量	整体效果很好为 15 分，较好为 12～14 分，一般为 8～11 分，较差为 0～7 分	15			
素养表现	学习态度端正，观察认真、爱护仪器，有耐心细致的工作态度	10			
思政表现	树立精益求精、刻苦钻研的职业精神，树立保护生态环境，保护珍稀濒危植物的生态环保理念	5			
合计		100			
自我评价与总结					
教师点评					

任务四　菊科常见牧草及毒杂草

任务 导入

现有常见菊科牧草及毒杂草种类 20 种，请根据各种植物特征，将其按科属别进行分类，并鉴定出 20 种植物的中文名。

任务 准备

● 知识准备

菊科　* 或 ↑ $K_0 C_{(5)} A_{(5)} G_{(2:1:1)}$

菊科隶属单子叶植物纲，约有 1 000 属，25 000～30 000 种，是被子植物种最大的科，广布于全世界的温带地区。我国有 200 多属，2 000 多种，广布于全国各地。本科植物用途很广，有重要的蔬菜，如莴苣（生菜）等；有药用植物，如苍术、红花等；有观赏植物，如大丽菊、百日菊、波斯菊等；有油料作物，如向日葵、小葵子和红花等。本科植物也是天然草地上的重要牧草，其叶与花以及幼嫩部分的营养价值比较高，超过禾本科、藜科及其他很多科。由于种类繁多，其适口性很不一致，最有饲用价值的是舌状花亚科的一些种，其他适口性差或不可食的约达 50%。各类家畜中山羊、绵羊采食较好，骆驼、马、牛次之。此外，本科有毒有害植物种类也不少，家畜采食后，会引起病患，或是乳汁变味，甚至中毒。

1　菊科的特征

草本、半灌木或灌木，有时有乳汁管或树脂道。叶互生，少对生或轮生，单叶或复叶，全缘或具齿或分裂，无托叶。花两性或单性，5 基数，少数或多数密集呈头状花序，少为复头状花序；头状花序盘状或辐射状，有同形的小花，全为管状花或舌状花，或有异形小花，即中央为两性或无性的管状花，外围为雌性或无性的舌状花；花序外有总苞围绕，总苞由 1 至多层总苞片组成；头状花序单生或数个至多数排列呈总状、聚伞状、伞房状或圆锥状；花序托扁平、凸形或呈圆柱状，平滑或有多数窝孔，裸露或被各种式样的托片；萼片通常变为鳞片状、刚毛状或毛状的冠毛；花冠常辐射对称，管状，或两侧对称，二唇形或舌状，也有假舌状或漏斗状的；雄蕊 4～5，花药常合生呈筒状，基部钝或具尾，花丝分离；子房下位，1 室，1 胚珠，花柱上端 2 裂，花柱分枝上端有附器或无附器。果为瘦果或称为菊果（菊果与真正瘦果的区别在于：果实中有花托或萼管参与，因此又名参萼瘦果或连萼瘦果）；种子无胚乳。

2　菊科专用术语

（1）附器：指正常器官的附加部分，如矢车菊属、顶羽菊属的总苞片上的附器，它与膜质边缘有明显的区别，膜质边缘是边缘的外延部分，仅是质的不同，而附器则可明显地看出是边缘的附加部分；附器还出现在花药的顶端与基部、花柱分枝的顶端。

（2）头状花序同形（型）：是指头状花序中的花，全部为管状花或舌状花。

（3）头状花序异形（型）：是指一个头状花序由2种花组成，如向日葵头状花序的外周为舌状花，中央为管状花；此外，头状花序全部由管状花组成，但位于中央的为两性花，而边缘的为雌性花，也统称异形（型）头状花序。

（4）缘花：是指头状花序边缘的花，常指异形头状花序外周的舌状花或雌性的管状花。

（5）盘花：是指中央的管状花，一般具舌状缘花的头状花序常称为辐射状，而无舌状缘花的头状花序常称为盘状。

（6）假舌状花：是两侧对称的雌花，其舌片先端3齿裂，如多数菊科植物头状花序的缘花。

（7）二唇形花：是两侧对称的两性花，外唇舌状，先端3裂，内唇2裂，如大丁草。

（8）冠毛：是由萼片变态形成的毛片状结构，可分为糙毛状、刚毛状、羽毛状、芒状、刺芒状、鳞片状、冠状等多种类型，有的种无冠毛；冠毛的性状、层数、长度和颜色等常作为分类的依据。

（9）托片、托毛：在花序托上，每朵花基部的苞片，称为托片，如呈毛状则称为托毛。

（注：引自崔大方主编《植物分类学（第三版）》第256页）

3　菊科主要植物

青藏高原常见菊科牧草及重要毒杂草简要介绍如下。

3.1　夜香牛 *Cyanthillium cinereum*（L.）H. Rob.（图5-191）

隶属斑鸠菊属，一年生或多年生草本。茎直立，中下部叶具柄，菱状卵形，长3.0～6.5 cm，叶缘疏生锯齿或波状，两面被疏毛或柔毛，有腺点；上部叶窄长圆状披针形，近无柄；头状花序，具19～23花，多数在枝端呈伞房状圆锥花序；总苞片4层，总苞钟状，绿色或近紫色；花淡红紫色；瘦果圆柱形，无肋，被密白色柔毛和腺点；冠毛白色，2层，外层多数而短，宿存。产于华南至西南，生于田边、路旁及山坡。习见杂草，可药用。

3.2　阿尔泰狗娃花 *Aster altaicus* Willd.（图5-192）

隶属紫菀属，多年生草本。株高可达40 cm，茎直立，有分枝；叶线形、矩圆状披针形，长 2.5～10.0 cm，全缘或有疏浅齿；头状花序单生枝顶或排成伞房状；总苞半球形，总苞片 2～3 层；舌状花 15～20，管部长 1.5～2.8 mm，舌片浅蓝紫色，长圆状线形，长 1.0～1.5 cm，管状花长 5～6 mm，裂片不等大，有疏毛；瘦果扁；冠毛污白或红褐色。产于东北、华北和西北，多生于草原、荒漠地的沙地及干旱山地。其嫩枝叶可食用，羊亦乐食，是中等饲用植物，也可入药。

图 5-191　夜香牛花枝

图 5-192　阿尔泰狗娃花花序

3.3　星舌紫菀 *Aster asteroides*（DC.）Kuntze.（图 5-193）

隶属紫菀属，多年生草本。根状茎短，上端有数个簇生的块根；茎常单生，紫色或下部绿色；基部叶密集，倒卵圆形或长圆形，近全缘；头状花序单生茎顶，径 2.0～3.5 cm；总苞半球形；总苞片 2～3 层，线状披针形，紫绿色；舌状花 1 层，30～60 枚，管部长 1.5 mm，舌片蓝紫色，顶端尖；管状花橙黄色，裂片长 1～2 mm；冠毛 2 层，外层极短，白色，有白色或污白色微糙毛；瘦果长圆形，被白色疏毛或绢毛。产于西藏、四川、青海等地，生于高山灌丛、湿润草地或冰碛物上。可药用。

3.4　萎软紫菀 *Aster flaccidus* Bunge.（图 5-194）

隶属紫菀属，多年生草本。有时具匍枝，茎直立，不分枝，被长毛，下部有密

图 5-193　星舌紫菀花序

图 5-194　萎软紫菀花序

集的叶；基部叶及莲座状叶匙形或长圆状匙形，茎部叶 3～5 枚，长圆形或长圆披针形，常半抱茎，上部叶小，线形；全部叶质薄，离基三出脉，侧脉细；头状花序单生茎顶；总苞半球形，总苞片 2 层，线状披针形，草质；舌状花 40～60 朵，管部长 2 mm；舌片紫色，管状花黄色，管部长 1.5～2.5 mm；冠毛白色，外层披针形，膜片状；瘦果长圆形，有 2 边肋。分布于华北、西北、西南、新疆及西藏等地区，常入药。

3.5　青藏狗娃花 *Aster boweri* Hemsl.（图 5-195）

隶属紫菀属，二年或多年生草本。低矮，垫状，有肥厚的圆柱状直根；茎单生或 3～6 个簇生于根颈上，不分枝或有 1～2 个分枝，纤细，被白色密硬毛；基部叶密集，条状匙形；上部叶条形；全部叶质厚，全缘。头状花序单生茎顶，总苞半球形，总苞片 2～3 层，条形至披针形；舌状花约 50 朵，舌片蓝紫色，管状花黄色。瘦果狭，倒卵圆形，浅褐色，有黑斑，被疏细毛。冠毛污白色或稍褐色，有多数不等长的糙毛。分布于西藏、青海等地。全草入药。

3.6　苍耳 *Xanthium strumarium* L.（图 5-196）

隶属苍耳属，一年生草本。根纺锤状，叶三角状卵形。雄性的头状花序球形，总苞片长圆状披针形，托片倒披针形，有多数的雄花，花冠钟形，管部上端有 5 宽裂片；雌性的头状花序椭圆形，外层总苞片小，内层总苞片结合成囊状，绿色或带红褐色。在瘦果成熟时变坚硬，外面有疏生的具钩状的刺。喙坚硬，上端略呈镰刀状；瘦果 2，倒卵形。分布于东北、华北、华东、华南、西北及西南地区，生于平原、丘陵、低山、荒野路边、田边。习见杂草，可药用。

图 5-195　青藏狗娃花全株

图 5-196　苍耳果序

3.7　冷蒿 *Artemisia frigida* Willd.（图 5-197）

隶属蒿属，多年生草本，或为半灌木状。高 40～70 cm，茎基部木质，丛生。叶二至三回羽状全裂；头状花序排成狭圆锥状或总状，具短梗，下垂，总苞半球形；总苞片 3～4 层，花黄色，花序托有白色托毛；雌花 8～13 朵，花冠狭管状，檐部具

2～3 裂齿，花柱伸出花冠外，上部 2 杈；两性花 20～30 朵，花冠管状；瘦果长圆形。产于东北、华北和西北地区，生于山地、丘陵、平原和谷地的沙质和砾质土壤上，在草原和荒漠草原地带常形成优势种群。茎叶柔嫩，含粗蛋白质高，适口性好，属优等牧草，亦可药用。

3.8　艾 *Artemisia argyi* H. Lév. & Vaniot（图 5-198）

隶属蒿属，多年生草本，植株有浓烈香气。茎单生或少数，高可达 150 cm；茎、枝、叶均被灰白色蛛丝状柔毛；茎下部叶近圆形或宽卵形，羽状深裂；中部叶卵形，上部叶与苞片叶羽状裂或 3 深裂；头状花序椭圆形，在分枝上排成小型的穗状花序或复穗状花序，总苞片 3～4 层；雌花 6～10 朵，花冠狭管状，檐部具 2 裂齿，紫色，花柱细长，伸出花冠外甚长；两性花 8～12 朵，花冠管状或高脚杯状，檐部紫色，花后向外弯曲；瘦果长卵形或长圆形。我国南北均产，生于山地、林缘及农区，可供药用。

图 5-197　冷蒿全株

图 5-198　艾蒿全株

3.9　黄花蒿 *Artemisia annua* L.（图 5-199）

隶属蒿属，一年生草本，有浓烈的挥发性香气。茎单生，多分枝，高 100～200 cm；叶纸质，绿色，茎下部叶三角状卵形，中部叶二至三回栉齿状的羽状深裂；上部叶与苞片叶一至二回栉齿状羽状深裂，近无柄；头状花序球形，多数，有短梗，下垂或倾斜，基部有线形的小苞叶，在分枝上排成总状或复总状花序；总苞片 3～4 层；花深黄色，雌花 10～18 朵，花冠狭管状，花柱伸出花冠外；瘦果小，椭圆状卵形。我国各地均有分布，生于路旁、荒地、山坡、林缘等处。可药用，含挥发油与青蒿素，为抗疟的主要有效成分，治各种类型疟疾，具速效、低毒的优点，对恶性疟及脑疟尤佳。

3.10　沙蒿 *Artemisia desertorum* Spreng.（图 5-200）

隶属蒿属，多年生草本。根状茎稍粗，短，半木质，有短的营养枝；茎高30～70 cm，叶纸质，茎下部叶与营养枝叶长圆形或长卵形；中部叶略小，长卵形或长圆形，一至二回羽状深裂；上部叶3～5深裂；苞片叶3深裂或不裂；头状花序多数，卵球形或近球形，花梗短，在分枝上排成穗状花序式的总状花序或复总状花序；总苞片3～4层；雌花4～8朵，花冠狭圆锥状或狭管状，花柱长，伸出花冠外；两性花5～10朵，不孕育，花冠管状。瘦果倒卵形或长圆形。产于东北、华北、西南、西北、青藏高原及新疆等地区，多生于高山草原、砾质坡地、干河谷、河岸边、林缘及路旁等处。习见杂草，可药用，具有祛风湿、提脓拔毒等功效。

图 5-199　黄花蒿花枝

图 5-200　沙蒿全株

3.11　臭蒿 *Artemisia hedinii* Ostenf.（图 5-201）

隶属蒿属，一年生草本，全株有浓烈臭味。茎单生，紫红色；基生叶密集呈莲座状，二回栉齿状羽状分裂，再次羽状深裂或全裂，小裂片具多枚栉齿；茎中下部叶长椭圆形，二回栉齿状羽状分裂；上部叶与苞片叶渐小，一回栉齿状羽状分裂；头状花序半球形或近球形，在茎端及短的花序分枝上排成密穗状花序，并在茎上组成密集、狭窄的圆锥花序；总苞片3层，花序托凸起，半球形；雌花3～8朵，花冠狭圆锥状或狭管状，檐部具2～3裂齿；两性花15～30朵，花冠管状，檐部紫红色，外面有腺点。瘦果长圆状倒卵形。分布于西北、西南以及青海、新疆、西藏等地区。习见杂草，可药用。

3.12　灌木亚菊 *Ajania fruticulosa*（Ledeb.）Poljakov.（图 5-202）

隶属亚菊属，小半灌木。全株密被或稀疏的短柔毛；中部茎叶全形圆形、扁圆形、三角状卵形、肾形或宽卵形，二回掌状或掌式羽状 3～5 分裂，一、二回全部全裂；中上部和中下部的叶掌状 3～4 全裂或有时掌状 5 裂，或全部茎叶 3 裂；头状花序小，少数或多数在枝端排成伞房花序或复伞房花序；总苞钟状，总苞片 4 层，全部苞片边缘白色或带浅褐色膜质，麦秆黄色，有光泽。边缘雌花 5 朵，花冠长 2 mm，细管状，顶端 3～5 齿；瘦果。广布于内蒙古、陕西、甘肃、青海、新疆、西藏等地区。习见植物，可药用。

图 5-201　臭蒿全株

图 5-202　灌木亚菊全株

3.13　细叶亚菊 *Ajania tenuifolia*（Jacquem. ex DC.）Tzvelev（图 5-203）

隶属亚菊属，多年生草本。高 9～20 cm，根茎短，具多数地下匍茎和地上茎。茎自基部分枝，分枝斜升；茎枝及花梗密被短柔毛。叶二回羽状分裂，叶轮廓半圆形或三角状卵形或扇形。全部叶两面同色或稍异色，两面被稀疏或稠密的长柔毛。头状花序少数在茎顶排成直径 2～3 cm 的伞房花序；总苞钟状，直径约 4 mm，总苞片 4 层，边缘雌花 7～11 朵，细管状，花冠长 2 mm，顶端 2～3 齿裂；两性花管状，全部花冠有腺点。产于甘肃、四川、西藏及青海等地，生于山坡草地。常见杂草，可药用。

3.14　林荫千里光 *Senecio nemorensis* L.（图 5-204）

隶属千里光属，多年生草本。根状茎短粗，茎单生或疏丛生，高达 1 m，花序下不分枝。基生叶和下部茎叶在花期凋落；上部叶渐小，无柄，线状披针形至线形。头状花序具多数舌状花，在茎枝顶端或叶腋排成复伞房花序；具 3～4 小苞片；总苞近圆柱形，具外层苞片；苞片 4～5，线形；总苞片 12～18，长圆形，被短柔毛；舌状花 8～10；舌片黄色，线状长圆形，顶端具 3 细齿；管状花 15～16，花冠黄色，檐部漏斗状；瘦果圆柱形；冠毛白色。产于西北、东北、华北、华中及南部地区，生于林中开旷处以及草地或溪边。习见植物，可药用。

图 5-203　细叶亚菊全株　　　　　　图 5-204　林荫千里光全株

3.15　黄帚橐吾 *Ligularia virgaurea*（Maxim.）Mattf.（图 5-205）

隶属橐吾属，多年生灰绿色草本。根肉质，簇生；高 15～80 cm，光滑，基部被厚密的褐色枯叶柄纤维所包围；下部基生叶和茎基部叶具柄，柄长达 21.5 cm，具翅，基部具鞘，紫红色。叶片卵形、椭圆形或长圆状披针形，长 3～15 cm，宽 1.3～11.0 cm，全缘至有齿；茎生叶小，无柄，卵状披针形。总状花序长 4.5～22.0 cm，密集或上密下疏；苞片线状披针形至线形，长达 6 cm，向上渐短；头状花序辐射状；小苞片丝状；总苞陀螺形或杯状，总苞片 2 层，10～14 枚，长圆形或狭披针形；舌状花 5～14，黄色，舌片线形，长 8～22 mm；管状花多数，檐部楔形，冠毛白色与花冠等长。瘦果长圆形。产于西藏、云南、四川、青海、甘肃等地区，生于高海拔的河滩、沼泽草甸、阴坡湿地及灌丛中，是草原及饲草地过度放牧后易出现或迅速增多的毒杂草，也是草原过度放牧的标志植物。

3.16　掌叶橐吾 *Ligularia przewalskii*（Maxim.）Diels（图 5-206）

隶属橐吾属，多年生草本。高可达 130 cm，细瘦，光滑，基部被枯叶柄纤维包围；下部叶具长达 50 cm 的细瘦长柄，基部具鞘，叶片轮廓卵形，掌状 4～7 裂，长 4.5～10.0 cm，裂片 3～7 深裂，中裂片二回 3 裂，叶脉掌状；茎中上部叶少而小，掌状分裂，常有膨大的鞘。总状花序长达 48 cm，苞片线状钻形；头状花序多数，辐射状；总苞狭筒形，总苞片 4～6，2 层，具褐色睫毛；舌状花 2～3，黄色，舌片线状长圆形；管状花常 3 个，远出于总苞之上，管部与檐部等长，冠毛紫褐色。瘦果长圆形，具短喙。产于山西、陕西、内蒙古、甘肃、青海、四川等地区，生于河滩、山麓、林缘、林下及灌丛。常见杂草，药用。

图 5-205　黄帚橐吾全株

图 5-206　掌叶橐吾全株

3.17　箭叶橐吾 Ligularia sagitta（Maxim.）Mattf.（图 5-207）

隶属橐吾属。多年生草本；茎基部被枯叶柄纤维包围；茎基部叶叶片箭形、戟形或长圆状箭形，叶下面有白色蛛丝状毛或脱毛，羽状脉；茎中部叶具短柄，鞘状抱茎，叶片箭形或卵形；最上部叶及苞片披针形至狭披针形；总状花序；头状花序多数，辐射状；小苞片线形；总苞钟形或狭钟形，总苞片 7～10 片，2 层；舌状花 5～9，黄色，舌片长圆形，先端钝；管状花多数，檐部伸出总苞之外，冠毛白色与花冠等长。瘦果长圆形，光滑。分布于西藏、四川、青海及西北及华北地区。常见杂草，药用或观赏。

3.18　火绒草 Leontopodium leontopodioides（Willd.）Beauverd.（图 5-208）

隶属火绒草属，多年生草本。茎基部为枯萎的短叶鞘所包裹，有多数簇生的花茎和根出条，无莲座状叶丛；花茎直立，高 5～45 cm，植株茎及叶下面及苞片密被灰白色长柔毛或白色近绢状毛；不分枝或有时上部有伞房状或近总状花序枝，下部有较密、上部有较疏的叶；叶直立，线形；苞叶少数，在雄株多少开展成苞叶群。头状花序大，在雌株 3～7 个密集，常有较长的花序梗而排列呈伞房状；总苞半球形；总苞片约 4 层，小花雌雄异株；雄花花冠狭漏斗状，有小裂片；雌花花冠丝状，冠毛白色；雌花冠毛细丝状，有微齿。不育的子房无毛或有乳头状突起；瘦果有乳头状突起或密粗毛。分布于新疆、青海，以及西北、华北及东北地区，生于干旱草原、黄土坡地及草地。习见草，全草药用。

图 5-207 箭叶橐吾全株

图 5-208 火绒草全株

3.19 弱小火绒草 *Leontopodium pusillum*（Beauverd）Hand.-Mazz（图 5-209）

隶属火绒草属，草本矮小多年生。根状茎分枝细长，丝状，长 6 cm，顶端有 1 个或少数不育的生长花茎的莲座状叶丛；莲座状叶丛围有枯叶鞘，散生或疏丛生；花茎极短，高 2～7 cm，细弱，草质花茎、叶及苞片两面被白色密茸毛；全株节间极短，叶较密；叶匙形或线状匙形，有长和稍宽的鞘部；苞叶密集多数，通常开展成苞叶群；头状花序；总苞长 3～4 mm，总苞片约 3 层；小花异形或雌雄异株，雄花花冠上部狭漏斗状，有披针形裂片；雌花花冠丝状，冠毛白色；雄花冠毛上端棒状粗厚或稍细而有毛状细锯齿；雌花冠毛细丝状，有疏细锯齿；瘦果有乳头状突起。分布于西藏、青海、新疆等地。此种在青海为草滩地的主要植物成分，羊极喜食。全株也可药用。

3.20 乳白香青 *Anaphalis lactea* Maxim.（图 5-210）

隶属香青属。根状茎粗壮，灌木状，多分枝，上端被枯叶残片，有顶生的莲座状

图 5-209 弱小火绒草全株

图 5-210 乳白香青全株

叶丛或花茎。茎直立不分枝，草质，茎、叶密被白色或灰白色棉毛；下部有较密的叶，莲座状叶披针状，中上部叶长椭圆形，线状披针形；头状花序多数，在茎和枝端密集成复伞房状；总苞钟状，总苞片4～5层；雌株头状花序有多层雌花，中央有2～3个雄花；雄株头状花序全部有雄花，冠毛较花冠稍长，雄花冠毛宽扁而有锯齿；瘦果圆柱形。产于甘肃、青海及四川等地。习见草，全株入药。

3.21　砂蓝刺头 *Echinops gmelinii* Turcz.（图 5-211）

隶属蓝刺头属，一年生草本。高10～90 cm，根细圆锥形，茎单生，下部及中上部叶线形或线状披针形。复头状花序单生枝顶，基毛白色，细毛状，边缘糙毛状；总苞片16～20，小花蓝或白色。瘦果倒圆锥形，密被淡黄棕色长直毛。分布于东北、西北、华北、青海及新疆等地区，生于山坡砾石地、荒漠草原、黄土丘陵或河滩沙地。青嫩时马、骆驼乐食其花序、叶及嫩枝，羊采食其花。

3.22　刺儿菜 *Cirsium arvense* var. *integrifolium* Wimm & Grab.（图 5-212）

隶属蓟属，多年生草本。高20～60 cm，根状茎长；叶长椭圆形或矩圆状披针形，全缘或波状齿裂，边缘及齿端有刺。头状花序单生或数个生于茎枝顶端排成伞房花序；雌雄异株，雄头状花序较小；雌头状花序较大，总苞长20～22 mm，总苞片约6层；花冠紫红色或白色，冠毛羽毛状，淡褐色。瘦果淡黄色，椭圆形或稍偏斜；冠毛长羽毛状，污白色，多层，整体脱落。除少数地区外，几遍全国各地，分布平原、丘陵和山地，为常见农田杂草。幼嫩时羊、猪喜食，牛、马较少采食。也可药用。

图 5-211　砂蓝刺头花序　　　　图 5-212　刺儿菜全株

3.23　葵花大蓟 *Cirsium souliei*（Franch.）Mattf.（图 5-213）

隶属蓟属，多年生铺散草本。主根粗壮，茎基粗厚，无主茎，顶生数个头状花序，外围以多数密集排列的莲座状叶丛。全部叶基生，莲座状，长椭圆形，羽状裂，长8～21 cm；头状花序数个集生于茎基顶端的莲座状叶丛中，总苞片3～5层，全部苞片边缘有针刺。花冠紫红色，不等5浅裂，瘦果浅黑色，冠毛白色或污白色或稍带浅褐色；冠毛刚毛多层。分布于甘肃、青海、四川、西藏等地区，生于山坡路旁、林缘、荒地、河滩地等潮湿地。分布区习见草，药用。

3.24　缢苞麻花头 *Klasea centauroides* subsp. *strangulata*（Iljin）L. Martins（图 5-214）

隶属麻花头属，多年生草本。高 40～100 cm，茎直立单生，基部被残存的纤维状撕裂的褐色叶柄，常不分枝；基生叶与下部茎叶长椭圆形至倒披针形，长 10～20 cm，宽 3～7 cm，大头羽状深裂；头状花序单个或数个生于茎顶茎枝顶端；总苞半圆球形或扁圆球形，直径 2.0～3.5 cm；总苞片约 10 层；全部小花两性，紫红色，花冠长 3 cm，花冠裂片长 1.1 cm。瘦果栗皮色或淡黄色，顶端截形；冠毛黄色、褐色或带红色，长达 7～9 mm；冠毛刚毛糙毛状。分布于河北、山西、陕西、甘肃、青海及四川，生于山坡、草地、路旁、河滩地及田间。为分布区习见杂草，药用。

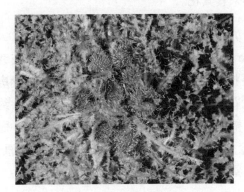

图 5-213　葵花大蓟全株

图 5-214　缢苞麻花头全株

3.25　星状雪兔子 *Saussurea stella* Maxim.（图 5-215）

隶属风毛菊属，无茎莲座状草本。全株光滑无毛，叶莲座状，星状排列，线状披针形，无柄，中部以上长渐尖，向基部常卵状扩大，边缘全缘，两面同色，紫红色或近基部紫红色，或绿色；头状花序无小花梗，多数，在莲座状叶丛中密集成半球形的总花序；总苞圆柱形；总苞片 5 层；中层与外层苞片边缘有睫毛；小花紫色，瘦果圆柱状，顶端具膜质的冠状边缘。冠毛白色，2 层，外层短，糙毛状，内层长，羽毛状。分布于甘肃、青海、四川、云南、西藏等地区，常见于山坡草地，全草可入药。

3.26　唐古特雪莲 *Saussurea tangutica* Maxim.（图 5-216）

隶属风毛菊属，多年生草本。茎直立单生，紫色或淡紫色；叶长圆形或宽披针形；最上部茎叶苞叶状，宽卵形，膜质，紫红色；头状花序无小花梗，在茎端密集呈总花序或单生茎顶；总苞宽钟状，总苞片 4 层，黑紫色，外面被黄白色的长柔毛；小花蓝紫色，瘦果长圆形，紫褐色；冠毛 2 层，淡褐色。分布于华北、西北、西南及青海、西藏等地区。分布区习见草，全草入药。

图 5-215 星状雪兔子全株

图 5-216 唐古特雪莲全株

3.27 禾叶风毛菊 *Saussurea graminea* Dunn（图 5-217）

隶属风毛菊属，多年生草本。高 3～25 cm，茎、叶及苞片均被或密或稀疏的白色绢状柔毛。基生叶狭线形，长 3～15 cm，边缘全缘，内卷；茎生叶与基生叶同形，少数，较短；头状花序单生茎顶，总苞钟状；总苞片 4～5 层；冠毛 2 层，淡黄褐色，外层短，糙毛状，内层长，羽毛状。分布于四川、甘肃、云南、青海、西藏等地区，生于山坡草地、草甸、河滩草地，分布区常见植物，全草可入药。

3.28 羌塘雪兔子 *Saussurea wellbyi* Hemsl.（图 5-218）

隶属风毛菊属，多年生一次结实莲座状无茎草本。叶莲座状，无叶柄，叶片线状披针形；中部以下及下面密被白色茸毛，边缘全缘；头状花序多数在莲座状叶丛中密集呈半球形的直径为 4 cm 的总花序；总苞圆柱状；总苞片 5 层，紫红色，外面密被白色长柔毛；小花紫红色。瘦果圆柱状，黑褐色。分布于青海、新疆、四川、西藏等地区，生于高山流石滩、山坡沙地或山坡草地。分布区习见。

图 5-217 禾叶风毛菊全株

图 5-218 羌塘雪兔子全株

3.29 蒲公英 *Taraxacum mongolicum* Hand.-Mazz.（图 5-219）

隶属蒲公英属，多年生草本。叶倒卵状披针形至长圆状披针形，长 4～20 cm，宽

1~5 cm，倒向羽状深裂或大头羽状深裂，叶柄及主脉常带红紫色；花葶1至数个，高 10~25 cm，上部紫红色，密被蛛丝状白色长柔毛；头状花序直径 30~40 mm；总苞钟状，淡绿色；总苞片 2~3 层，上部紫红色；先端紫红色；舌状花黄色，边缘花舌片背面具紫红色条纹；瘦果顶端具圆柱形喙基；冠毛白色。我国大部分地区均有分布，生于山坡草地、路边、田野、河滩等地。幼嫩茎叶可食用，全草供药用。

3.30　川甘蒲公英 *Taraxacum lugubre* Dahlst.（图 5-220）

隶属蒲公英属，多年生草本。叶线状披针形，长 10~25 cm，倒向羽状深裂，顶端裂片较大，裂片三角形，全缘；叶柄长，常粉紫色。花葶数个，高达 25 cm；头状花序直径 35~55 mm；总苞暗紫色；舌状花黄色，边缘花舌片背面具紫色条纹；瘦果倒卵状楔形，麦秆黄色，冠毛白色。产于甘肃、青海、四川及西藏等地区。全株入药。

图 5-219　蒲公英全株　　　　　　　图 5-220　川甘蒲公英全株

3.31　乳苣 *Lactuca tatarica*（L.）C. A. Mey.（图 5-221）

隶属莴苣属，多年生草本。高 15~60 cm，茎直立，上部有圆锥状花序分枝，全部茎枝光滑无毛；叶长椭圆形至线状长椭圆形或线形，长 6~19 cm，宽 2~6 cm；全部叶质地稍厚，两面光滑无毛。头状花序约含 20 枚小花，在茎枝顶端排成圆锥花序；总苞圆柱状或楔形，长 2 cm；总苞片 4 层，带紫红色；舌状小花紫色或紫蓝色；瘦果长圆状披针形；具白色纤细冠毛。我国各地广布，其地上部分可药用，也可食用；在干旱草地对于水土保持具有重要作用；同时其被各种家畜采食，为中上等饲用植物。

3.32　苦苣菜 *Sonchus oleraceus* L.（图 5-222）

隶属苦苣菜属，一年生或二年生草本，为 4 级入侵物种。茎单生直立，高可达 1.3 m，下部叶矩圆状阔披针形，羽状深裂，裂片边缘具刺状齿尖，基部扩大抱茎；中上部叶无柄，基部具锐尖的耳，抱茎，总苞钟状，总苞片 2~3 层，舌状花黄色，

图 5-221 乳苣全株

图 5-222 苦苣菜全株

瘦果长椭圆状倒卵形，扁平，淡褐色，边缘有微齿，两面各有 3 条纵肋，肋间具横皱纹；冠毛白色，单毛状。我国各地分布甚广，可饲用，为优良牧草，嫩枝叶也可食用，还可入药。

3.33 苣荬菜 *Sonchus wightianus* DC.（图 5-223）

隶属苦苣菜属，多年生草本。茎直立，高达 1.5 m；上部或顶部有伞房状花序分枝，基生叶及中下部叶倒披针形或长椭圆形，羽状或倒向羽状深裂、半裂或浅裂，全长 6~24 cm；头状花序在茎枝顶端排成伞房状花序，总苞钟状，基部具或密或稀的茸毛；总苞片 3 层；舌状小花多数，黄色；瘦果稍压扁，每面有 5 条细肋，肋间有横皱纹。冠毛白色，柔软，彼此纠缠，基部连合成环。分布于我国西南及南部、西北及青海等地区，可饲用、食用或药用。

3.34 变色苦荬菜 *Ixeris chinensis* subsp. *versicolor*（Fisch. ex Link）Kitam.（图 5-224）

隶属苦荬菜属，多年生草本。高 6~30 cm，茎低矮，多分枝；基生叶匙状长椭圆形，长 3.5~7.5 cm；茎生叶少数，1~2 枚，常不裂，与基生叶同形，全部叶两面无毛；头状花序多数，在茎枝顶端排成伞房花序或伞房圆锥花序，含 15~27 朵舌状小花；总苞圆柱状，总苞片 2~3 层；舌状小花黄色，少为白色或红色；瘦果红褐色，

图 5-223 苣荬菜全株

图 5-224 变色苦荬菜全株

稍压扁，有10条高起的钝肋，沿肋有上指的小刺毛，向上渐狭成细喙；冠毛白色。
我国各地广布，生于山坡草地、林缘、河边、荒地及沙地上。

3.35　中亚紫菀木 *Asterothamnus centraliasiaticus* Novopokr.（图2-225）

隶属紫菀木属，多分枝半灌木。高20～40 cm，茎多数，簇生，下部多分枝，上
部有花序枝，基部木质，坚硬，当年生枝被灰白色蜷曲的短茸；叶较密集，长圆状线
形或近线形，具1明显的中脉；头状花序较大，在茎枝顶端排成疏散的伞房花序；总
苞宽倒卵形，总苞片3～4层，内侧总苞常紫红色，具1条紫红色或褐色的中脉；外
围有7～10朵舌状花，淡紫色；中央的两性花11～12朵，花冠管状，黄色，檐部钟
状；瘦果长圆形；冠毛白色，糙毛状。产于青海、甘肃、宁夏和内蒙古等地区，生于
草原或荒漠地区。其是骆驼的良好饲料，四季可采食，属中等牧草。

3.36　车前状垂头菊 *Cremanthodium ellisii*（Hook. f.）Kitam.（图5-226）

隶属垂头菊属，多年生草本。茎单生直立，高8～60 cm，上部被密的铁灰色长柔
毛，下部光滑，紫红色；丛生叶具宽柄，常紫红色，基部有筒状鞘，叶片卵形至长圆
形，全缘或边缘有小齿或缺刻状齿，近肉质，两面光滑或幼时被少许白色柔毛；头状
花序1～5，常单生，或排列成伞房状总状花序，下垂，辐射状，被铁灰色柔毛；总苞
半球形，被密的铁灰色柔毛，总苞片8～14，2层；舌状花黄色，舌片长圆形，管状
花深黄色，冠毛白色；瘦果长圆形，光滑。分布于西藏、云南、四川、青海、甘肃等
地区。分布区习见，全草入药。

图5-225　中亚紫菀木全株　　　　图5-226　车前状垂头菊全株

3.37　高原天名精 *Carpesium lipskyi* C. Winkl.（图5-227）

隶属天名精属，多年生草本。茎直立，高35～70 cm，茎、叶柄及叶片中肋均
常带紫色；茎下部叶较大，具长1.5～6.0 cm的柄，叶片椭圆形或匙状椭圆形，长
7～15 cm，上部叶椭圆形至椭圆状披针形，无柄，披针形；头状花序单生枝顶，开花
时下垂；苞叶5～7枚，披针形；总苞盘状，苞片4层；两性花，筒部细窄，被白色

柔毛，冠檐扩大开张，呈漏斗状，5齿裂，雌花狭漏斗状，冠檐5齿裂。瘦果。产甘肃、青海、四川、云南等地区，生于林缘及山坡灌丛中，全草入药。

3.38 蒙古鸦葱 *Takhtajaniantha mongolica*（Maxim.）Zaika，Sukhor. & N. Kilian（图 5-228）

隶属鸦葱属，多年生草本。茎直立或铺散，有分枝，茎基被褐或淡黄色鞘状残迹；基生叶长椭圆形至线状披针形，长 2～10 cm；叶肉质，灰绿色；头状花序单生茎端，或 2 枚呈聚伞花序状排列；总苞窄圆柱状，总苞片 4～5 层；舌状小花黄色；瘦果圆柱状，淡黄色，顶端疏被柔毛；冠毛白色，羽毛状。分布东北、华北、西北、青海、新疆等地区的盐化草甸、盐化沙地、盐碱地草滩及河滩地。其适口性较好，驴全年乐食，羊、牛喜食鲜嫩枝叶，属中等牧草，全株可入药。

图 5-227 高原天名精全株

图 5-228 蒙古鸦葱全株

3.39 红花 *Carthamus tinctorius* L.（图 5-229）

红花属，一年生草本。高可达 1.5 m，茎直立，中下部茎叶披针形、披状披针形或长椭圆形，长 7～15 cm，宽 2.5～6.0 cm，边缘锯齿齿顶有针刺，向上的叶渐小，披针形，边缘有锯齿，齿顶针刺较长；全部叶质地坚硬，革质，有光泽；头状花序多数，在茎枝顶排成伞房花序，为苞叶所围绕，苞片顶端针刺长 2.5～3.0 cm，边缘有刺，有篦齿状针刺；总苞卵形，总苞片 4 层，中部或下部有收缢，收缢以上叶质，绿色；小花红色、橘红色，全部为两性，花冠长 2.8 cm。瘦果倒卵形，乳白色，有 4 棱，棱在果顶伸出，侧生着生面。无冠毛。我国东北、西北、华北、华东、西南以及新疆等地区均有栽培，可提取红色素，或药用，或做油料作物。

3.40 茵陈蒿 *Artemisia capillaris* Thunb.（图 5-230）

隶属蒿属，半灌木状草本，植株有浓烈的香气。茎单生或少数，高达 1.2 m，红褐色或褐色，基部木质；营养枝端有密集叶丛，基生叶密集着生，常呈莲座状；枝、

图 5-229　红花全株

图 5-230　茵陈蒿全株

叶两面均被棕黄色或灰黄色绢质柔毛；叶卵圆形或卵状椭圆形，二至三回羽状全裂；中部叶宽卵形至卵圆形，长 2～3 cm，一至二回羽状全裂；上部叶与苞片叶羽状 5 全裂或 3 全裂；头状花序卵球形，多数，常排成复总状花序，并在茎上端组成大型、开展的圆锥花序；总苞片 3～4 层；雌花 6～10 朵，花冠狭管状或狭圆锥状；两性花 3～7 朵，瘦果长圆形或长卵形。我国分布较广，生于低海拔地区河岸、海岸附近的湿润沙地、路旁及低山坡地区。全株可入药。

- **材料准备**

准备 20 种菊科常见牧草、杂草及中药标本或新鲜植物标本，记录笔、记录本。

- **工具准备**

生物解剖镜、镊子、放大镜、解剖刀、植物检索表。

 任务 实施

步骤一：利用解剖镜观察准备的 20 种菊科植物标本，总结营养器官特征。

步骤二：利用解剖镜观察准备的 20 种菊科植物标本，总结繁殖器官特征。

步骤三：查阅植物检索表及相关资料，鉴定 20 种植物标本的中文名，并根据其经济价值进行分类。

步骤四：挑选出 20 种菊科植物中的优质牧草及重要中药材。

步骤五：任务总结。

任务 检测

请扫描二维码答题。

项目五任务四
任务检测一

项目五任务四
任务检测二

任务 评价

班级：_____　　组别：_____　　姓名：_____

项目	评分标准	分值	自我评价	小组评价	教师评价
知识技能	掌握菊科植物的特征	20			
	掌握菊科植物野外识别要点	20			
	掌握利用植物检索表鉴定植物的技能	20			
任务进度	提前完成10分，正常完成7~9分，超时完成3~6分，未完成0~2分	10			
任务质量	整体效果很好为15分，较好为12~14分，一般为8~11分，较差为0~7分	15			
素养表现	学习态度端正，观察认真、爱护仪器，有耐心细致的工作态度	10			
思政表现	树立精益求精、刻苦钻研的职业精神，树立保护生态环境，保护珍稀濒危植物的生态环保理念	5			
合计		100			
自我评价与总结					
教师点评					

任务五　其他科常见牧草及毒杂草

任务 导入

现有常见牧草种类 20 种，请根据各种植物特征，将其按科属别进行分类，并鉴定出 20 种植物的中文名。

📚 **任务 准备**

● **知识准备**

饲用植物除了常见的主要科属以外，具有较高饲用价值的牧草种类繁多，在此，不一一介绍科属类别，只重点介绍青藏高原常见的种类。

1 毛茛 *Ranunculus japonicus* Thunb.（图 5-231）

隶属毛茛科毛茛属，多年生草本。须根多数簇生，茎直立，高 30～70 cm。基生叶数枚，掌状三深裂，边缘有粗齿或缺刻，侧裂片不等 2 裂，叶柄长达 15 cm，下部叶与基生叶相似，渐向上叶柄变短，叶片较小，3 深裂，最上部叶线形。聚伞花序有多数花，疏散，花辐射对称；萼片 5，绿色；花瓣 5，黄色；花直径 1.5～2.2 cm，花梗长达 8 cm。聚合果近球形，瘦果扁平。花期 4—8 月。我国除西藏外，各地区均有分布；生于湿草地。全草有毒，可供药用，也可做土农药。

2 石龙芮 *Ranunculus sceleratus* L.（图 5-232）

隶属毛茛科毛茛属，一年生草本。茎直立，高 10～50 cm，上部多分枝，具多数节；基生叶多数，叶片基部心形，3 深裂；叶柄长 3～15 cm，茎生叶多数，上部叶较小，3 全裂。聚伞花序有多数花；花小，萼片 5，椭圆形，花瓣 5，倒卵形；花托在果期伸长增大呈圆柱形，长 3～10 mm。聚合瘦果长圆形，小果极多数，紧密排列，喙短至近无。产于东北至西南，生于水边湿地。全草有毒，可药用。

图 5-231　毛茛全株

图 5-232　石龙芮全株

3 三裂碱毛茛 *Halerpestes tricuspis*（Maxim.）Hand.-Mazz.（图 5-233）

隶属毛茛科碱毛茛属，多年生小草本。有纤细的匍匐茎，叶均基生，叶片菱状楔形，3 深裂；叶柄基部有膜质鞘。花葶高 2～4 cm，花单生，直径 7～10 mm；花瓣 5，黄色或表面白色，狭椭圆形，长约 5 mm，顶端稍尖，蜜槽点状；雄蕊约 20。聚合果近球形，瘦果 20 多枚，有短喙。分布于西南、西北，以及青海、新疆等地区，生于盐碱性湿草地。三裂碱毛茛为有毒植物。

4 瓣蕊唐松草 *Thalictrum petaloideum* L.（图 5-234）

隶属毛茛科唐松草属。多年生，植株无毛，高 20～80 cm；基生叶数枚，为三至四回三出，叶片长 5～15 cm；小叶草质，形状变异很大，长 3～12 mm，宽 2～15 mm，三浅裂至三深裂，裂片全缘；叶柄长达 10 cm，基部有鞘。花序伞房状，雄蕊多数，花丝上部倒披针形，比花药宽而下部渐窄呈丝状，心皮 4～13 枚；萼片 4，白色，早落。瘦果卵形，有 8 条纵肋，花柱宿存。产于华北、西北至东北地区，生于山坡草地。青鲜时对家畜有毒害作用。

图 5-233 三裂碱毛茛全株

图 5-234 瓣蕊唐松草全株

5 铁棒锤 *Aconitum pendulum* Busch（图 5-235）

隶属毛茛科乌头属。块根倒圆锥形。茎不分枝或分枝，茎生叶排列紧密，叶 3 全裂，裂片再细裂，小裂片条形。顶生总状花序，长为茎长度的 1/5～1/4，有 8～35 朵花；轴和花梗密被伸展的黄色短柔毛；萼片紫色，带黄褐色或绿色；上萼片船状镰刀形或镰刀形，具爪，侧萼片圆倒卵形，下萼片斜长圆形；花瓣瓣片长约 8 mm，唇长 1.5～4.0 mm，距长不到 1 mm，向后弯曲；花丝全缘；心皮 5。聚合蓇葖果长 1.1～1.4 cm。分布于我国西南、西北及青藏高原等地区，生于草地、林缘。块根有剧毒，供药用，为草原常见毒杂草。

图 5-235 铁棒锤全株

6 钝裂银莲花 *Anemone obtusiloba* D. Don（图 5-236）

隶属毛茛科银莲花属。多年生，高 10～30 cm。基生叶 7～15 枚，有长柄，植株多少被短柔毛；叶片肾状五角形，基部心形，3 全裂或深裂，中全裂片二回浅裂，叶柄 3～18 cm。花葶 2～5，苞片 3，无柄，常三深裂，长 1～2 cm；萼片 5～8，白色、蓝色或黄色，倒卵形或狭倒卵形，长 0.8～1.2 cm；心皮约 8，子房密被柔毛。分布于西藏、青海、四川等省区。生于高山草地或林下。可药用。

7　蓝翠雀花 *Delphinium caeruleum* Jacquem. ex Cambess.（图 5-237）

隶属毛茛科翠雀属。多年生，高 8～60 cm，植株多少密被短柔毛；叶片近圆形，3 全裂，中央全裂片菱状倒卵形，细裂，末回裂片线形，宽 1.5～4.0 mm，侧全裂片扇形，2～3 回细裂；叶柄长 3.5～14.0 cm。伞房花序常呈伞状，有 1～7 朵花；下部苞片叶状或三裂，其他苞片线形；萼片紫蓝色，长 1.5～2.5 cm，距钻形，长 1.8～2.8 cm，花瓣蓝色，无毛；退化雄蕊蓝色，瓣片顶端不裂或微凹，腹面被黄色髯毛；心皮 5，子房密被短柔毛。聚合蓇葖。分布于西藏、四川、青海、甘肃等地区，生于山地草坡或多石砾山坡。草原常见杂草，全草有毒，可供观赏。

图 5-236　钝裂银莲花全株　　　　图 5-237　蓝翠雀花全株

8　桑 *Morus alba* L.（图 5-238）

隶属桑科桑属，落叶小乔木。高达 15 m，叶广卵形，有时 3 裂，基出 3 脉，边缘有粗锯齿，脉腋有毛。花单性，雌雄异株，雌花为下垂柔荑状的假穗状花序；雄花花被片 4，雄蕊 4；雌花花被片 4，结果时变肉质，无花柱或花柱极短，柱头 2 裂，宿存；聚花果（桑葚）长 1.0～2.5 cm，黑紫色或白色。产于华北至西南地区，全国各地均有栽培。叶可饲蚕。

9　宽叶荨麻 *Urtica laetevirens* Maxim.（图 5-239）

隶属荨麻科荨麻属，多年生草本。常有蜇毛，高 30～100 cm，叶对生，卵形至广卵形，有锯齿托叶每节 4 枚；雌雄同株，雄花序近穗状，生上部叶腋；雌花序近穗状，生下部叶腋；雌花具短梗；瘦果卵形。产于东北、华北、西北及西南地区，生于沟谷、林下等潮湿处。其茎叶含丰富的蛋白质，干草或鲜草家畜喜食，为优良饲用植物。

图 2-238　桑果枝

图 2-239　宽叶荨麻花枝

10　高原荨麻 *Urtica hyperborea* Jacq. ex Wedd.（图 5-240）

隶属荨麻科荨麻属，多年生草本。丛生，具木质化的粗地下茎，高 10～50 cm，叶卵形或心形，干时蓝绿色，基部心形，基出脉 3～5 条；雌雄同株（雄花序生下部叶腋）或异株；花序短穗状；雄花具细长梗；花被片 4；退化雌蕊近盘状，具短粗梗；瘦果长圆状卵形，熟时苍白色或灰白色。产于新疆、西藏、四川、甘肃和青海等地区，生于高山石砾地、岩缝或山坡草地。可饲用，亦可药用。

11　盐爪爪 *Kalidium foliatum*（Pall.）Moq.（图 5-241）

隶属苋科盐爪爪属，小灌木。高 20～50 cm，茎直立或平卧，多分枝；老枝灰褐色，小枝近草质，黄绿色。叶互生，圆柱状，肉质，灰绿色，顶端钝，基部下延，半抱茎；花序穗状较粗，每 3 朵花生于 1 鳞状苞片内；花被合生，周围有狭窄的翅状边缘；雄蕊 2；胞果圆形。分布于东北、华北、西北等地区，生于草原、半荒漠、和荒漠带沙区的盐湖边、盐碱地和盐化沙地。其株丛大，生长旺盛，秋季产草量最高，对干旱荒漠地区畜群冬季放牧与补饲有重要意义，同时具有重要的生态意义。

图 5-240　高原荨麻花枝

图 5-241　盐爪爪全株

12 驼绒藜 *Krascheninnikovia ceratoides*（L.）Gueldenst.（图 5-242）

隶属苋科驼绒藜属，灌木。植株高 0.3~1.0 m，分枝多，叶较小，条形至条状披针形，全缘，具 1 脉；雄花序紧密，较短，长达 4 cm；雌花管裂片为管长的 1/3 到等长，果时管外具 4 束长毛，其长约与管长相等。分布于青海、新疆、西藏、甘肃和内蒙古等地区，生于戈壁、荒漠、半荒漠草原。在草原化荒漠时可形成大面积的驼绒藜群落。在半荒漠地区，本种是固定沙丘植被的建群种之一，耐旱，固沙作用良好，具有重要的生态意义。其当年枝及叶片等为各类家畜喜食，为优良牧草。

13 西伯利亚滨藜 *Atriplex sibirica* L.（图 5-243）

隶属苋科滨藜属，一年生草本。高 50 cm，茎自基部分枝，钝四棱形，被白粉粒；叶片卵状三角形至菱状卵形，下面密被粉粒；团伞花序腋生；雄花花被 5 深裂，裂片卵形，雄蕊 5；雌花苞片连合呈筒状，果时鼓胀，宽卵形或近圆形，表面布满短棘状突起；胞果扁平，卵圆形。产于我国北部各地，生于盐碱荒漠、湖边、河岸等处。为中等牧草，亦可药用。

图 5-242　驼绒藜花枝　　　　　　图 5-243　西伯利亚滨藜花枝

14 沙蓬 *Agriophyllum pungens*（Vahl）Link（图 5-244）

隶属藜科沙蓬属，一年生草本植物。株高 15~60 cm，茎基部分枝直立，坚硬；叶无柄，披针形至条形，先端有刺尖，有 3~9 条纵行浮凸叶脉；穗状花序紧密，花被片 1~3，膜质；雄蕊 2~3，花丝锥形；胞果卵圆形或椭圆形，上部边缘略具翅缘，顶部具喙，深裂为 2 小喙，小喙先端外侧各具一小齿突。产于东北、华北、西北及青藏高原等地区，生于流动、半流动沙丘和沙丘间低地。为我国北部沙漠地区常见的沙生植物，可做先期固沙植物，具有重要生态价值。在荒漠及荒漠草原地区，是重要的饲用植物。其种子是营养价值极高的绿色有机食品，同时也是潜力巨大的功能食品。

15 藜 *Chenopodium album* L.（图 5-245）

隶属苋科藜属，一年生草本。茎直立，具条棱及绿色或紫红色条纹；叶片菱状、卵形至宽披针形，下面多少被粉粒，边缘具不整齐锯齿；花两性，花簇集成圆锥状花序；花被裂片 5，雄蕊 5，花药伸出花被，柱头 2；种子黑色，双凸镜状，有光泽，表面具浅沟纹。我国各地均产，生于田间、路旁、荒地，是很难除掉的杂草。幼苗可做蔬菜，鲜草与干草为猪、牛喜食，可做饲料。

图 5-244　沙蓬全株

图 5-245　藜全株

16　梭梭 *Haloxylon ammodendron*（C. A. Mey.）Bunge（图 5-246）

隶属苋科梭梭属，小半乔木。树皮灰白色，老枝灰褐色或淡黄褐色，通常具环状裂隙；当年生枝条细长，绿色；叶退化成鳞片状宽三角形，稍开展，先端钝；花被片矩圆形，果时自背部横生半圆形并有黑褐色脉纹的膜质翅；胞果黄褐色，种子黑色。产于宁夏、甘肃、青海、新疆、内蒙古等地区，生于轻度盐渍化沙丘、干河床、盐碱土荒漠、河边沙地等处。

图 5-246　梭梭花枝

为荒漠地区的优等饲用植物。其耐寒、耐旱、抗盐碱、抗风沙，既能遏制土地沙化、改良土壤、恢复植被，又能使周边沙化草原得到保护，在维护生态平衡上起着重要作用，是温带荒漠中重要的固沙植物。也为极好薪炭柴，并为肉苁蓉的寄主。

17　碱蓬 *Suaeda glauca*（Bunge）Bunge（图 5-247）

隶属苋科碱蓬属，一年生草本。高可达 1 m，茎直立，粗壮，叶丝状条形，半圆柱状，宽约 1.5 mm，肉质，灰绿色；花两性兼有雌性，单生或 2～5 朵团集，团伞花序着生于叶片基部；花被片果时增厚，使花被略呈五角星状；雄蕊 5；柱头 2，黑褐色，稍外弯；胞果包在花被内，果皮膜质；种子黑色，双凸镜形，表面具清晰的颗粒状点纹。产于东北、华北、西北及青藏高原，生于盐碱地、盐渍化土壤上，为盐碱地改造的"先锋植物"。其幼苗营养价值高，可食用，也可饲用。

18 白刺 *Nitraria tangutorum* Bobrov（图 5-248）

隶属白刺科白刺属，灌木。高 1～2 m，多分枝，嫩枝白色，不孕枝先端刺针状；叶在嫩枝上 2～4 片簇生，宽倒披针形；花排列较密集。核果卵形，熟时深红色，果汁玫瑰色。分布于西北、青藏高原地区，生于荒漠和半荒漠的湖盆沙地、积沙地、有风积沙的黏土地等处。其枝叶可做饲料，果实可食用或酿酒、制醋，果核可榨油，有着重要的生态和经济价值。

图 5-247　碱蓬果枝

图 5-248　白刺果枝

19 猪毛菜 *Salsola collina* Pall.（图 5-249）

隶属苋科猪毛菜属，一年生草本。高 30～60 cm，茎自基部分枝，茎、枝绿色，有白色或紫红色条纹；叶丝状圆柱形，肉质，先端有刺状尖，长 2～5 cm，宽 0.5～1.5 mm；穗状花序细长，苞片及小苞片与花序轴紧贴；花被片 5，卵状披针形，膜质，果时变硬，背部生有鸡冠状革质突起，雄蕊 5；柱头丝状，长为花柱的 1.5～2.0 倍；胞果倒卵形。产于东北、华北、西北及西南地区，生于沙地、土坡、戈壁滩等。可做猪、牛、羊、骆驼等的饲料，为优质饲用植物。嫩茎、叶可食用。全草可药用。

20 反枝苋 *Amaranthus retroflexus* L.（图 5-250）

隶属苋科苋属，一年生草本。株高可达 1 m，茎直立，淡绿色，或带紫色条纹，密生短柔毛；叶片菱状卵形或椭圆状卵形，全缘或波状缘，两面被柔毛；圆锥花序顶生及腋生，由多数穗状花序形成，苞片及小苞片钻形，花被片 5，白色，薄膜质，透明膜质，具 1 淡绿色中脉；雄蕊 5，比花被片稍长，柱头 2 或 3；胞果扁卵形，环状横裂，包裹在宿存花被片内。产于东北、华北和西北，生长于田间、农地旁、村舍附近。为家畜的良好饲料，为良等饲用植物；嫩茎叶可食用，全草可药用。

图 5-249 猪毛菜枝条 图 5-250 反枝苋花枝

21 萹蓄 *Polygonum aviculare* L.（图 5-251）

隶属蓼科萹蓄属，一年生草本。茎平卧上升或直立，自基部多分枝具纵棱，高 10～40 cm；叶较小，椭圆形至披针形，全缘，长 1～4 cm，叶柄基部具关节；托叶鞘膜质，撕裂脉明显；花单生或数朵簇生于叶腋，遍布于植株；花被 5，深裂，椭圆形，绿色，边缘白色或淡红色；雄蕊 8，花丝基部扩展；花柱 3，柱头头状。瘦果卵形，具 3 棱，黑褐色，密被由小点组成的细条纹。全国各地均有分布，生于田边路、沟边湿地。富含蛋白质和维生素，鲜草和干草可做牛、羊、猪、兔等的饲料。全草可药用。

22 西伯利亚蓼 *Knorringia sibirica*（Laxm.）Tzvelev（图 5-252）

隶属蓼科西伯利亚蓼属，多年生草本。具细长的根状茎，株高 10～25 cm；托叶鞘筒状，膜质，叶长椭圆形或披针形，基部戟形；顶生圆锥状花序，苞片漏斗状，花被 5 深裂，黄绿色，花被片长圆形，雄蕊 7～8，花柱 3；瘦果卵形，具 3 棱，黑色，有光泽，花被宿存。产于东北、华北、西北和西南地区，生于盐化草甸、盐湿低地、沙质盐碱地。为中等饲用植物，骆驼、绵羊、山羊乐食其嫩枝叶。花果期 6—9 月。为高山湿地常见种，对于改善盐碱地土质具有重要价值。

图 5-251 萹蓄花枝 图 5-252 西伯利亚蓼全株

23　珠芽蓼 *Bistorta vivipara*（L.）Gray（图 5-253）

隶属蓼科拳参属，多年生草本。根状茎肥厚，高达 50 cm；茎直立，不分枝，常 1～4 自根茎生出；基生叶叶矩圆形或披针形，长 3～10 cm，托叶鞘斜形；茎生叶披针形，近无柄，托叶鞘筒状；花序紧密穗状，中下部有珠芽；花被 5 深裂，白或淡红色；雄蕊 8，花丝不等长；花柱 3；瘦果卵形，具 3 棱，深褐色，有光泽，包于宿存花被内。分布于东北、华北、西北及西南地区，生长于高山或亚高山草甸。珠芽蓼是冬虫夏草寄主昆虫的主要食料；其茎叶嫩时可做饲料，是高寒牧区抓膘牧草之一，为优良牧草。生态适应性强、抗寒能力强，须根系复杂，对改良土壤、调节气候、保持水土与生态恢复有很大作用。

24　圆穗蓼 *Bistorta macrophylla*（D. Don）Soják（图 5-254）

隶属蓼科拳参属，多年生草本。高达 30 cm，基生叶长圆形或披针形，长 3～11 cm，宽 1～3 cm，边缘脉端增厚，外卷，叶柄长 3～8 cm；托叶筒状；茎生叶窄披针形，叶柄短或无；总状花序呈短穗状，顶生，苞片膜质，卵形，每苞内具 2～3 花；花被 5 深裂，淡红色或白色，花被片椭圆形；雄蕊 8，花药黑紫色；花柱 3，细长；瘦果卵形，具 3 棱。分布于青藏高原以及四川、云南等地区，生于山坡草地、高山草甸、高寒草甸。常为杂类草草场的优势种或伴生种；其适口性好，营养丰富，被各类家畜喜食，具有抓膘催肥作用，是高寒地区优良牧草。

图 5-253　珠芽蓼全株　　　　　　　图 5-254　圆穗蓼全株

25　沙拐枣 *Calligonum mongolicum* Turcz.（图 5-255）

隶属蓼科沙拐枣属，小灌木。分枝短，"之"形弯曲，老枝灰白色，当年枝绿色；叶细鳞片状，长 2～4 mm；花 2～3 朵簇生叶腋，花被淡红色；花被片 5，卵圆形，结果时不增大，果实（包括刺）宽椭圆形，瘦果，果肋凸起，具沟槽，每肋有刺 2～3 行；刺细弱，毛发状，质脆，易折断，中部 2～3 次 2～3 分枝。产于内蒙古、甘肃、新疆、宁夏等地区，生于沙丘、沙地及沙砾戈壁、荒漠等。为优等饲用植物，骆驼

和羊喜食。同时，沙拐枣是防风固沙的
先锋植物。其生长势很强，生长速度很
快，水分充足时，一年就能长高两三米，
当年就能发挥好的固沙作用。在大风沙
条件下，其生长的速度远超过沙埋的速
度，有"水涨船高"的本领，即使沙丘
升高七八米，也能在沙丘顶上傲然屹立，
绿枝飘扬。在新疆吐鲁番盆地腹心的流
动沙地上，就有几千亩人工播种形成的
沙拐枣林地，成为新疆大面积固沙造林

图 5-255 沙拐枣花枝

的样板，带动了新疆乃至西北地区的防风治沙。在沙拐枣林区，上百万株沙拐枣，花
果期 4—6 月，以不同的果实形态、先后的结果期、大量的果实，在沙漠中形成特殊、
美丽的景观，吸引了大量游人前往观赏。生态环境得到治理的同时，也带动了当地旅
游业的发展，促进了经济的发展。

26 巴天酸模 *Rumex patientia* L.（图 5-256）

隶属蓼科酸模属，为多年生草本。茎直立，粗壮，高可达 1.5 m，根肥厚，黄色；
基生叶和茎下部叶矩圆状披针形，基部圆形或近心形，长 15～30 cm，波状缘；托叶
鞘筒状，膜质，长 2～4 cm，易破裂；大型圆锥状花序，花两性，花被片 6，2 轮，内
轮花被片果时增大，宽心形，有 1 片具瘤状体；瘦果卵状三角形，具 3 锐棱，褐色。
产于东北、华北及西北等地区，生于沟边湿地、水边。其营养丰富，茎叶柔嫩多汁，
猪、牛、羊和家禽采食，种子可做精饲料，为良等牧草。

27 胡杨 *Populus euphratica* Oliv.（图 5-257）

隶属杨柳科杨属，乔木。高 10～15 m，稀灌木状；树皮灰黄色；芽椭圆形，光
滑，褐色，长约 7 mm；叶多变化，幼树或萌发枝条上的叶披针形、条状披针形或

图 5-256 巴天酸模全株

图 5-257 胡杨果枝

矩圆形，有短柄；短枝上的叶宽卵形、三角状圆形或肾形，先端和两侧有粗齿，有2腺点，两面同色。叶柄较长；柔荑花序下垂，雄花序细圆柱形，长2～3 cm，雄蕊15～25，花药紫红色，花盘膜质，边缘有不规则齿牙；苞片略呈菱形，边缘细裂，长约3 mm；雌花序长约2.5 cm，果期长达9 cm，子房长卵形，被短茸毛或无毛，柱头3，2浅裂，鲜红或淡黄绿色。蒴果长卵圆形，长10～12 mm，2～3瓣裂，无毛。产于内蒙古西部、甘肃、青海、新疆地区，主要生于荒漠区的河流沿岸及地下水位较高的盐碱地上，是构成荒漠河岸林的主要树种，为绿化西北干旱盐碱地带的优良树种，是唯一能在大漠成林的落叶高大乔木，被誉为"沙漠守护神"。胡杨是荒漠地区特有的珍贵森林资源。其耐寒、耐旱、耐盐碱、抗风沙，在沙漠中有很强的生命力。其首要作用在于防风固沙，对于稳定荒漠河流地带的生态平衡，创造适宜的绿洲气候和形成肥沃的土壤，具有十分重要的作用，是荒漠地区农牧业发展的天然屏障。

28　多枝柽柳 *Tamarix ramosissima* Ledeb.（图 5-258）

隶属柽柳科柽柳属，灌木或小乔木状。高2～3 m，枝紫红色或红棕色；单叶互生，呈鳞片状；总状花序集成顶生圆锥花序生于当年生枝顶上；花5数，花萼5；花瓣紫红色、淡红色或白色，形成闭合的酒杯状花冠，果时宿存；花盘5裂，雄蕊5，与花冠等长，或超出花冠1.5倍；子房锥形瓶状具三棱，花柱3，棍棒状；蒴果。产于我国西北地区，生于盐渍化低地、绿洲边缘、河漫滩以及半流动沙丘上。其嫩枝叶富含氨基酸，是羊、驴和骆驼的良好饲料，也是沙漠地区盐化沙土上、沙丘上和河湖滩地上固沙造林和改良盐碱地的重要造林树种。

29　蕨麻 *Argentina anserina*（L.）Rydb.（图 5-259）

蕨麻俗名鹅绒委陵菜，隶属蔷薇科蕨麻属，多年生草本。茎匍匐，节处生根，可地长出新植株；叶为间断羽状复叶，有6～11对对生或互生小叶，基部小叶渐小呈附片状；小叶片通常椭圆形至倒卵椭圆形，下面密被紧贴银白色绢毛；花单生于

图 5-258　多枝柽柳花枝　　　　　　　　图 5-259　蕨麻全株

叶腋；萼片5，具副萼；花瓣5，黄色，倒卵形、顶端圆形，比萼片长1倍，直径1.5～2.0 cm，花梗长2.5～8.0 cm，被疏柔毛。广泛分布于我国北方各地，生于河谷或潮湿草地上，可做牲畜饲料。产于青海、甘肃等高寒地区的根下部长成纺锤形或椭圆形肥厚块根，富含淀粉，可食用亦可酿酒或药用。

30 鸡冠茶 *Sibbaldianthe bifurca*（L.）**Kurtto & T. Erikss.**（图5-260）

隶属蔷薇科毛莓草属。多年生草本或亚灌木，根圆柱形，茎直立或斜升，高5～20 cm；羽状复叶，具小叶11～17枚；小叶片对生，椭圆形，顶端常2裂；聚伞花序近伞房状，顶生；萼片5，具副萼，花瓣5，黄色，倒卵形，顶端圆钝，比萼片稍长，直径0.7～1.0 cm；瘦果表面光滑。产于东北、华北、西北等地区，生于道旁、山坡草地，半干旱荒漠草原等；羊与骆驼喜食，为中等饲用植物。亦可药用。

31 中国沙棘 *Hippophae rhamnoides* subsp. *sinensis* Rousi（图5-261）

隶属胡颓子科沙棘属，落叶灌木。枝有刺，高1～5 m；幼枝褐绿色，密被银白色而带褐色鳞片或具白色星状柔毛，老枝粗糙；芽大，金黄色或锈色。单叶通常近对生，条形至条状披针形，长30～80 mm，下面密被银白色鳞片；花单性，雌雄异株，组成短总状花序，萼筒囊状，顶端2裂，雄蕊4；果实圆球形，橙黄色或橘红色；种子小，黑色或紫黑色，具光泽。产于华北、西北及四川等地区。其果实含有大量维生素和脂肪，可食用或药用；种子可榨油；叶和嫩枝梢可作为饲料。

图5-260 鸡冠全株　　　　　图5-261 中国沙棘果枝

32 狼毒 *Stellera chamaejasme* L.（图5-262）

隶属瑞香科狼毒属，多年生草本。根茎粗壮，圆柱形，棕褐色，内面淡黄色；茎丛生，上部不分枝；单叶互生，披针形至椭圆状披针形，长12～28 mm，宽3～10 mm，边缘全缘；顶生头状花序，花萼筒细瘦圆筒形，顶端5裂，花粉红色或白色，芳香；具绿色叶状总苞片；雄蕊10，2轮，着生于萼喉部及萼筒中部，花药黄色；小坚果卵形，包藏于花萼管基部。产于东北、华北、西北以及西南地区的各草原区，是草原群落的伴生种，过度放牧影响下数量增多，为有毒植物。可药用。由于天然草地持续退化，狼毒在退化草地上的扩散日益严重，影响我国草地畜牧业的可持续发展与生态安全。

33　乳浆大戟 *Euphorbia esula* L.（图 5-263）

隶属大戟科大戟属，多年生草本。根圆柱状，高 30~60 cm；叶条形，伞幅 3~5，长 2~4 cm，苞叶 2 枚，常为肾形；花序单生于二歧分枝的顶端；总苞杯状，边缘 5 裂，裂片半圆形至三角形，腺体 4，新月形，两端具角；雄花多枚；雌花 1 枚，子房柄明显伸出总苞之外；花柱 3，分离；柱头 2 裂。蒴果；种子卵球状。分布几遍全国，生于路旁、沙质草地，山坡沟谷等地。有毒，可药用。

图 5-262　狼毒全株

图 5-263　乳浆大戟全株

34　骆驼蓬 *Peganum harmala* L.（图 5-264）

隶属白刺科骆驼蓬属，多年生草本。高 30~70 cm。无毛，根多数，茎直立或开展，基部分枝多。叶全裂为 3~5 条形或条状披针形裂片，互生，卵形。花单生枝端，与叶对生；萼片 5；花瓣黄白色，花径 3~4 cm；雄蕊 15；子房 3 室，花柱 3。蒴果近球形，种子三棱形。分布于宁夏、甘肃、新疆、青海等地区，生于荒漠地带干旱草地、轻盐渍化沙地。其青绿时期适口性差，霜后干枯时，适口性显著提高，骆驼和羊喜食，是干旱、半干旱、荒漠及半荒漠地区家畜冬季的饲料之一。可药用。

图 5-264　骆驼蓬花枝

35 防风 *Saposhnikovia divaricata*（Turcz.）Schischk.（图 5-265）

隶属伞形科防风属，多年生草本。茎自基部二叉分枝，叶二至三回羽状深裂，通常无总苞片；花白色，子房密被白色的瘤状突起，果期逐渐消失；果实椭圆形，背腹压扁，每果棱中具油管 1 条。我国分布于东北、华北和西北地区，生于草原地带的丘陵坡地、平坦沙地或固定沙丘处。青鲜时骆驼乐食。也可药用。

36 毒芹 *Cicuta virosa* L.（图 5-266）

隶属伞形科毒芹属，多年生草本。植株无毛，根状茎绿色中空，具横隔；叶二至三回羽状全裂，复伞形花序 8~20 伞辐；总苞片缺，花白色，果实近球形，两侧压扁，有木栓质肥厚的棱。产于东北、华北、西北，生长于沼泽、水边或湿地。为有毒植物。

图 5-265　防风全株　　　　　　　　　　图 5-266　毒芹全株

37 田旋花 *Convolvulus arvensis* L.（图 5-267）

隶属旋花科旋花属，多年生草本。株高可达 1 m，茎缠绕或蔓生；叶卵状矩圆形至披针形，基部戟形，心形或箭形；花 1~3 朵生于叶腋，花冠宽漏斗状，粉红色；蒴果卵球形或圆锥形。我国各地广布，各种家畜喜食，也可药用。

38 车前 *Plantago asiatica* L.（图 5-268）

隶属车前科车前属，多年生草本。高 10~40 cm，具须根；叶丛生，卵形或宽卵形；具数个直立花葶，穗状花序，花有短梗；蒴果椭圆至锥形，种子通常 5~7 粒。我国各地均有分布，种子可入药，各种家畜喜食，为优良饲用植物。

39 青甘韭 *Allium przewalskianum* Regel（图 5-269）

隶属石蒜科葱属，多年生草本，常有葱蒜味。鳞茎数枚聚生，鳞茎外皮红色，常紧密地包围鳞茎。叶半圆柱状至圆柱状；花葶圆柱状，高 10~40 cm，下部被叶鞘；总苞与伞形花序近等长或较短，单侧开裂；伞形花序球状或半球状，具多而稍密集

图 5-267　田旋花花枝

图 5-268　车前全株

的花；小花梗近等长；花被 6，排成 2 轮，花冠淡红色至深紫红色，雄蕊 6 枚，排成 2 轮；花果期 6—9 月。广布于我国的西北、西南地区、青藏高原及其周边的地区均有分布。春秋两季适口性很好，各类家畜喜食。夏季马、驴几不采食，牛、羊少量采食；马、驴如采食过量，则出现体温升高、排尿困难；乳牛采食后，乳汁常带有难闻的葱味。

40　马蔺 *Iris Iactea* Pall.（图 5-270）

鸢尾科鸢尾属。根状茎短而粗壮，须根棕褐色、长而坚硬；植株密丛型，基部残存红褐色纤维状枯死的叶鞘，叶基生，多数，坚韧，条形；花葶高 10～30 cm，有 1～3 花；花被片蓝紫色，外轮 3 枚倒披针形，直立；花柱分枝 3，花瓣状，顶端 2 裂；蒴果长椭圆形，先端具尖喙。产于东北、华北、西北、华东地区以及西藏等地，生于低地草甸，常形成马蔺滩，经霜后家畜喜食，刈制干草做冬季补饲，为可食牧草，也是良好的水土保持植物和纤维植物。

图 5-269　青甘韭全株

图 5-270　马蔺全株

● 材料准备

准备 20 种其他科常见牧草、杂类草及毒草标本或新鲜植物标本，记录笔、记录本。

● **工具准备**

生物解剖镜、镊子、放大镜、解剖刀、植物检索表。

 任务 实施

步骤一：利用解剖镜观察准备的 20 种其他科植物标本，总结营养器官特征。

步骤二：利用解剖镜观察准备的 20 种植物标本，总结繁殖器官特征。

步骤三：查阅植物检索表及相关资料，鉴定 20 种植物标本的中文名，并根据其饲用价值进行分类。

步骤四：挑选出 20 种其他科植物中的优质牧草及毒草。

步骤五：任务总结。

任务 检测

请扫描二维码答题。

项目五任务五　　　　项目五任务五
任务检测一　　　　任务检测二

任务 评价

班级：＿＿＿＿＿＿＿　　组别：＿＿＿＿＿＿＿　　姓名：＿＿＿＿＿＿＿

项目	评分标准	分值	自我评价	小组评价	教师评价
知识技能	掌握常见科植物的特征	20			
	掌握常见科植物野外识别要点	20			
	掌握利用植物检索表鉴定植物的技能	20			
任务进度	提前完成 10 分，正常完成 7～9 分，超时完成 3～6 分，未完成 0～2 分	10			
任务质量	整体效果很好为 15 分，较好为 12～14 分，一般为 8～11 分，较差为 0～7 分	15			
素养表现	学习态度端正，观察认真、爱护仪器，有耐心细致的工作态度	10			

（续表）

项目	评分标准	分值	自我评价	小组评价	教师评价
思政表现	树立精益求精、刻苦钻研的职业精神，树立保护生态环境，保护珍稀濒危植物的生态环保理念	5			
合计		100			
自我评价与总结					
教师点评					

项目六 识别常见栽培作物

项目导读

　　人类长期的培育和选择下，形成众多的栽培作物类型和品种。广义上通常采用按用途和植物学系统相结合的分类方法，将栽培作物分成五大部分，即粮食作物、经济作物、蔬菜作物、饲料与绿肥作物、药用作物。通过本项目的学习了解常见栽培作物的分类，并能正确识别常见栽培作物。

知识目标

　　熟悉常见栽培作物的分类及分类方法，掌握植物学分类的方法。

能力目标

　　能正确识别常见粮食作物、经济作物、蔬菜作物、饲料与绿肥作物及药用作物，能正确地说出常见粮食作物、蔬菜作物、经济作物的科属种。

素养 + 思政目标

　　提升学生动手操作能力，培养学生的团结协作精神，提升学生生态环保理念，保护植物多样性，保护环境。

任务一　识别粮食及经济作物

任务 导入

　　现有 10 种粮食作物，请根据资料对 10 种粮食作物进行识别并分类，并能利用所学专业知识进行准确的形态特征的描述。

任务 准备

● 知识准备

1　稻（*Oryza sativa* L.）（图6-1）

隶属禾本科稻属，一年生栽培作物。秆
直立，丛生；圆锥花序松散，成熟时向下弯
垂，小穗长圆形，颖极退化；退化外稃锥
状，无毛，长2～4 mm；孕性花外稃与内稃
遍被细毛；鳞被2片，卵圆形，长约1 mm。
栽培稻种下分2亚种：粳稻与籼稻。稻是世
界上主要粮食作物之一，栽培历史悠久，我
国栽培面积和总量均居世界第一位。20世
纪70年代，我国科学家袁隆平培育杂交水

图6-1　稻全株

稻的成功和普及，大大提高了水稻的品质和产量，是水稻史上又一次重大飞跃。

2　小麦 *Triticum aestivum* L.（图6-2、图6-3）

隶属禾本科小麦属。秆直立丛生，具6～7节，高60～120 cm，径5～mm。叶鞘
松弛包茎，下部者长于节间，上部者短于节间；叶舌膜质，长约1 mm；叶片长披针
形，长10～20 cm。穗状花序直立，由10～20个小穗组成，小穗含3～9小花，顶生
小花不孕；颖近革质，有锐利的脊，5～9脉，顶端延伸为短尖头或短芒；外稃厚纸
质，5～9脉，先端通常具芒或无芒；内稃与外稃近等长。浆片2，雄蕊3，颖果。小
麦是全世界栽培最广泛的一种粮食作物，为重要粮食作物，我国主产于北方。秆可做
干草饲用。

图6-2　小麦

图6-3　小麦花序

3 玉蜀黍 *Zea mays* L.（图 6-4、图 6-5、图 6-6）

隶属禾本科玉蜀黍属，俗称玉米。原产墨西哥或中美洲。一年生高大草本，茎秆粗壮，高 1～4 m，基部各节具气生支柱根。叶宽大，带状；花序单性，雄花序顶生，由多数总状花序组成圆锥花序；雌花序腋生，被多数宽大的鞘状苞片所包藏，穗轴粗壮，海绵质，雌小穗孪生，呈 16～30 纵行排列于粗壮序轴上；外稃及内稃透明膜质，花柱细长自总苞顶端伸出。颖果球形或扁球形。我国各地均有栽培，其籽粒营养丰富，主要供食用、饲用或酿酒；嫩茎叶为良好的青贮饲料。

图 6-4 玉蜀黍全株　　图 6-5 玉蜀黍雌花序　　图 6-6 玉蜀黍雄花序

4 大麦 *Hordeum vulgare* L.（图 6-7、图 6-8）

隶属禾本科大麦属，一年生。茎秆粗壮，茎秆高 50～100 cm，光滑；叶鞘两侧有较大的叶耳；叶片扁平；穗状花序直立，长 3～8 cm（芒不计），穗轴每节生 3 枚结实小穗。颖线状披针形，无脉，顶端延伸成芒状；外稃披针形，具 5 脉，芒自顶端伸出，粗糙，长 8～13 cm。颖果成熟后与稃体黏着不易脱粒。为我国南北各地栽培的重要粮食作物，是我国主要作物之一，也可做优质饲用牧草。

5 燕麦 *Avena sativa* L.（图 6-9、图 6-10、图 6-11）

隶属禾本科燕麦属，一年生草本植物。须根较坚韧，秆直立，高 60～120 cm，具 2～4 节；叶鞘松弛；叶舌透明膜质；叶片扁平，长 10～30 cm；圆锥花序开展，金字塔形，长 10～25 cm，分枝具棱角，粗糙；小穗含 2～3 小花，其节脆硬易断落，颖草质，通常具 9 脉；外稃质地坚硬，背面中部以下具淡棕色或白色硬毛，芒自稃体中部稍下处伸出，膝曲，芒柱棕色，扭转。颖果被淡棕色柔毛，腹面具纵沟，长 6～8 mm。广布于我国南北各地，生于荒芜田野或为田间杂草，可作为粮食的代用品，也是牛、马的青饲料，也常为小麦田间杂草。

图6-7 大麦全株

图6-8 大麦花序

图6-9 燕麦全株

图6-10 燕麦花序

图6-11 燕麦小花

6 黑麦 *Secale cereale* L.（图6-12）

隶属禾本科黑麦属，一年生或越年生草本植物。茎秆直立，被茸毛丛生，韧性大，不倒伏，高180～200 cm，具5～6节，全株密被细毛；叶片线形，长10～20 cm，宽5～10 mm；穗状花序长5～10 cm，宽约1 cm；穗轴节间长2～4 mm，具柔毛；小穗长约15 mm（除芒外），含2小花，可育，近对生，延伸的小穗轴上具1极退化的小花，两颖几相等，长约1 cm，背部沿中脉成脊，常具细刺毛；外稃长12～15 mm，其芒长3～5 cm，具5条脉纹，两侧脉上具细刺毛，具内褶膜质边缘；内稃与外稃近等长。颖果长圆形，淡褐色。我国北方山区或在较寒冷的高海拔地区栽培。其叶量大，茎秆柔软，营养丰富，适口性好，可做粮食，也是优质饲料，各类家畜均喜食。

7 青稞 *Hordeum vulgare var. coeleste* **Linnaeus**（图 6-13、图 6-14）

隶属禾本科大麦属，一年生草本植物。茎秆直立，粗壮光滑，高约 100 cm，具 4～5 节。叶鞘光滑，两侧具两叶耳，互相抱茎；叶舌膜质；叶片长 9～20 cm，宽 1～2 cm，微粗糙。穗状花序成熟后为黄褐色或紫褐色，长 4～8 cm（芒除外）；小穗长约 1 cm；颖线状披针形，被短毛，先端渐尖呈芒状，长达 1 cm；外稃先端延伸成芒，芒长 10～15 cm，两侧具细刺毛。颖果成熟时易于脱出稃体。我国西北、西南各地常栽培，适宜高原清凉气候。可做食粮，其茎秆可做燃料或饲料。

图 6-12 黑麦花序　　　图 6-13 青稞全株　　　图 6-14 青稞花序

8 粱 *Setaria italica*（Linn.）**P. Beauv.**（图 6-15、图 6-16）

隶属禾本科狗尾草属，一年生草本。须根粗大，秆粗壮，高 0.1～1.0 m。叶鞘松裹茎秆，密具疣毛或无毛，边缘密具纤毛；叶片条状披针形，长 10～45 cm，宽 5～33 mm；圆锥花序呈圆柱状或近纺锤状，通常下垂，基部多少有间断，长 10～40 cm，宽 1～5 cm，常因品种的不同而多变异，花序轴上每个小枝通常具 3 枚以上成熟小穗。原产于我国，为广泛栽培的谷类作物，可食用亦可酿酒；其茎叶是牲畜的优等饲料，为骡、马所喜食；其谷糠又是猪、鸡的良好饲料。

9 荞麦 *Fagopyrum esculentum* **Moench**（图 6-17）

隶属蓼科荞麦属，一年生草本。茎直立，绿色或红色，具纵棱，高 30～90 cm；叶互生，叶三角形或三角状箭形；叶三角形或卵状三角形，长 2.5～7.0 cm，基部心形，两面沿叶脉具乳头状突起；下部叶具长叶柄，上部近无梗；托叶鞘膜质，短筒状；花序总状或伞房状；苞片卵形，边缘膜质，每苞内具 3～5 花；花被片 5，白色或淡红色，椭圆形，长 3～4 mm；雄蕊 8，花药淡红色，花柱 3；瘦果卵状三棱形，种子 1 枚，表面平滑，具 3 锐棱。我国南北各地均有栽培，种子富含淀粉，可供食用，也是蜜源植物。

图 6-15　粱全株

图 6-16　粱花序

10　马铃薯 *Solanum tuberosum* L.（图 6-18）

隶属茄科茄属，一年生草本。地上茎呈菱形，有毛。高 30～80 cm，具地下块茎，扁圆形或长圆形，直径 3～10 cm，外皮白色，淡红色或紫色；奇数羽状复叶，小叶常大小相间而不整齐，长 10～20 cm；小叶，6～8 对，卵形至长圆形，最大者长可达 6 cm，全缘，两面均被白色疏柔毛；伞房花序顶生，萼钟形，5 裂，裂片披针形，先端长渐尖；花冠辐状，白色或蓝紫色，径 2.5～3.0 cm；冠檐长约 1.5 cm，裂片 5；雄蕊长约 6 mm，花药长为花丝长度的 5 倍；子房卵圆形；浆果圆球状，光滑。全国各地均有栽培。其块茎富含淀粉，可供食用，为主粮之一，也是工业淀粉原料，也可药用。

图 6-17　荞麦花枝

图 6-18　马铃薯花枝

11　大豆 *Glycine max*（L.）Merr.（图 6-19）

隶属豆科大豆属，一年生草本。高可达 2 m，茎粗壮，直立，密被褐色长硬毛；

羽状三出复叶，小叶全缘，纸质，宽卵形，顶生一枚较大，侧生小叶较小；叶柄长 2～20 cm。总状花序长短不一，通常具 5～8 朵无柄、密集的花，下部的花有时单生或成对生于叶腋间；花萼常深裂成二唇形，裂片 5；蝶形花冠，花紫色、淡紫色或白色，旗瓣倒卵状近圆形，先端微凹并反展，翼瓣蓖状，龙骨瓣斜倒卵形；雄蕊二体；子房密被毛。荚果长圆形，肥大，略弯，下垂，黄绿色；种子 2～5 粒，卵圆形至近圆形，长达 1 cm。全国各地均有栽培，是我国重要粮食作物之一。可供食用，也可做精饲料，亦可药用。

12　蚕豆 *Vicia faba* L.（图 6-20）

隶属豆科野豌豆属，一或二年生草本植物。株高为 30～180 cm。主根发达粗短，多须根，根瘤粉红色。茎直立，粗壮，具四棱。偶数羽状复叶，小叶通常 1～3 对，上部小叶可达 4～5 对，基部较少，小叶椭圆形，长圆形或倒卵形。总状花序腋生，具花 2～4 朵呈丛状着生于叶腋，花冠白色，具紫色脉纹及黑色斑晕，9+1 式二体雄蕊，顶端远轴面有一束髯毛。荚果肥厚，内有白色海绵状，横隔膜，成熟后表皮变为黑色。种子长方圆形。我国各地均有栽培，可做饲料和蜜源植物。

图 6-19　大豆全株　　　　　　　　　　图 6-20　蚕豆花枝

13　陆地棉 *Gossypium hirsutum* L.（图 6-21）

隶属锦葵科棉属，一年生草本或亚灌木。高 0.6～1.5 m，叶阔卵形，直径 5～12 cm，裂片宽三角状卵形；叶柄长 3～14 cm；托叶早落；小苞片 3；花大，白色或淡黄色，后变淡红色或紫色；雄蕊柱长 1.2 cm，两性，单生于叶腋；花萼杯状，萼片 5，三角形，副萼 3；蒴果卵圆形，具喙；种子分离，卵圆形，具白色长棉毛和灰白色不易剥离的短棉毛。我国各产棉区均有栽培。为主要纤维作物，是我国轻纺工业的主要原料。

14　芸薹 *Brassica rapa* var. *oleifera* DC.（图 6-22）

隶属十字花科芸薹属，一年生草本。高 30～90 cm，茎粗壮，直立，分枝或不分枝，无毛稍带粉霜；基生叶大头羽裂，顶裂片圆形或卵形，边缘有不整齐弯缺牙齿，侧裂片 1 至数对，卵形；叶柄基部抱茎；下部茎生叶羽状半裂，长 6～10 cm，基部扩展且抱茎；上部茎生叶长圆状倒卵形，长 2.5～8.0 cm，基部心形，抱茎，两侧有垂耳；总状花序呈伞房状，果期伸长；花鲜黄色，径 7～10 mm；萼片长圆形，花瓣倒卵形，长 7～9 mm，基部有爪。长角果线形，长 3～8 cm，角果中间具假隔膜；种子球形，紫褐色，径约 2 mm。我国西南及北方地区均有栽培，为主要油料植物之一，油供食用；嫩茎叶和总花梗做蔬菜或做饲料；种子可药用。芸薹开花时金黄美丽，常形成大面积花海，美丽壮观，结合本地山、水、人文等特色被列入观光项目，成为当地一景，吸引了大批游客观赏，在乡村旅游经济与文化发展中起到了重要作用。

图 6-21　陆地棉花枝

图 6-22　芸薹全株

15　向日葵 *Helianthus annuus* L.（图 6-23）

隶属菊科向日葵属，一年生高大草本。茎粗壮直立，高 1～3 m，叶互生，心状卵圆形，有三基出脉；头状花序极大，直径 10～30 cm，单生于茎顶，常下倾；总苞片多层；花托平或稍凸；舌状缘花多数，黄色、舌片开展，长圆状卵形，不结实；管状花极多数，棕色或紫色，有披针形裂片，结果实；瘦果倒卵形。我国广泛栽培，种子含油量很高，供食用或作为油料作物，亦可药用。观赏向日葵花盘形似太阳，花色亮丽，纯朴自然，充满生机。一般成片种植，开花时金黄耀眼，极为壮观，深受大家喜爱，促进了乡村旅游发展。同时，向日葵对土壤中重金属污染有较强的抵御能力，在向日葵的枝干内部，将重金属储存在其中，实现了重金属物质"由下到上"的转移，降低了土壤中重金属的含量，保护土壤，保护环境。

16　甜菜 *Beta vulgaris* L.（图 6-24）

隶属苋科甜菜属，二年生或多年生草本。全株光滑无毛，根肥大，圆锥状至纺锤状，多汁；茎直立，具条棱及色条；基生叶矩圆形，长 20～30 cm，具长叶柄，上面皱缩不平，略有光泽，下面有粗壮凸出的叶脉，全缘或略呈波状；叶柄粗壮；茎生叶

图 6-23　向日葵花序

图 6-24　甜菜全株

互生，花 2～3 朵团集，果时花被基底部彼此合生；花被裂片条形，果时变为革质并向内拱曲。胞果下部陷在硬化的花被内，上部稍肉质。种子双凸镜形，红褐色，有光泽。我国广为栽培，根糖分含量很高，为制糖原料；其根、茎、叶被各类家畜喜食，也是优良的饲用植物。为我国重要栽培作物之一。

- **材料准备**

准备 10 种粮食作物带花植物标本。

 任务 实施

步骤一：结合课件及相关资料，讨论学习常见粮食及经济作物的营养器官及繁殖器官的形态特征。

步骤二：观看常见粮食及经济作物的图片及视频资料，讨论学习识别粮食作物的方法。

步骤三：观察新鲜采集的 10 种粮食及经济作物的植株或标本并进行识别。

步骤四：在温室大棚和大田现场观察，进一步进行粮食及经济作物的识别。

步骤五：讨论学习并进行现场抽查考核。

步骤六：任务总结，通过课件讨论学习常见粮食及经济作物的形态特征，进行粮食及经济作物的识别；通过观察新鲜的 10 种粮食及经济作物或植物标本，并进行准确识别；在学习中团结协作，树立节约粮食，勤俭节约的优良作风。

任务 检测

请扫描二维码答题。

项目六任务一　　　　项目六任务一
任务检测一　　　　　任务检测二

任务 评价

班级：_____ 组别：_____ 姓名：_____

项目	评分标准	分值	自我评价	小组评价	教师评价
知识技能	能正确对粮食作物进行识别	10			
	能正确对禾本科粮食作物进行识别	10			
	能正确对豆科粮食作物进行识别	10			
	正确识别新鲜采集的粮食作物的植株	10			
	正确识别常见大田的粮食作物	10			
	现场抽查考核及总结	10			
任务质量	整体效果很好为15～20分，较好为12～14分，一般为8～11分，较差为0～7分	20			
素养表现	学习态度端正，观察认真、爱护仪器，耐心细致	10			
思政表现	正确树立节约粮食的观念，养成勤俭节约的优良品质	10			
合计		100			
自我评价与总结					
教师点评					

任务二　识别叶菜及根菜类作物

任务 导入

现有 20 种叶菜及根菜类蔬菜，请根据资料对 20 种叶菜或根菜进行识别并分类，并能利用所学专业知识进行准确的形态特征描述。

 任务 **准备**

● 知识准备

1 菠菜 *Spinacia oleracea* L.（图 6-25）

隶属苋科菠菜属，一、二年生草本植物。植株高可达 1 m，根圆锥状，带红色，较少为白色；茎直立，中空，脆而多汁；叶戟形至卵形，鲜绿色，柔嫩多汁；雌雄同株，花小，单被；雄花集成球形团伞花序，再于枝和茎的上部排列呈有间断的穗状圆锥花序；花被片 4；雌花团集于叶腋；小苞片顶端残留 2 小齿；子房球形，柱头 4 或 5，外伸。胞果卵形或近圆形，两侧扁。我国普遍栽培的蔬菜之一。

2 青菜 *Brassica rapa* var. *chinensis*（L.）Kitam.（图 6-26）

隶属十字花科芸薹属，一年或二年生草本。株高 25～75 cm，植株无毛带粉霜；根粗硬，常呈纺锤形块根；茎直立，有分枝；基生叶倒卵形，有光泽，全缘；中脉白色，宽达 1.5 cm，具多条纵脉；下部茎生叶和基生叶相似，基部渐狭成叶柄；上部茎生叶倒卵形，基部抱茎；顶生总状花序呈圆锥状；十字花冠；花梗细，和花等长或较短；花萼 4，萼片长圆形，白色或黄色；花冠 4，浅黄色，花瓣长圆形，长约 5 mm，顶端圆钝，有脉纹，具宽爪；长角果线形，长 2～6 cm，坚硬，无毛，果瓣有明显中脉及网结侧脉；喙顶端细；种子球形，紫褐色，有蜂窝纹。我国南北各地均有栽培，为我国最普遍蔬菜之一。

图 6-25 菠菜

图 6-26 青菜

3 芫荽 *Coriandrum sativum* L.（图 6-27）

隶属伞形科芫荽属，一年生或二年生草本，植株有强烈气味。株高 20～100 cm，根纺锤形，茎圆柱形，直立，多分枝和条纹；基生叶有柄，叶片一或二回羽状全裂，上部的茎生叶三回至多回羽状分裂，末回裂片狭线形；伞形花序顶生或与叶对生，伞辐 3～7，小伞形花序有孕花 3～9，花白色或带淡紫色；萼齿卵状三角形，花瓣倒卵形；果实圆球形。我国大部分地区均有栽培，可做蔬菜食用，也可调香料或药用。

4 茼蒿 *Glebionis coronaria*（L.）Cassini ex Spach（图 6-28）

隶属菊科茼蒿属，一年生草本。植株光滑无毛，高可达 60 cm；叶倒卵状披针形，边缘有不规则的大锯齿；中下部茎生叶长椭圆状倒卵形，长 8～10 cm，无柄，二回羽状分裂；一回为深裂，二回为浅裂、半裂或深裂；上部叶小；头状花序单生茎顶或枝顶端；总苞片 4 层，内层长 1 cm，顶端膜质扩大呈附片状；舌片长 1.5～2.5 cm；舌状花瘦果有 3 条凸起的狭翅肋，肋间有 1～2 条明显的间肋；管状花瘦果有 1～2 条椭圆形凸起的肋。我国各地做蔬菜栽培。

图 6-27 芫荽花枝及幼叶

图 6-28 茼蒿

5 苋 *Amaranthus tricolor* L.（图 6-29）

隶属苋科苋属，一年生草本。植株高 80～150 cm，茎粗壮，绿色或红色，常分枝；叶卵形至披针形，长 4～10 cm，绿色或常呈红色、紫色，顶端圆钝或尖凹，全缘或波状缘，无毛；叶柄长，绿色或红色；花簇腋生，呈下垂的穗状花序；花簇球形，直径 5～15 mm，雄花和雌花混生；苞片及小苞片卵状披针形，透明，背面具 1 绿色或红色隆起中脉；花被片矩圆形，长 3～4 mm，绿色或黄绿色，背面具 1 绿色或紫色隆起中脉；雄蕊比花被片长或短。胞果卵状矩圆形，环状横裂，包裹在宿存花被片内。种子近圆形，黑色或黑棕色。我国各地均有栽培，茎叶作为蔬菜食用，也可观赏或药用。

图 6-29 苋全株

6 旱芹 *Apium graveolens* L.（图 6-30）

俗名芹菜，隶属伞形科芹属，二年生或多年生草本。株高 15～150 cm，有强烈香气；根褐色圆锥形，茎直立；基生叶有柄，基部略扩大成膜质叶鞘；叶 3 深裂或全裂，长圆形至倒卵形；上部的茎生叶有短柄，叶片轮廓为阔三角形，通常分裂为 3 小叶；复伞形花序顶生或与叶对生，伞辐细弱；小伞形花序有花 7～29，萼齿小；花瓣白色或黄绿色；分生果圆形，果棱尖锐，合生面略收缩。我国南北各地均有栽培，可做蔬菜或做调和香精。

7 蕹菜 *Ipomoea aquatica* Forssk.（图 6-31）

隶属旋花科番薯属，一年生草本，蔓生或漂浮于水。茎圆柱形，节间中空，节上生根；叶卵形至披针形，基部心形、戟形或箭形；叶柄长 3～14 cm；聚伞花序腋生，具 1～5 朵花；苞片小鳞片状；花梗长 1.5～5.0 cm；萼片近等长，卵形；花冠白色、淡红色或紫红色，漏斗状；雄蕊不等长；子房圆锥状；蒴果卵球形至球形，径约 1 cm。我国南北各地常见栽培，可供蔬菜食用，也可药用，也是一种比较好的饲料。

图 6-30 旱芹全株

图 6-31 蕹菜

8 莴苣 *Lactuca sativa* L.（图 6-32）

隶属菊科莴苣属，一年生或二年草本。株高可达 100 cm，茎直立，单生，上部圆锥状花序分枝，全部茎枝白色；基生叶及下部茎叶大，不分裂；全部叶两面无毛；头状花序多数或极多数，在茎枝顶端排成圆锥花序；总苞果期卵球形，总苞片 5 层，舌状小花约 15 枚；瘦果倒披针形，喙细丝状；冠毛 2 层，纤细。我国各地均有栽培，做蔬菜食用。

9 白菜 *Brassica rapa* var. *glabra* Regel（图 6-33）

隶属十字花科芸薹属，二年生草本。株高达 60 cm，常全株无毛；基生叶多数，大形，倒卵状长圆形至宽倒卵形，宽不及长的一半，顶端圆钝，边缘皱缩，波状，中脉宽呈白色，具多数粗侧脉；叶柄白色，扁平，边缘有具缺刻的宽薄翅；上部茎生叶长圆状卵形至长披针形，全缘或有裂齿，抱茎，有粉霜；花鲜黄色，花梗长4～6 mm；萼片长圆形，淡绿色至黄色；花瓣倒卵形，基部具爪；长角果较粗短，喙长4～10 mm，顶端圆；种子球形，棕色。我国各地均有栽培，为主要蔬菜，外层脱落的叶可做饲料。

图 6-32　莴苣

图 6-33　白菜

10　甘蓝 *Brassica oleracea* var. *capitata* L.（图 6-34）

隶属十字花科芸薹属，二年生草本植物。茎分枝，具茎生叶；基生叶及下部茎生叶长圆状倒卵形至圆形，长和宽达 30 cm；顶端圆形；上部茎生叶卵形，长8.0～13.5 cm，基部抱茎；总状花序顶生及腋生；花淡黄色，直径 2.0～2.5 cm；萼片线状长圆形；花瓣宽椭圆状倒卵形，脉纹明显，基部具爪；长角果圆柱形，长6～9 cm，两侧稍压扁，喙圆锥形；种子球形，直径 1.5～2.0 mm，棕色。全国各地均有栽培，可做蔬菜，也可做饲料。叶的浓汁用于治疗胃及十二指肠溃疡，可药用。

11　葱 *Allium fistulosum* L.（图 6-35）

隶属石蒜科葱属，多年生草本植物。鳞茎单生或聚生，圆柱状，鳞茎外皮白色，膜质至薄革质，不破裂；叶圆筒状，中空，向顶端渐狭；花葶圆柱状，中空，高

图 6-34　甘蓝

图 6-35　葱

30～50 cm，中部以下膨大，向顶端渐狭，约在 1/3 以下被叶鞘；总苞膜质，2 裂；伞形花序球状，多花，较疏散；小花梗纤细，基部无小苞片；花白色；花被片长6.0～8.5 mm，近卵形；花丝为花被片长度的 1.5～2.0 倍，锥形，在基部合生并与花被片贴生；子房倒卵状，腹缝线基部具不明显的蜜穴；花柱细长，伸出花被外。我国各地广泛栽培，做蔬菜食用，鳞茎和种子亦可入药。

12 韭 *Allium tuberosum* Rottler ex Spreng.（图 6-36）

隶属石蒜科葱属，多年生宿根草本。具倾斜的横生根状茎，鳞茎簇生，近圆柱状，鳞茎外皮暗黄色，破裂呈纤维状，呈网状或近网状；叶扁平条形，实心平滑；花葶圆柱状，常具 2 纵棱，下部被叶鞘；总苞单侧开裂宿存；伞形花序半球状或近球状，花多数稀疏；小花梗基部具小苞片，且数枚小花梗的基部又为 1 枚共同的苞片所包围；花白色；花被片具绿色或黄绿色的中脉，花丝等长，基部合生并与花被片贴生；子房倒圆锥状球形。全国各地均有栽培，做蔬菜食用，种子可入药。

13 茴香 *Foeniculum vulgare* Mill.（图 6-37）

隶属伞形科茴香属，草本植物。株高可达 2 m，茎直立多分枝，光滑，灰绿色；靠下部的叶叶柄长，中上部的叶柄成鞘状，叶片轮廓为阔三角形，长 4～30 cm，四至五回羽状全裂，末回裂片线形；花序复伞形，顶生或侧生，伞辐 6～29，不等长；小伞形花序有花 14～39；花梗纤细，不等长；无萼齿；花瓣黄色，倒卵形，先端有内折的小舌片；花丝略长于花瓣，花药淡黄色；果实长圆形，主棱 5 条，尖锐。我国各地均有栽培，可做蔬菜食用或做调味用，亦可药用。

图 6-36 韭全株

图 6-37 茴香

14 胡萝卜 *Daucus carota* var. *sativus* Hoffm.（图 6-38）

隶属伞形科胡萝卜属，一年生或二年生草本。株高 15～120 cm，茎单生；基生叶薄膜质，二至三回羽状全裂，末回裂片线形或披针形；叶柄长 3～12 cm；茎生叶近无柄，有叶鞘；复伞形花序，花序梗长 10～55 cm，有糙硬毛；总苞有多数苞片，羽状分裂，裂片线形，伞辐多数；小总苞片 5～7，线形；花通常白色，有时带淡红色；花梗不等长；果实圆卵形，棱上有白色刺毛；根肉质，长圆锥形，粗肥，呈红色或黄色。我国各地均有栽培，根供食用，全株也可饲用。

15　萝卜 *Raphanus sativus* L.（图 6-39）

隶属十字花科萝卜属，一年或二年生草本。直根肉质长圆形至圆锥形；茎有分枝，稍具粉霜；基生叶及下部茎生叶大头羽状半裂；总状花序花时伞房状，顶生及腋生；花白色或粉红色；萼片长圆形，花瓣倒卵形，具紫色脉纹，下部具长爪；长角果圆柱形，不开裂，明显地于种子间缢缩，并形成海绵质横隔；顶端喙长 1.0～1.5 cm。种子卵形，微扁，红棕色，有细网纹。我国各地均有栽培，可做蔬菜食用，亦可入药。

图 6-38　胡萝卜　　　　　　　　　图 6-39　萝卜

16　莲 *Nelumbo nucifera* Gaertn.（图 6-40）

隶属莲科莲属，多年生水生草本。根状茎横生，肥厚，节间膨大，内有多数纵行通气孔道，节部缢缩，上生黑色鳞叶，下生须状不定根；叶圆形，盾状，全缘稍呈波状，上面光滑，具白粉；叶柄粗壮，圆柱形，中空，散生小刺；花梗和叶柄等长或稍长，也散生小刺；花美丽，芳香；花瓣红色、粉红色或白色，矩圆状椭圆形，由外向内渐小，有时变成雄蕊；花托直径 5～10 cm。坚果卵形，果皮革质；种子卵形，种皮红色或白色。我国各地均有栽培，根状茎、种子可供食用，全株多处可入药。

17　蒜 *Allium sativum* L.（图 6-41）

隶属石蒜科葱属。鳞茎球形至扁球形，常由多数肉质、瓣状的小鳞茎紧密地排列而成，外面被数层白色至带紫色的膜质鳞茎外皮；叶宽条形；花葶实心，圆柱状，中部以下被叶鞘；总苞具长 7～20 cm 的长喙，早落；伞形花序密具珠芽，间有数花，小花梗纤细；小苞片大，卵形，膜质，具短尖；花常为淡红色；花被片披针形至卵状披针形，内轮的较短；子房球状；花柱不伸出花被外。我国各地均有栽培，可做蔬菜食用，亦可药用。

图 6-40 莲藕及莲植株

图 6-41 蒜

18 洋葱 *Allium cepa* L.（图 6-42）

隶属石蒜科葱属，二年生草本植物。具近球形至扁球形的鳞茎；鳞茎外皮紫红色、黄色至淡黄色，纸质至薄革质，内皮肉质肥厚；叶圆筒状，中空；花葶粗壮；总苞2～3裂；伞形花序球状，花多而密集；花粉白色；花被片具绿色中脉，矩圆状卵形；子房近球状。我国各地均有栽培，供食用，也可药用。

19 百合 *Lilium brownii* var. *viridulum* Baker（图 6-43）

隶属百合科百合属。地下根茎为鳞茎球形，鳞片披针形，白色；植株高达 2 m；叶倒披针形；花单生或排成近伞形；苞片披针形，花喇叭形，有香气，乳白色，无斑点；外轮花被片宽 2.0～4.3 cm，先端尖；花丝长 10～13 cm；花药长椭圆形。蒴果矩圆形。产于东南、西南地区及河南、河北、陕西和甘肃等省份，各地栽培广泛，供观赏，鳞茎供食用和药用。

图 6-42 洋葱

图 6-43 百合

● **材料准备**

准备 20 种叶菜及根菜类蔬菜。

任务 **实施**

步骤一：结合课件及相关资料，讨论学习常见叶菜及根菜类蔬菜叶、花、果形态特征。

步骤二：观看叶菜及根菜类蔬菜图片及视频资料，讨论学习识别叶菜及根菜类蔬菜的方法。

步骤三：观察新鲜采集的 20 种叶菜及根菜类蔬菜植株并进行识别。

步骤四：在温室大棚和大田现场观察，进一步进行叶菜及根菜类蔬菜的识别。

步骤五：讨论学习并进行现场抽查考核。

步骤六：任务总结，通过课件讨论学习常见叶菜及根菜类蔬菜根茎叶花果形态特征，并进行识别；通过观察新鲜的 20 种蔬菜植株，并对其形态特征进行详细的描述，并进行准确识别；在大田观察各种蔬菜，并进行正确的识别；通过及现场抽查考核，进一步加深印象，巩固学习成果；在学习中团结协作，树立集体观念和大局意识。

 任务 **检测**

请扫描二维码答题。

项目六任务二
任务检测

任务 **评价**

班级：＿＿＿＿＿＿＿　组别：＿＿＿＿＿＿＿　姓名：＿＿＿＿＿＿＿

项目	评分标准	分值	自我评价	小组评价	教师评价
知识技能	能正确对叶菜及根菜类蔬菜进行识别	10			
	能正确对伞形科叶菜及根菜类蔬菜进行识别	10			
	能正确对菊科叶菜类及根菜蔬菜进行识别	10			
	正确识别新鲜采集的叶菜及根菜类蔬菜植株	10			
	正确识别常见温室叶菜及根菜类蔬菜	10			
	现场抽查考核及总结	10			
任务质量	整体效果很好为 15~20 分，较好为 12~14 分，一般为 8~11 分，较差为 0~7 分	20			
素养表现	学习态度端正，观察认真、爱护仪器，耐心细致	10			

（续表）

项目	评分标准	分值	自我评价	小组评价	教师评价
思政表现	正确处理个体与整体之间关系，树立集体观念和大局意识	10			
合计		100			
自我评价与总结					
教师点评					

任务三　识别果菜类作物

任务 导入

按用途和植物学系统相结合的分类方法，广义上可将作物分成五大部分。其中果菜类作物是蔬菜作物中的一个大类，本任务就果菜类蔬菜进行识别与分类进行学习，让学生了解常见果菜类蔬菜有哪些，并能正确识别常见果菜类蔬菜。

任务 准备

- 知识准备

1　葫芦科果菜类

葫芦科隶属双子叶植物纲，约113属，800种，是世界上最重要的食用植物科之一，其重要性仅次于禾本科、豆科和茄科。其中包括葫芦、瓠瓜、黄瓜、冬瓜、南瓜、丝瓜、西瓜、甜瓜等常见的蔬菜和瓜果。

1.1　葫芦科的特征

一年或多年生攀缘或匍匐状草本，稀木本，常有卷须；单叶互生，常掌状分裂，偶有复叶；花单性同株或异株，单生，总状花序或圆锥花序；雄花的花萼管状，5裂；花瓣合生而5裂；雄蕊5枚，其中2对合生，花药常弯曲呈"S"形，花粉3～5孔沟，3孔；雌花的花萼与子房合生，花瓣合生，5裂；子房下位，有3个侧膜胎座，胚珠多数，柱头3。瓠果，肉质或最后干燥变硬，不开裂、瓣裂或周裂。中国有约32属，154种，多分布于南部和西南部，其中有些栽培品种可供食用或药用。

1.2 葫芦科常见果菜

1.2.1 黄瓜 *Cucumis sativus* L.（图 6-44）

隶属葫芦科黄瓜属，一年生蔓生或攀缘草本。茎、枝有棱沟，被白色的糙硬毛；卷须细而不分歧；叶片宽卵状心形，掌状浅裂；雌雄同株；雄花常数朵簇生于叶腋；花萼筒狭钟状，花萼裂片钻形，开展；花冠黄白色，5 深裂，雄蕊 5，药扭曲；雌花常单生；心皮 3，合生，侧膜胎座肉质，胚珠多数；瓠果圆柱形，有刺或否，嫩时绿色，粗糙，有具刺尖的瘤状突起，熟时变黄。我国各地普遍栽培，为主要菜蔬之一，其茎藤能药用。

1.2.2 西瓜 *Citrullus lanatus*（Thunb.）Matsum. & Nakai（图 6-45）

隶属葫芦科西瓜属，一年生蔓生藤本。卷须粗壮，2 歧，密被柔毛；叶片纸质，3 深裂，轮廓三角状卵形，带白绿色，长 8～20 cm，中裂片较长，裂片羽状浅裂或深裂，边缘波状或有疏齿；雌雄同株；雌、雄花均单生于叶腋；花密被长柔毛，花梗长 3～4 cm，花萼筒宽钟形；花冠淡黄色，外面带绿色，裂片卵状长圆形；雄蕊 3，近离生；子房卵形，柱头 3，肾形；果实大型，近球形或椭圆形，肉质，多汁，果皮光滑，色泽及纹饰各式。种子多数，两面平滑。我国各地栽培，为夏季水果，种子可做消遣食品，果皮可入药。

图 6-44 黄瓜

图 6-45 西瓜

1.2.3 苦瓜 *Momordica charantia* L.（图 6-46）

隶属葫芦科苦瓜属，一年生攀缘状柔弱草本。多分枝；卷须纤细，长达 20 cm，不分歧；叶片轮廓卵状肾形，膜质，5～7 深裂，叶脉掌状。雌雄同株；花单生叶腋；苞片绿色；花冠黄色，裂片倒卵形，长 1.5～2.0 cm，被柔毛；雄蕊 3，离生；雌花花梗长 10～12 cm，基部常具 1 苞片；子房纺锤形，密生瘤状突起，柱头 3，膨大，2 裂。果实纺锤形或圆柱形，多瘤皱，长 10～20 cm，成熟后橙黄色，由顶端 3 瓣裂。种子多数，长圆形，具红色假种皮。我国南北均普遍栽培，主做蔬菜，也可糖渍。

1.2.4　丝瓜 *Luffa aegyptiaca* Mill.（图 6-47）

隶属葫芦科丝瓜属，一年生攀缘藤本。卷须稍粗壮，常 2～4 歧；叶柄粗糙；叶掌状 5～7 裂，三角形或近圆形；雌雄同株；雄花常 15～20 朵，生于总状花序上部；花萼筒宽钟形；花冠辐状，黄色，开展时直径 5～9 cm；雄蕊通常 5；雌花单生，子房长圆柱状，有柔毛，柱头 3；果实圆柱状，表面平滑；种子多数。我国各地普遍栽培，为常用蔬菜，还可供药用。

图 6-46　苦瓜

图 6-47　丝瓜

1.2.5　西葫芦 *Cucurbita pepo* L.（图 6-48）

隶属葫芦科南瓜属，一年生蔓生草本。叶柄粗壮，被短刚毛；叶片质硬，卵状三角形；卷须分多歧，粗壮；雌雄同株，雄花单生；花梗粗壮，长 3～6 cm；花萼筒有明显 5 角，萼裂片线状披针形；花冠黄色，5 中裂，呈钟状，长 5 cm；雄蕊 3，花药靠合；雌花单生，子房卵形，1 室；果梗粗壮，有明显的棱沟，果蒂变粗，但不呈喇叭状；果实形状因品种而异；种子多数，卵形，白色。我国各地均有栽培，果实做蔬菜。

1.2.6　南瓜 *Cucurbita moschata*（Duch. ex Lam.）Duch. ex Poiret（图 6-49）

隶属葫芦科南瓜属，一年生蔓生草本。茎常节部生根；叶柄粗壮，被短刚毛；叶片宽卵形，5 浅裂；卷须粗壮，3～5 歧；雌雄同株；雌雄花均单生；花萼筒钟形；花

图 6-48　西葫芦

图 6-49　南瓜

冠黄色，钟状，长8 cm，5中裂，裂片边缘反卷，具皱褶；雄蕊3，花药靠合，药室折曲；子房1室，花柱短，柱头3，顶端2裂。果梗长5～7 cm，瓜蒂扩大呈喇叭状；瓠果形状多样，常有数条纵沟。种子多数，长卵形，灰白色，边缘薄，长10～15 mm。我国各地广泛栽培，果实可做蔬菜食用，全株可入药。

1.2.7　冬瓜 *Benincasa hispida*（Thunb.）Cogn.（图6-50）

隶属葫芦科冬瓜属，一年生蔓生或架生草本植物。叶柄粗壮，长5～20 cm，叶片肾状近圆形，5～7浅裂或中裂，基部深心形；背面粗糙，灰白色，有粗硬毛；卷须2～3歧；雌雄同株；花单生，雄花梗长5～15 cm，基部具1苞片；花萼筒宽钟形，密生刚毛状长柔毛，有锯齿，反折；花冠辐状，黄色，具5脉；雄蕊3，离生；子房圆筒形，密生黄褐色茸毛状硬毛；柱头3，2裂；果实大型，长圆柱形，被硬毛和白霜，长25～60 cm，径10～25 cm；种子卵形。我国各地均有栽培，果实可做蔬菜，也可药用。

1.2.8　甜瓜 *Cucumis melo* L.（图6-51）

隶属葫芦科黄瓜属，一年生匍匐或攀援草本。卷须纤细不分枝；叶片3～7浅裂，厚纸质；花单性，雌雄同株；雄花数朵簇生于叶腋；花萼筒狭钟形，密被白色长柔毛；花冠黄色，长2 cm，裂片卵状长圆形；雄蕊3，药室折曲；雌花单生，花梗粗糙，被柔毛；子房长椭圆形，密被长柔毛和长糙硬毛，柱头靠合；果实常为球形或长椭圆形，颜色多样化，果皮平滑，果肉香甜，为优良果品之一。

图6-50　冬瓜

图6-51　甜瓜

2　茄科果菜类

茄科有80属，3 000余种，分布于热带和温带地区；我国有24属105种，各地均有分布。常见栽培蔬菜有番茄、茄、辣椒、马铃薯、烟草等。

2.1　茄科的特征

草本、灌木或小乔木。叶互生，单叶或羽状复叶，无托叶；花单生或排成聚伞花序，单花腋生或簇生；花两性，常辐射对称；花萼5裂，宿存，花后不增大或增大；花冠筒辐状、漏斗状、高脚碟状、钟状或坛状；雄蕊与花冠裂片同数互生，贴生于花冠筒上，花药2；子房上位，子房2室或不弯曲4室，中轴胎座，胚珠多数；浆果或蒴果。种子盘状或肾形，具胚乳。

2.2 茄科常见果菜

2.2.1 番茄 *Solanum lycopersicum* L.（图6-52）

隶属茄科，茄属，一年生或多年生草本植物。株高可达2 m，全株生黏质腺毛，具强烈气味；茎易倒伏；叶羽状复叶或羽状深裂，长10～40 cm，小叶极大小不等，常5～9枚，卵形，边缘具不规则锯齿或裂片，长5～7 cm；花序总梗长2～5 cm，常3～7朵花；花萼辐状，裂片披针形，果时宿存；花冠辐状，黄色，直径约2 cm；浆果近球状，肉质而多汁液，橘黄色或鲜红色，光滑；种子黄色。我国各地广泛栽培，供食用。

2.2.2 茄 *Solanum melongena* L.（图6-53）

隶属茄科茄属，一年生草本植物。植株高可达1 m，植物体有刺和星状茸毛，小枝多为紫色；单叶，叶大，呈长圆状卵形；能孕花单生，密被毛，花后常下垂；不孕花蝎尾状与能孕花并出，萼近钟形，内外密被与花梗相似的星状茸毛；花冠辐状，浅紫色；雄蕊5，子房圆形，密被星状茸毛，柱头浅裂；果长或圆，颜色有白、红、紫等，光滑。我国各地均有栽培，果实可做蔬菜食用，茎叶可入药。

图6-52 番茄

图6-53 茄

2.2.3 辣椒 *Capsicum annuum* L.（图6-54）

隶属茄科辣椒属，为一年或有限多年生草本植物。高40～80 cm，分枝稍之字形折曲；叶互生；花单生，俯垂；花萼杯状，5齿；花冠白色辐状，裂片5，卵形；花药灰紫色；果梗较粗壮，俯垂；果实常呈圆锥形或长圆形，成熟后呈红色、橙色或紫红色，味辣；种子扁肾形，淡黄色。我国广泛栽培，果实可做蔬菜食用或调味。

3　豆科果菜类

豆科约 440 属 12 000 种，广布世界各地，是被子植物中第三大科；我国有 129 属 1 485 种，全国各地均有分布。豆科植物蛋白质含量高，家畜适口性好，是天然草地的重要组成部分，还可栽培供食用或为油料作物，如大豆、落花生、豌豆、蚕豆、豇豆、菜豆等。常见果菜如下。

3.1　菜豆 *Phaseolus vulgaris* L.（图 6-55）

隶属菜豆属，一年生草质藤本。植株高达 2～3 m；羽状三出复叶，具 3 小叶；托叶小，基部着生；小叶宽卵形近菱形，长 4～16 cm，全缘，被短柔毛；花序总状腋生，有数朵生于花序顶部；花萼杯状，长 3～4 mm，上方的 2 枚裂片连合成一微凹的裂片；花冠蝶形，白色、黄色、紫堇色或红色；旗瓣近方形，翼瓣倒卵形，龙骨瓣长约 1 cm，先端旋卷，子房被短柔毛；荚果带形，长 10～15 cm，略肿胀，顶有喙；种子 4～6 粒，肾形。我国各地广泛栽培，嫩荚或种子可做蔬菜。

图 6-54　辣椒

图 6-55　菜豆

3.2　刀豆 *Canavalia gladiata*（Jacq.）DC.（图 6-56）

隶属刀豆属，缠绕草本，长达数米。羽状三出复叶，具 3 小叶；总状花序数朵花生于总轴中部以上；小苞片卵形，早落；上唇约为萼管长的 1/3，具 2 枚阔而圆的裂齿，下唇 3 裂，齿小；花冠白色或粉红，长 3.0～3.5 cm，旗瓣宽椭圆形，顶端凹入，翼瓣和龙骨瓣均弯曲，具向下的耳；子房线形，被毛。荚果带状，长 20～35 cm，宽 4～6 cm；种子椭圆形，长约 3.5 cm，种皮红色或褐色。我国长江以南各地有栽培，嫩荚和种子可供食用，但须先用盐水煮熟，然后换清水煮，方可食用；也可做覆盖作物及饲料。

3.3　豇豆 *Vigna unguiculata*（L.）Walp.（图 6-57）

隶属豇豆属，一年生缠绕、草质藤本或近直立草本。羽状三出复叶，具 3 小叶；小叶卵状菱形，全缘，有时淡紫色；总状花序腋生；花 2～6 朵聚生于花序的顶端；

图 6-56　刀豆

图 6-57　豇豆

萼钟状；花冠黄白色而略带青紫，长约 2 cm，各瓣均具瓣柄，旗瓣扁圆形，基部稍有耳，龙骨瓣稍弯；子房线形，被毛。荚果线形，下垂，稍肉质而膨胀，种子多数，种子长椭圆形或圆柱形或稍肾形，黄白色、暗红色。我国广泛栽培做蔬菜食用。

● 材料准备

果菜类蔬菜根茎叶花果形态特征课件；果菜类蔬菜根茎叶花果形态特征图片及视频资料；新鲜采集的果菜类蔬菜植株；温室大棚，大田果菜。

任务 实施

步骤一：结合课件，讨论学习常见果菜类蔬菜叶花果形态特征。

步骤二：观看果菜类蔬菜图片及视频资料，讨论学习识别果菜类蔬菜的方法。

步骤三：观察新鲜采集的果菜类蔬菜植株并进行识别。

步骤四：在温室大棚、大田现场观察，进一步进行果菜类蔬菜的识别。

步骤五：讨论学习并进行现场抽查考核。

步骤六：任务总结，通过课件讨论学习常见果菜类蔬菜根茎叶花果形态特征，进行果菜类蔬菜的识别；观看图片与视频资料，进一步强化果菜类蔬菜的识别能力；通过观察新鲜采集的果菜类蔬菜植株更直观地判断识别果菜类蔬菜；通过温室大棚、大田观察讨论学习对常见果菜类蔬菜进行正确地识别；通过讨论学习及现场抽查考核，进一步加深印象，巩固学习成果；在学习中团结协作，树立集体观念和大局意识。

任务 检测

请扫描二维码答题。

项目六任务三
任务检测一

项目六任务三
任务检测二

任务 评价

班级：＿＿＿＿＿＿＿　　组别：＿＿＿＿＿＿＿　　姓名：＿＿＿＿＿＿＿

项目	评分标准	分值	自我评价	小组评价	教师评价
知识技能	能正确对葫芦科果菜类蔬菜进行识别	10			
	能正确对茄科果菜类蔬菜进行识别	10			
	能正确对豆科果菜类蔬菜进行识别	10			
	正确识别新鲜采集的果菜类蔬菜植株	10			
	正确识别温棚、大田果菜类蔬菜	10			
	现场抽查考核及总结	10			
任务质量	整体效果很好为15～20分，较好为12～14分，一般为8～11分，较差为0～7分	20			
素养表现	学习态度端正，观察认真、爱护仪器，耐心细致	10			
思政表现	正确处理个体与整体之间关系，树立集体观念和大局意识	10			
合计		100			

自我评价与总结	
教师点评	

项目七　识别青藏高原常见观赏植物

项目导读

　　随着我国人民生活水平的不断提高，人们对生活环境的要求也越来越高，党的十九大报告中指出，必须树立和践行绿水青山就是金山银山的理念，坚持节约资源和保护环境的基本国策。对园林设计师而言，在生态文明和生态环境建设中所担负的责任则愈发沉重，在园林实践中对植物知识的掌握和应用就愈发重要。我国幅员辽阔，植物种类十分丰富，其中用于园林的植物也多种多样，这为园林植物景观的营造提供了有利的条件。我们只有充分了解每种植物的类型，尊重各类型植物的自然生长特性，充分合理地利用各类型植物，发挥每一类植物的优势和特长，才能创造出丰富多彩的植物景观。

知识目标

　　了解市区绿化常用的乔木类型、灌木及藤本植物类型、常见的一、二年生草本花卉和多年生花卉。

技能目标

　　掌握市区绿化常用的乔木、灌木及藤本植物、常见的一、二年生草本花卉和多年生花卉的形态特征、观赏要点和基本的生态习性。

素养 + 思政目标

　　能够正确使用植物材料，完成市区绿化的植物配置。

　　了解生态文明建设的重要性和必要性，能够运用所学知识为自己家乡的生态保护贡献力量。

任务一 调查市区绿化常用的乔木类观赏植物

任务 导入

观察周边绿化环境，对市区常用的乔木类观赏植物进行调查，形成调查报告。

为给定道路配置行道树，完成规划设计平面图、植物配置图、立面图和效果图。

任务 准备

● 知识准备

1 行道树

1.1 雪松 *Cedrus deodara*（Roxb.）G. Don（图7-1）

隶属松科雪松属，常绿高大乔木。枝叶平展、微斜展或微下垂；叶子呈针形蓝绿色，在长枝上螺旋排列，在短枝上呈簇生状；球果直立，成熟前绿色，成熟时红褐色；雌雄同株，花单生于枝顶。20年左右开花结果，花期为10—11月。雪松因耐寒而得名。雪松系浅根性树种，也是我国优良的环境绿化树种，多孤植于草坪中央、广场中心或主要建筑物的两旁。

1.2 青海云杉 *Picea crassifolia* Kom.（图7-2）

隶属松科云杉属，乔木。高可达23 m，一年生嫩枝淡绿黄色，二年生小枝呈粉红色或淡褐黄色，冬芽圆锥形，通常无树脂，基部芽鳞有隆起的纵脊，叶片较粗，四棱状条形，近辐射伸展，下面及两侧枝叶向上弯伸，先端钝，球果圆柱形或矩圆状圆柱形，成熟前种鳞背部露出部分绿色，上部边缘紫红色；中部种鳞倒卵形，边缘全缘或微呈波状，苞鳞短小，三角状匙形，种子斜倒卵圆形，种翅倒卵状，淡褐色，先端圆。4—5月花期，9—10月球果成熟。青海云杉是高山区重要森林更新树种和荒山造林树种，亦可作为庭园观赏树种，适于在园林中孤植、群植，常作为庭荫树、园景树。

图7-1 雪松

图7-2 青海云杉

1.3 青杆 *Picea wilsonii* Mast.（图 7-3）

青杆又名华北云杉，隶属松科云杉属，常绿针叶乔木植物，为我国特有树种，分布于内蒙古、河北、山西、甘肃、山东等地区。成树高达 50 m，胸径 1.3 m，树冠圆锥形，一年生小枝淡黄绿、淡黄或淡黄灰色，无毛，罕疏生短毛，以后变为灰色、暗灰色。由于青扦树姿美观胜于红皮云杉，树冠茂密翠绿，已成为北方地区"四旁"绿化、园林绿化、庭院绿化树种的佼佼者。

1.4 圆柏 *Juniperus chinensis* Roxb.（图 7-4）

圆柏又名桧柏，隶属柏科刺柏属，常绿乔木。雌雄异株，稀同株。干皮条状纵裂。成年树及老树鳞叶为主，幼树常为刺叶，刺叶三叶交互轮生，有两条白色气孔带。果球形，褐色，被白粉。长寿，深根性，侧根发达，耐修剪易整形。适宜栽植于公园及公共绿地、风景区、道路、建筑环境、工矿区、医院及学校。

图 7-3 青杆

1.5 侧柏 *Platycladus orientalis*（L.）Franco（图 7-5）

隶属柏科侧柏属，乔木。其鳞叶交互对生，排成一平面，小枝扁平；孢子叶球单性同株，球果当年成熟，开裂，种子无翅。因古人认为万木皆向阳而生，唯独柏树树枝向西，五行之中西方属金，其色为白，故名"柏"；又因柏树入药时，"取叶扁而侧生者"，故名"侧柏"。因其四季常青，树形美观，故有"百木之长"的美誉。侧柏树龄可长达数百年，因此也被看作"吉祥树"。

图 7-4 圆柏全株、果枝

图 7-5 侧柏全株、果枝

1.6　旱柳 *Salix matsudana* Koidz.（图7-6）

旱柳又名柳树，隶属杨柳科柳属，乔木。植株较高，大枝斜上，树冠广圆形，树皮暗灰黑色，有裂沟，枝细长，直立或斜展，浅褐黄色或带绿色，后变褐色，无毛，幼枝有毛；叶披针形，先端长渐尖，叶柄短，上面有长柔毛，托叶披针形或缺，边缘有细腺锯齿；花序与叶同时开放，雄花序圆柱形，多少有花序梗，轴有长毛；雌花序较雄花序短，小叶生于短花序梗上，轴有长

图 7-6　旱柳全株、果枝

毛，无花柱或很短，柱头卵形，近圆裂；果有序。花期4月，果期4—5月。旱柳枝条柔软，树冠丰满，常用作庭荫树、行道树，亦用作公路树、防护林及沙荒造林。

1.7　榆 *Ulmus pumila* L.（图7-7）

榆又名白榆、家榆，隶属榆科榆属，落叶乔木。其幼树树皮平滑，大树之皮暗灰色；冬芽近球形或卵圆形；叶椭圆状卵形等，叶面平滑无毛，叶背幼时有短柔毛，叶柄面有短柔毛；翅果近圆形；花果期为3—6月。《说文》："榆，枌。从木，俞声。"俞是独木舟，而榆木是制独木舟的上好材料，故"木"和"俞"组成的字是指榆木是制独木舟的树种，榆树由此得名。榆树是城市绿化、行道树、庭荫树、工厂绿化、营造防护林的重要树种。

1.8　新疆杨 *Populus alba* var. *pyramidalis* Bunge（图7-8）

隶属杨柳科杨属，落叶乔木。高可达30 m，胸径可达1 m；树冠窄圆柱形或尖塔形；树皮为灰白或青灰色，光滑少裂；萌条和长枝叶掌状深裂，基部截形；叶柄侧扁

图 7-7　榆树全株、果枝

图 7-8　新疆杨全株、枝叶

或近圆柱形，披白茸毛；花序轴有毛，雌蕊具短柄，花柱短；蒴果是无毛细圆锥形；花期 4—5 月；果期 5 月。因其大多分布在我国新疆地区，故而得名"新疆杨"。其高大挺拔的身姿，优美的叶形也经常在园林绿化中应用，适合行道树列植、公园绿地丛植和作为广场、绿带及旅游景点的景观树，也是作为城市园林绿化背景的好材料。新疆杨代表的寓意为"紧密团结，力争上游，屈强坚强。"

1.9 槐 *Styphnolobium japonicum* (L.) Schott（图 7-9）

隶属豆科槐属，落叶乔木。树皮暗灰色，树冠球形，老时则呈扁球形或倒卵形。枝叶密生，羽状复叶。圆锥花序顶生，花蝶形，夏季开黄白色花，略具芳香。荚果肉质，念珠状不开裂，黄绿色，常悬垂树梢，经冬不落，内含种子。种子肾形，棕黑色。槐树树冠优美，花芳香，是行道树和优良的蜜源植物；因其耐烟毒能力强，也是厂矿区良好的绿化树种。

图 7-9 槐全株、枝叶

2 观叶乔木

2.1 山楂 *Crataegus pinnatifida* Bunge（图 7-10）

隶属蔷薇科山楂属，落叶乔木。其果实抗衰老作用位居群果之首。树皮粗糙，暗灰色或灰褐色；小枝圆柱形，当年生枝紫褐色，无毛或近于无毛，疏生皮孔，老枝灰褐色；叶宽卵形或三角状卵形；花瓣倒卵形或近圆形，白色；雄蕊短于花瓣，花药粉红色；基部被柔毛；果近球形或梨形，深红色。花期 5—6 月，果期 9—10 月。山楂可栽培做绿篱和观赏树，秋叶橘红，秋季结果累累，经久不凋，颇为美观。

2.2　胡桃 *Juglans regia* L.（图 7-11）

胡桃又名核桃，隶属胡桃科胡桃属，落叶乔木。树干较矮，树冠广阔；小叶呈椭圆状卵形至长椭圆形；果序短；果实近于球状，无毛；果核稍具皱曲，顶端具短尖头；隔膜较薄，内里无空隙；内果皮壁内具不规则的空隙。花期 5 月，果期 10 月。胡桃树形优美，树冠硕大，绿荫覆地，庭荫效果好，是优良的园林结合生产树种，宜做庭荫树及行道树。可孤植、丛植于风景区、公园、庭院以及园林小区之绿地草坪、园中隙地之中，也可植于房前宅旁、庭前坡坎之下，也可片植于山地坡脚、沟谷两侧、田园沃地，为经济林及防护林，也可植于风景名胜、人工疗养院疗养区之中，其花、果、叶之挥发气味有杀菌之保健功能。

图 7-10　山楂全株、果枝

图 7-11　胡桃全株、果枝

2.3　沙枣 *Elaeagnus angustifolia* L.（图 7-12）

隶属胡颓子科胡颓子属，落叶乔木，高 3～15 m。树皮栗褐色至红褐色，有光泽，具枝刺，嫩枝、叶、花果均被银白色鳞片及星状毛；叶披针形，全缘，上面银灰绿色，下面银白色。花小，银白色，芳香，通常 1～3 朵生于小枝叶腋，花萼筒状钟形，顶端通常 4 裂。果实长圆状椭圆形。桂香柳叶片似柳，6 月开黄花，花形花香均与桂花相似，故名桂香柳，是北方沙荒及盐碱地营造防护林及四旁绿化的重要树种，也可植于园林绿地观赏或做背景树。

2.4　红枫 *Acer palmatum* 'Atropurpureum'（图 7-13）

隶属无患子科槭属，落叶小乔木。枝条多细长光滑，偏紫红色；叶掌状，裂片卵状披针形；花顶生伞房花序，紫色；翅果，两翅间呈钝角；花期 4—5 月，果熟期 10 月。红色枫叶的枫树故名"红枫"。红枫是美丽的观叶树种，具有一定的观赏价值，其叶形优美，红色鲜艳持久，错落有致，树姿美观。广泛用于园林绿地及庭院观赏栽植，以孤植、散植为主，宜布置在草坪中央，高大建筑物前后、角隅等地，红叶绿树相映成趣。也可盆栽做成露根、倚石、悬崖、枯干等形状，风雅别致。

图 7-12　沙枣花枝

图 7-13　红枫全株、枝叶

2.5　鸡爪槭 *Acer palmatum* Thunb.（图 7-14）

隶属无患子科槭属，落叶小乔木。枝条开张，细弱；叶近圆形，基部心形或近心形；伞房花萼片卵状披针形；幼果紫红色，熟后褐黄色，果核球形，脉纹显著，两翅呈钝角；花期 5 月，果期 9—10 月。鸡爪槭可做行道和观赏树栽植，是较好的"四季"绿化树种。在园林绿化中，常用不同品种配置于一起，形成色彩斑斓的槭树园；也可在常绿树丛中杂以槭类品种，营造"万绿丛中一点红"景观；植于山麓、池畔，以显其潇洒、婆娑的绰约风姿；配以山石，则具古雅之趣。另外，还可植于花坛中做主景树，植于园门两侧，建筑物角隅，装点风景；以盆栽用于室内美化，也极为雅致。

2.6　银杏 *Ginkgo biloba* L.（图 7-15）

隶属银杏科银杏属，乔木。高达 40 m，胸径可达 4 m；幼树树皮浅纵裂，大树树皮呈灰褐色，深纵裂，粗糙；幼年及壮年树冠圆锥形，老则广卵形。叶扇形，有长

图 7-14　鸡爪槭全株、叶、果实

图 7-15　银杏全株、果枝

柄，淡绿色，无毛，有多数叉状并列细脉，顶端宽 5～8 cm，在短枝上常具波状缺刻，在长枝上常 2 裂，基部宽楔形。球花雌雄异株，单性，生于短枝顶端的鳞片状叶的腋内，呈簇生状；雄球花菜黄花序状，下垂。种子具长梗，下垂，常为椭圆形、长倒卵形、卵圆形或近圆球形状。银杏树形优美，春夏季叶色嫩绿，秋季变成黄色，颇为美观，可做庭园树及行道树。

3 观花、果乔木

3.1 稠李 *Prunus padus* L.（图 7-16）

隶属蔷薇科李属，乔木。株高达 15 m；幼枝被茸毛，冬芽无毛或鳞片边缘有睫毛；叶椭圆形、长圆形或长圆状倒卵形，基部圆或宽楔形，有不规则锐锯齿，花序梗和花梗无毛，萼筒钟状，萼片三角状卵形，花瓣白色，雄蕊多数；核果卵圆形；花期4—5月，果期 5—10 月。树姿优美，可列植于路旁、墙边，也适宜在庭院、公园、广场绿地上，可孤植、丛植或片植。

图 7-16　稠李全株、花枝、果枝

3.2 山桃 *Prunus davidiana*（Carrière）Franch.（图 7-17）

隶属蔷薇科李属，乔木。高可达 10 m；树冠开展，小枝细长，叶片卵状披针形，先端渐尖，两面无毛，叶边锯齿；叶柄无毛，花单生，先于叶开放；萼筒钟形；萼片紫色，花瓣倒卵形或近圆形，粉红色，果实近球形，淡黄色；3—4月开花，7—8月结果。

图 7-17　山桃全株、花枝

山桃花期早，花时美丽可观，并有曲枝、白花、柱形等变异类型。园林中宜成片植于山坡并以苍松翠柏为背景，方可充分显示其娇艳之美。在庭院、草坪、水际、林缘、建筑物前零星栽植也很合适。同时，山桃的移栽成活率极高，恢复速度快。

3.3　山杏 *Prunus sibirica* L.（图 7-18）

隶属蔷薇科李属，落叶乔木。高 2～5 m，叶片卵形或近圆形，先端长渐尖至尾尖；花单生，先于叶开放；花萼紫红色，花后反折；花瓣近白色或粉红色；果实扁球形，黄色或橘红色，果肉较薄而干燥，成熟时开裂，味酸涩不可食。花期 3—4 月。山杏花先叶开放，春天淡红色杏花满枝，春意融融。配置水榭、湖畔，正如万树水边杏，照在碧波中。还可与常绿针叶树、古树、山石等配景；也可做行道树，或栽植于公园、厂矿、庭院等。

图 7-18　山杏花枝、果枝

3.4　重瓣粉海棠花 *Malus spectabilis* 'Riversii'（图 7-19）

隶属蔷薇科苹果属，小乔木。高达 2.5～5.0 m，树枝直立性强，为我国的特有植物。在海棠花类中树态峭立，似亭亭少女。花红，叶绿，果美，不论孤植、列植、丛植均极美观。花色艳丽，一般多栽培于庭园供绿化用，最宜植于水滨及小庭一隅。宋代的郭稹在其诗中描写海棠"朱栏明媚照横塘，芳树交加枕短墙"，就是最生动形象的写照。新式庭园中，以浓绿针叶树为背景，植海棠

图 7-19　重瓣粉海棠花全株、花枝

于前列，则其色彩尤觉夺目；若列植为花篱，鲜花怒放，蔚为壮观。其花未开时，花蕾红艳，似胭脂点点；开后则渐变粉红，有如晓天明霞。

3.5　北美海棠 *Malus* 'American'（图 7-20）

隶属蔷薇科苹果属，落叶小乔木。株高一般在 5～7 m，呈圆丘状，整株直立呈垂枝状；树干颜色为新干棕红色，黄绿色，老干灰棕色，有光泽；分枝互生直立悬垂等无弯曲枝；花量大颜色多，多有香气；果实扁球形；花期 4—5 月，果期 8—9 月。在北美已经流行并应用了几十年，所以被称为"北美海棠"。北美海棠具有园林观赏价值，其花、叶、果和枝条的色彩丰富，加之在不同的季节中展示花、叶、果、枝和多姿多彩的形态，使观赏期持续很长，是园林植物中不可或缺的优良树种。

图 7-20　北美海棠全株、花、果枝

3.6　沙梨 *Pyrus pyrifolia* (Burm. F.) Nakai（图 7-21）

隶属蔷薇科梨属，落叶乔木。叶圆如大叶杨，干有粗皮外护，枝撑如伞。春季开花，花色洁白，如同雪花，具有淡淡的香味。花先于叶开放或同时开放，伞形总状花序；萼片 5，反折或开展；花瓣 5，具爪，白色、稀粉红色；雄蕊 15～30，花药通常深红色或紫色；花柱 2～5，离生，子房 2～5 室，每室有 2 胚珠。梨在我国约有 2 000 余年的栽培历史，种类及品种均较多，历史悠久，自古以来深受人们的喜爱，其素淡的芳姿更

图 7-21　梨树花枝

是博得诗人的推崇。原产我国，栽培遍及全国。梨在我国产量之盛，时间之长仅次于苹果。梨是一种重要的观赏植物，被广泛用于园林景观和城市绿化。

3.7 桃 *Prunus persica*（L.）Batsch（图 7-22）

隶属蔷薇科李属，多年生落叶乔木。树干灰褐色，叶椭圆状披针形，单叶互生，边缘具有细锯齿，花单生，先叶开放，核果近球形，花期 3—4 月，果期 6—9 月。桃的名字来源于《诗经》中的"桃之夭夭，灼灼其华"。桃是中国传统的园林花木，其树态优美，枝干扶疏，花朵丰腴，色彩艳丽，为早春重要观花树种之一。

3.8 紫叶矮樱 *Prunus × cistena* N. E. Hansen ex Koehne（图 7-23）

隶属蔷薇科李属，落叶灌木或小乔木，是紫叶李和矮樱的杂交种。株高 1.8～2.5 m，冠幅 1.5～2.8 m；单叶互生，叶紫红色或深紫红色；花单生，中等偏小，淡粉红色；花期 4—5 月。紫叶矮樱是城市园林绿化优良的彩叶配置树种，用作高位色带效果最佳。由于其叶色艳丽，株形优美，孤植、丛植的观赏效果都很理想，还可制成中型和微型盆景，经造型后点缀居室、客厅，古朴典雅，亦耐强修剪，而且越修剪叶色越艳，是制作绿篱、色带、色球等的上选之材。

图 7-22 桃全株、花枝　　　　　图 7-23 紫叶矮樱全株、花枝

3.9 暴马丁香 *Syringa reticulata* subsp. *amurensis*（Rupr.）P. S. Green & M. C. Chang（图 7-24）

隶属木犀科丁香属，落叶乔木。高 4～15 m；树皮紫灰褐色，有细裂纹；枝为灰褐色；叶片厚纸质，呈宽卵形、椭圆状卵形或为长圆状披针形；圆锥花序，花冠白色，呈辐状，花冠裂片呈卵形，花药为黄色；果实呈长椭圆形，光滑或有细小皮孔；花期 6—7 月；果期 8—10 月。暴马丁香花序大，花期长，树姿美观，花香浓郁，花芬芳袭人，为绿化观赏树种之一。在我国园林中亦占有重要位置。园林中可植于建筑物的南向窗前，开花时，清香入室，沁人肺腑。植株丰满秀丽，枝叶茂密，且具独特的芳香。常丛植于建筑前、茶室凉亭周围；散植于园路两旁、草坪之中；与其他种类

丁香配植成专类园，形成美丽、清雅、芳香，青枝绿叶，花开不绝的景区，效果极佳；也可盆栽、促成栽培、切花等用。

3.10 杜梨 *Pyrus betulifolia* Bunge（图 7-25）

隶属蔷薇科梨属，落叶乔木。枝常有刺，株高 10 m，二年生枝条紫褐色。叶片菱状卵形至长圆卵形，幼叶上下两面均密被灰白色茸毛；叶柄被灰白色茸毛；托叶早落。伞形总状花序，有花 10～15 朵，花梗被灰白色茸毛，苞片膜质，线形，花瓣白色，雄蕊花药紫色，花柱具毛。果实近球形，褐色，有淡色斑点。花期 4 月，果期 8—9 月。杜梨不仅生性强健，对水肥要求也不严，其树形优美，花色洁白，可用于街道庭院及公园的绿化树。

图 7-24 暴马丁香全株、花枝

图 7-25 杜梨全株、花枝、果枝

3.11 柿 *Diospyros kaki* Thunb.（图 7-26）

隶属柿树科柿树属，落叶乔木。叶呈椭圆形或近圆形；花雌雄蕊异株，稀雄株有少数雌花，雌株有少数雄花；果形多种，有球形，扁球形；果肉较脆硬。柿花期 5—6 月，果 9—10 月。在绿化方面，柿树寿命长，可达 300 年以上，叶大荫浓，秋末冬初，霜叶染成红色，冬月，落叶后，柿实殷红不落，一树满挂累累红果，增添优美景色，是优良的风景树。

3.12 柽柳 *Tamarix chinensis* Lour.（图 7-27）

隶属柽柳科柽柳属，乔木。春季总状花序侧生于去年生小枝，夏秋总状花序生于当年生枝顶端，花梗纤细，花瓣卵状椭圆形或椭圆；蒴果圆锥形；叶鲜绿色，钻形或卵状披针形，背面有龙骨状突起，先端内弯；花期 4—9 月。柽柳枝条细柔，姿态婆娑，鲜绿叶片与粉红花朵相映成趣，颇为美观，常被栽种用作庭院观赏。柽柳最主要的观赏价值还是在于花，到了 5 月，柽柳的总状花序挂满枝头，远观如白雪满树，又觉白里透红，颇似红蓼，树影婆娑，风姿摇曳，韵味非常。更有趣的是柽柳一年可以

图 7-26　柿树全株、花枝、果枝

图 7-27　柽柳全株、花枝

开三次花，故又名"三春柳"。

3.13　毛泡桐 *Paulownia tomentosa*（Thunb.）Steud.（图 7-28）

隶属泡桐科泡桐属，乔木植物。株
高达 20 m，树冠宽大伞形，树皮褐灰色；
小枝有明显皮孔，幼时常具黏质短腺毛；
叶先端锐尖，基部心形，全缘或波状浅
裂，叶柄常有黏质短腺毛；花萼浅钟形，
花冠漏斗状钟形，子房卵圆形；蒴果卵圆
形，幼时密生黏质腺毛；花期 4—5 月，
果期 8—9 月。毛泡桐树干端直，树冠宽
大，叶大荫浓，花大而美，宜做行道树、
庭荫树，也是重要的速生用材树种。

图 7-28　毛泡桐全株、花枝

任务　筹划

- **内容筹划**

为给定道路配置行道树，完成规划设计平面图和植物配置图及立面图和效果图。

- **流程筹划**

（1）调查给定道路周边环境及功能需求。

（2）查阅本地常用的行道树类型。

（3）绘制规划设计平面图。

（4）植物配置图、立面图和效果图。

- **方法筹划**

资料查阅：查阅当地文献、植物志。

现场调研：在现场调查场地的地形、文化、急需解决的问题等。

任务 **实施**

步骤一：利用课件、图片及视频资料，掌握青藏高原常见的行道树、观叶乔木、观花观果乔木的类型。

步骤二：现场调查当地应用的行道树、观叶乔木、观花观果乔木的类型，并形成调查报告。

步骤三：根据调查结果，为给定道路配置行道树，并完成相应的规划设计图，植物配置图、立面图和效果图。

步骤四：任务总结。

 任务 **检测**

请扫描二维码答题。

项目七任务一
任务检测一

项目七任务一
任务检测二

任务 **评价**

班级：_____　组别：_____　姓名：_____

项目	评分标准	分值	自我评价	小组评价	教师评价
知识技能	能完成现场调查报告	10			
	能查阅文献资料	10			
	能筛选出适合本地的植物类型	10			
	能绘制规划设计平面图	10			
	能绘制植物配置图	10			
	能绘制效果图	10			
任务质量	整体效果很好为15~20分，较好为12~14分，一般为8~11分，较差为0~7分	20			
素养表现	学习态度端正，观察认真、爱护仪器，耐心细致	10			
思政表现	正确处理个体与整体之间关系，树立集体观念和大局意识	10			
合计		100			

（续表）

自我评价与总结	
教师点评	

任务二　灌木及藤本类观赏植物

任务 导入

观察周边绿化环境，对市区常用的灌木类观赏植物进行调查，形成调查报告。为给定小区进行绿化设计，完成规划设计平面图和植物配置图及立面图和效果图。

任务 准备

● 知识准备

1　灌木类

1.1　玫瑰 *Rosa rugosa* Thunb.（图 7-29）

隶属蔷薇科蔷薇属，落叶灌木。株高达2 m；小枝密生线毛，针刺和腺毛，有皮刺；小叶 5 枚，椭圆形或倒卵形，叶脉下陷，有褶皱，密被茸毛和腺毛；花单生叶腋或数朵簇生；苞片卵形，边缘有腺毛，外被茸毛；萼片卵状披针形，常有羽状裂片呈叶状；花瓣紫红或白色，芳香，半重瓣至重瓣，倒卵形；花柱离生，被毛，稍伸出花萼，短于雄蕊；果扁球形，熟时砖红色，肉质，平滑，萼片宿存。玫瑰是世界著名的观赏植物之一，庭园普遍栽培。可做树篱（由于有大量

图 7-29　玫瑰全株、花枝

尖锐的刺而无法穿透），可做干花标本，种植在河岸、农舍花园、沙土、海滩沙丘用于侵蚀控制。

1.2　黄刺玫 *Rosa xanthina* Lindl.（图 7-30）

隶属蔷薇科蔷薇属，直立灌木。高 2～3 m；枝粗壮，密集；小叶片呈宽卵形；叶轴、叶柄有稀疏柔毛和小皮刺；花单生于叶腋，重瓣或半重瓣，呈黄色；果实呈近球形或倒卵圆形，紫褐色或黑褐色；花期 5—6 月，果期 7—8 月。黄刺玫是在北方常见的观赏植物。它在每年五六月开花，花朵黄色、颜色清新、花香诱人，并在 8 月结果，果实可以食用。

图 7-30　黄刺玫全株、花枝、果枝

1.3　紫丁香 *Syringa oblata* Lindl.（图 7-31）

紫丁香俗名丁香、华北紫丁香，隶属木樨科丁香属，小乔木。叶革质或厚纸质，卵圆形或肾形，基部心形、截形或宽楔形；圆锥花序直立，由侧芽抽生；花冠紫色，花冠筒圆柱形，果卵圆形或长椭圆形；花期4—5 月，果期 6—10 月。高濂在《草花谱》中提到："紫丁香花木本，花微细小丁，香而瓣柔，色紫"，故名紫丁香。紫丁香是我国特有的名贵花木，已有 1 000 多年的栽培历史。植株丰满秀丽，枝叶茂密，且具独特的芳香。常丛植于建筑前、茶室凉亭周围；散植于园路两旁、草坪之中；与其他种类丁香配植成专类园，形成美丽、清雅、芳香，青枝绿叶，花开不绝的景区，效果极佳；也可盆栽、促成栽培、切花等用。

图 7-31　紫丁香全株、花枝

1.4 香荚蒾 *Viburnum farreri* W. T. Stearn（图 7-32）

隶属忍冬科荚蒾属，落叶灌木。高可达 5 m，冬芽椭圆形；圆锥花序生于能生幼叶的短枝之顶，有多数花，花先叶开放，芳香；苞片条状披针形，萼齿卵形，花冠蕾时粉红色，开后变白色，花丝极短或不存在，花药黄白色，近圆形；果实紫红色，4—5 月开花。香荚蒾树姿优美、花色艳丽、芳香浓郁、观赏价值高，是优良的早春观花灌木。

图 7-32 香荚蒾全株、花枝、果枝

1.5 金露梅 *Dasiphora fruticosa*（L.）Rydb.（图 7-33）

金露梅俗名金老梅，蔷薇科萎陵菜属，灌木。高 0.5～2.0 m，多分枝，树皮纵向剥落。羽状复叶，有小叶 2 对，稀 3 小叶；小叶片长圆形、倒卵长圆形或卵状披针形。单花或数朵生于枝顶，花直径 2.2～3.0 cm；花瓣黄色，宽倒卵形。瘦果近卵形，褐棕色，长 1.5 mm，外被长柔毛。花果期 6—9 月。金露梅生性强健，耐寒，喜湿润，但怕积水，耐干旱，喜光，在背阴处多生长不良，对土壤要求不严，在沙壤土、素沙土中都能正常生长，喜肥而较耐瘠薄。金露梅枝叶茂密，黄花鲜艳，适宜做庭园观赏灌木，或做矮篱也很美观。

图 7-33 金露梅全株、花枝

1.6　金焰绣线菊 *Spiraea japonica* 'Goldflame'（图 7-34）

隶属蔷薇科绣线菊属，直立灌木。小枝细弱，呈之字形弯曲；叶片长卵形至卵状披针形，较大，叶色多变，新叶橙红，老叶黄绿色；秋冬又变为绯红或紫红色；复伞房花序，花色淡紫红；花期 6 月，果期 8—9 月。绣线菊的花头碎紫成簇而生，心中吐出素缕，如线之大，自夏至秋都有，故名"绣线菊"。绣线菊枝繁叶茂，叶似柳叶，小花密集，花色粉红，花期长，自初夏可至秋初，是良好的园林观赏植物和蜜源植物，也是理想的植篱材料和观花灌木，适宜多种用途栽培观赏。

1.7　榆叶梅 *Prunus triloba* Lindl.（图 7-35）

隶属蔷薇科李属，小乔木。榆叶梅枝条开展，具多数短小枝；叶片宽椭圆形至倒卵形，叶边具粗锯齿或重锯齿；花果期 4—7 月；花先于叶开放；雄蕊短于花瓣，花柱稍长于雄蕊；果实近球形，红色，果肉薄。因其叶片像榆树叶，花朵酷似梅花而得名"榆叶梅"。榆叶梅多栽培于庭院中，早春开花，为庭院增添生机与春色，也可在光线较好的阳台、客厅摆放榆叶梅景盆。清代女词人顾太清在其《忆仙姿·戏咏瓶中榆叶梅寿丹》中写道："瓶里春光如绣，榆叶梅花秾茂。妙色可人心，更有金丹延寿。"

图 7-34　金焰绣线菊全株、叶

图 7-35　榆叶梅全株、花枝

1.8　锦带花 *Weigela florida*（Bunge）A. DC.（图 7-36）

隶属忍冬科锦带花属，落叶灌木。树皮灰色；芽顶短尖，常光滑；叶矩圆形；花单生或排成聚伞花序生于侧生短枝的叶腋或枝顶，萼筒长圆柱形，花冠紫红色或玫瑰红色，花药黄色；果实顶有短柄状喙；花期 4—6 月，果期 10 月。当春夏之交，长长的枝条上，一串串粉红色钟形花朵密列满枝，几乎看不到叶子，如花团锦簇的绶带，故得名"锦带花"。锦带花枝叶茂密、花色艳丽，适宜庭院墙隅、湖畔群植；也可在树丛林缘做篱芭、丛植配植；或点缀于假山、坡地等处。其嫩茎叶及花可食。

1.9　树锦鸡儿 *Caragana arborescens* Lam.（图 7-37）

豆科锦鸡儿属的小乔木或大灌木植物。株高可达 2～6 m；老枝深灰色，稍有光泽；托叶针刺状，小叶长圆状倒卵形；花萼钟状，萼齿短宽，花冠黄色，旗瓣菱状宽卵形，先端圆钝，翼瓣长圆形；荚果圆筒形；花期5—6月，果期8—9月。其喜光照充足的环境气候，较耐阴、耐寒、耐旱、耐贫瘠，可在轻度盐碱土壤中生长。还因其花朵美丽，叶色鲜绿，可孤植、丛植于岩石旁、小路边，也可做绿篱或盆景材料，也是良好的蜜源植物及水土保持树种。

图 7-36 锦带花全株、花枝　　　　　图 7-37 树锦鸡儿花枝

1.10 珍珠梅 *Sorbaria sorbifolia*（L.）A. Braun（图 7-38）

珍珠梅俗名华北珍珠梅，隶属蔷薇科珍珠梅属，灌木。株高2 m，羽状复叶，小叶卵状披针形；花顶生密集圆锥花序，花瓣白色长圆形或倒卵形；蓇葖果；花期7—8月，果期9月。珍珠梅因其花蕾圆如珍珠，花开似梅而得名。珍珠梅株丛丰满、白花清雅，花期很长，适宜在各类园林绿地、草坪边缘、路边、池边和庭院一角栽培观赏。

1.11 牡丹 *Paeonia × suffruticosa* Andrews.（图 7-39）

隶属芍药科芍药属，多年生落叶灌木。茎高达2 m，分枝短而粗。叶通常为二回三出复叶，表面绿色，无毛，背面淡绿色，有时具白粉，叶柄长5～11 cm，叶柄和叶轴均无毛。花单生枝顶，苞片5，长椭圆形；萼片5，绿色，宽卵形，花瓣5或为

图 7-38 珍珠梅全株、花枝　　　　　图 7-39 牡丹全株、花枝

重瓣，玫瑰色、红紫色、粉红色至白色，通常变异很大，倒卵形，顶端呈不规则的波状；花药长圆形，长4 mm；花盘革质，杯状，紫红色；心皮5，密生柔毛。蓇葖长圆形，密生黄褐色硬毛。花期5月，果期6月。花色泽艳丽，玉笑珠香，风流潇洒，富丽堂皇，素有"花中之王"的美誉。在栽培类型中，主要根据花的颜色，可分成数百个品种。牡丹品种繁多，色泽亦多，以黄、绿、肉红、深红、银红为上品，尤其黄、绿为贵。牡丹花大而香，故又有"国色天香"之称。

1.12　月季花 *Rosa chinensis* Jacq.（图7-40）

隶属蔷薇科蔷薇属，常绿、半常绿低矮灌木。羽状复叶。花分单瓣和重瓣，重瓣色为深红且略似玫瑰。花色以红色为主，其他有白、黄、粉红、玫瑰红等。果卵圆形或梨形，熟时红色。自然花期4—9月。月季花，以一年四季不分春、夏、秋、冬皆能见花而得名，又以其每月近乎开花一次而得名"月月红""长春花"。月季花适应性强，耐寒、耐旱，对土壤要求不严格，但以富含有机质、排水良好的微带酸性沙壤土最好。喜欢阳光充足，温暖湿润的气候，一般22～25℃为花生长的最适宜温度。

1.13　黄杨 *Buxus sinica*（Rehder & E. H. Wilson）M. Cheng（图7-41）

黄杨俗名瓜子黄杨、小叶黄杨，隶属黄杨科黄杨属，常绿灌木或小乔木植物。株高1～6 m，枝条密集，枝圆柱形，小枝四棱形；叶薄革质，阔椭圆形或阔卵形，叶面无光或光亮；花序腋生，头状，花密集，花序轴被毛，苞片阔卵形；雄花无花梗，花柱粗扁，柱头倒心形；蒴果近球形，无毛；花期3月，果期5—6月。黄杨枝叶茂密，叶光亮、常青，是常用的观叶树种，其不仅是常绿树种，而且抗污染。能吸收空气中的二氧化硫等有毒气体，对大气有净化作用，特别适合车辆流量较高的公路旁栽植绿化，绿绿葱葱，煞是好看。青海在室内盆栽，需要时放置在大会主席台两侧，增加绿色气氛。

图7-40　月季

图7-41　黄杨

1.14　忍冬 *Lonicera japonica* Thunb.（图7-42）

隶属忍冬科忍冬属，半常绿缠绕藤本植物。忍冬幼枝呈橘红褐色；叶片一般有披

图 7-42 忍冬全株、花枝、果枝

针形和卵形；忍冬花苞片大，花瓣卵形或椭圆形，花冠白色；果实圆形，成熟时蓝黑色，有光泽；花期4—6月。忍冬因为其凌冬不凋谢而得名。忍冬形态奇特，花形独特，具有很高的园林观赏价值，忍冬是多年生半常绿缠绕灌木，适应性强，不择土质，既耐旱，又耐涝，而且根很深，可以防止水土流失。

1.15 水蜡树 *Ligustrum obtusifolium* Siebold & Zucc.（图 7-43）

隶属木樨科女贞属，落叶多分枝灌木。小枝被微柔毛或柔毛，叶长椭圆形，花序轴、花梗、花萼均被柔毛。果近球形或宽椭圆形，成熟时紫黑色。花期5—6月，果期8—10月。水蜡树苍劲古雅，形态多姿，叶片色泽光亮，耐修剪，易于造型，可制作枯干式、直干式、大树型、悬崖式等多种造型的盆景。

1.16 连翘 *Forsythia suspensa*（Thunb.）Vahl（图 7-44）

连翘又名黄绶带，隶属木樨科连翘属，灌木。枝开展或下垂；叶通常为单叶，叶片呈卵形或椭圆形；花通常单生或2至数朵着生于叶腋，花萼绿色，裂片呈长圆形；果呈卵球形或长椭圆形；花期3—4月，果期7—9月。因为连翘的形态如古代的连车和翘车，故得此名。连翘树姿优美、生长旺盛。早春先叶开花，且花期长、花量多，盛开时满枝金黄，芬芳四溢，令人赏心悦目，是早春优良观花灌木，可以做成花篱、

图 7-43 水蜡　　　　　　　　　图 7-44 连翘全株、花枝

花丛、花坛等，在绿化美化城市方面应用广泛，是观光农业和现代园林难得的优良树种。

2 藤本类

2.1 木藤蓼 *Fallopia aubertii*（L. Henry）Holub（图 7-45）

木藤蓼俗名山荞麦，隶属蓼科何首乌属，半灌木。茎缠绕，灰褐色。叶簇生稀互生，叶片长卵形或卵形，近革质，顶端急尖，两面均无毛，托叶鞘膜质。花序圆锥状，腋生或顶生，苞片膜质，顶端急尖，苞内具花；花梗细，花被片背部具翅。瘦果卵形，黑褐色。7—8 月开花，8—9 月结果。木藤蓼攀缘能力极强，是绿篱花墙、遮阴、假山等立体绿化快速见效的极好树种。

2.2 五叶地锦 *Parthenocissus quinquefolia*（L.）Planch.（图 7-46）

五叶地锦俗名美国地锦、五叶爬山虎，隶属葡萄科地锦属，木质藤本。嫩芽为红或淡红色；卷须总状 5～9 分枝，嫩时顶端尖细而卷曲，遇附着物时扩大为吸盘；掌状复叶，5 小叶，叶片呈倒卵状椭圆形。花萼碟形，花瓣长椭圆形。果实呈球形，种子呈倒卵形。花期 6—7 月，果期 8—10 月。五叶地锦是垂直绿化主要树种之一，是绿化墙面、廊亭、山石或老树干的好材料，也可做地被植物。因其长势旺盛，常被栽培于高架桥下的立柱上。

图 7-45 木藤蓼

图 7-46 五叶地锦

2.3 藤蔓月季 *Climbing Roses*（图 7-47）

落叶灌木，呈藤状或蔓状。由于具有很长的藤蔓，同时管理粗放，耐修剪，抗性强，花形、花色丰富，花香浓郁，花开四季不断具有很强的观赏性，是现代城市多层次、多方位园林环保绿化的好材料。其姿态各异，可塑性强，短茎品种枝长只有 1 m，长茎的达 5 m。

2.4　地锦 *Parthenocissus tricuspidata*（Siebold & Zucc.）Planch.（图7-48）

地锦俗名爬山虎、爬墙虎，隶属葡萄科地锦属，木质藤本植物。小枝圆柱形；叶为单叶，叶片通常倒卵圆形；花序着生在短枝上，基部分枝，花期5—8月。果实球形，种子倒卵圆形。作为抗逆性良好的地被植物，地锦可以有效地覆盖地面，并能用吸盘附着于岩石和土块之上，以固定土壤。地锦具有祛风止痛、活血通络的功效。

图7-47　藤蔓月季

图7-48　地锦

 任务 **筹划**

● **内容筹划**

为给定道小区做绿化设计，完成植物配置图和效果图。

● **流程筹划**

（1）调查给定区域周边环境及功能需求。

（2）查阅本地常用的小区绿化灌木及藤本植物的类型。

（3）绘制植物配置图和效果图。

● **方法筹划**

资料查阅：查阅相关文献、植物志。

现场调研：在现场调查场地的地形、文化、急需解决的问题等。

 任务 **实施**

步骤一：利用课件、图片及视频资料，掌握青藏高原常见的观赏灌木的类型。

步骤二：现场调查当地应用的观赏灌木的类型，并形成调查报告。

步骤三：根据调查结果，为给定小区进行绿化设计，并完成相应的规划设计图、植物配置图、立面图和效果图。

步骤四：任务总结。

任务 **检测**

请扫描二维码答题。

项目七任务二 　　 项目七任务二
任务检测一 　　　 任务检测二

 任务 **评价**

班级：＿＿＿＿＿＿＿＿　　组别：＿＿＿＿＿＿＿＿　　姓名：＿＿＿＿＿＿＿＿

项目	评分标准	分值	自我评价	小组评价	教师评价
知识技能	能完成现场调查报告	10			
	能查阅文献资料	10			
	能筛选出适合本地的植物类型	10			
	能绘制植物配置图	10			
	能绘制效果图	10			
	能完成现场调查报告	10			
任务质量	整体效果很好为15~20分，较好为12~14分，一般为8~11分，较差为0~7分	20			
素养表现	学习态度端正，观察认真、爱护仪器，耐心细致	10			
思政表现	正确处理个体与整体之间关系，树立集体观念和大局意识	10			
合计		100			

自我评价与总结	
教师点评	

任务三 一至二年生草本观赏植物

任务 导入

观察周边公园、广场等场所绿化、美化的现状，对市区常用的草本类观赏植物进行调查，形成调查报告。按生态文明建设要求，合理设计，完成校园内部分绿地的规划设计平面图、植物配置图及立面图和效果图。

任务 准备

● 知识准备

1 鼠尾草 *Salvia japonica* Thunb.（图 7-49）

隶属唇形科鼠尾草属，多年生草本植物。茎有长柔毛或近无毛，茎直立，株高 30～100 cm，植株呈丛生状。茎为四角柱状。羽状复叶，叶对生，长椭圆形。须根密集。顶生总状花序，花序长达 15 cm 或以上；苞片较小，蓝紫色，开花前包裹着花蕾；花萼钟形，蓝紫色。花期 6—9 月。鼠尾草主要分布于浙江、安徽南部、江苏、江西、湖北、福建、台湾、广东、广西，生于山坡、路旁、背阴草丛，水边及林荫下。鼠尾草常栽培来作为厨房用的香草或医疗用的药草，也可用于萃取精油、制作香包等。鼠尾草还可大面积栽培，做盆栽和花坛美化，既可绿化城市也可闻香。

2 矢车菊 *Centaurea cyanus* L.（图 7-50）

隶属菊科矢车菊属，一年生或二年生草本植物。高 30～70 cm，直立；自中部分枝，极少不分枝；基生叶，头状花序顶生，顶端排成伞房花序或圆锥花序。总苞椭圆状，盘花，蓝色、白色、红色或紫色，瘦果椭圆形，花果期 2—8 月。矢车菊原产于欧洲东南部地区，主要分布于地中海地区及亚洲西南部地区。它原是一种野生花卉，

图 7-49　鼠尾草　　　　　　　　　　图 7-50　矢车菊

经过人们多年的培育，矢车菊的"野"性少了，花变大了，颜色变多了，有紫、蓝、浅红、白色等品种，其中紫、蓝色最为名贵。在德国的山坡、田野、水畔、路边、房前屋后到处可见，被德国奉为国花。矢车菊既是一种观赏植物，同时也是一种良好的蜜源植物。全株可入药。

3 紫茉莉 *Mirabilis jalapa* L.（图7-51）

隶属紫茉莉科紫茉莉属，一年生草本。高可达1 m，根肥粗。茎直立，圆柱形。叶片卵形或卵状三角形，全缘。花常数朵簇生枝端，总苞钟形，长约1 cm，5裂；花被紫红色、黄色、白色或杂色，高脚碟状，筒部长2～6 cm，5浅裂；花午后开放，有香气，次日午前凋萎。瘦果球形，直径5～8 mm，革质，黑色，表面具皱纹；种子胚乳白粉质。花期6—10月，果期8—11月。我国南北各地常栽培，为观赏花卉，有时逸为野生。亦可药用。

4 百日菊 *Zinnia elegans* Jacq.（图7-52）

隶属菊科百日菊属，一年生草本。茎直立，高30～100 cm。叶宽卵圆形，基出三脉。头状花序单生枝端；总苞片多层，宽卵形或卵状椭圆形。舌状花深红色、玫瑰色、紫堇色或白色，舌片倒卵圆形，先端2～3齿裂或全缘，上面被短毛，下面被长柔毛。管状花黄色或橙色。雌花瘦果倒卵圆形，管状花瘦果倒卵状楔形。花期6—9月，果期7—10月。原产墨西哥高原，是著名的观赏植物，有单瓣、重瓣、卷叶、皱叶和各种不同颜色的园艺品种。在我国各地栽培很广，有时成为野生。

图7-51 紫茉莉

图7-52 百日菊

5 羽扇豆 *Lupinus micranthus* Guss.（图7-53）

隶属豆科羽扇豆属，一年生草本。株高可达70 cm，茎基部分枝，掌状复叶，小叶披针形至倒披针形，叶质厚，总状花序顶生，花序轴纤细，花梗甚短，萼二唇形，被硬毛，花冠蓝色，旗瓣和龙骨瓣具白色斑纹。荚果长圆状线形，种子卵形，扁平，斑纹，光滑。3—5月开花，4—7月结果。原产地中海地区。多生长于沙地的温带地区。园艺栽培品种较多。羽扇豆俗称鲁冰花，花序挺拔、丰硕，花色艳丽多彩，有白、红、蓝、紫等变化，而且花期长，可用于片植或在带状花坛群体配植，同时也是切花生产的好材料。

6 风铃草 *Campanula medium* L.（图 7-54）

隶属桔梗科风铃草属，二年生宿根草本。株高 50～120 cm；叶簇生，卵形至倒卵形。小花 1～2 朵聚生成总状花序。花冠钟形，长约 6 cm，5 裂，有白、蓝或紫等色；花萼与子房贴生，裂片 5 枚，花冠 5 裂；雄蕊着生于花筒基部，花丝基部扩大成片状，子房下位；蒴果。种子多数。花期 5—6 月。我国近 20 种，主产西南山区，少数种类产于北方，个别种也产于广东、广西和湖北西部。

图 7-53 羽扇豆　　　　　　　　　　　图 7-54 风铃草

7 翠菊 *Callistephus chinensis*（L.）Nees（图 7-55）

隶属菊科翠菊属，一年生或二年生草本。茎直立，单生，有纵棱，高可达 100 cm。叶卵形、菱状卵形或匙形或近圆形，长 2.5～6.0 cm，宽 2～4 cm，边缘有不规则的粗锯齿；上部茎叶渐小。头状花序单生于茎顶，直径 6～8 cm，有长花序梗；总苞半球形，总苞片 3 层，雌花 1 层，在园艺栽培中可为多层，红色、淡红色、蓝色、黄色或淡蓝紫色，舌状长 2.5～3.5 cm；两性花花冠黄色。瘦果长椭圆状倒披针形，稍扁，中部以上被柔毛。外层冠毛宿存，内层冠毛雪白色。花果期 5—10 月。产于东北、华北、西南等地区，我国栽培甚广，生长于山坡撂荒地、山坡草丛、水边或疏林荫处，常引为植物园、花园、庭院及其他公共场所观赏栽植。

8 金鸡菊 *Coreopsis basalis*（A. Dietr.）S. F. Blake（图 7-56）

隶属菊科金鸡菊属，一年生或二年生草本。株高 30～60 cm，叶片羽状分裂，头状花序单生枝端。外层总苞片与内层近等长，舌状花 8，黄色，基部紫褐色，先端具齿或裂片。瘦果倒卵形，内弯。花期 7—9 月。金鸡菊花朵繁盛鲜艳，冬叶长绿，至冬不凋，花期长达 2 个月，为很好的观花常绿植物。春夏之间，花大色艳，常开不绝，可做花境材料，也可在草地边缘、向阳坡地成片栽植，管理粗放。其枝、叶、花可供切花用。

图 7-55　翠菊

图 7-56　金鸡菊

9　万寿菊 *Tagetes erecta* L.（图 7-57）

隶属菊科万寿菊属，一年生草本。高可达 1.5 m，叶羽状分裂。头状花序单生，舌状花黄色或暗橙色，长 2.9 cm；舌片倒卵形，基部收缩成长爪；管状花花冠黄色，顶端具 5 齿裂。瘦果线形，黑色或褐色。花期 7—9 月。万寿菊是一种常见的园林绿化花卉，其花大、花期长，常用来点缀花坛、广场，可布置花丛、花境和培植花篱。中、矮生品种适宜做花坛、花径、花丛材料，也可做盆栽；植株较高的品种可作为背景材料或切花。同时可以食用，而且还很美味。

10　金盏花 *Calendula officinalis* L.（图 7-58）

隶属菊科金盏花属，一年生草本。株高可达 75 cm，叶长圆状倒卵形。头状花序单生茎枝端，直径 4～5 cm，总苞片 1～2 层，小花黄或橙黄色；管状花檐部具三角状披针形裂片，瘦果弯曲，淡黄色或淡褐色，外层的瘦果大半内弯，外面常具小针刺，顶端具喙，两侧具翅脊部具规则的横折皱。花期 4—9 月。花美丽鲜艳，是庭院、公

图 7-57　万寿菊

图 7-58　金盏菊

园装饰花圃、花坛的理想花卉。我国各地广泛栽培，供观赏。

11 鸡冠花 *Celosia cristata* L.（图 7-59）

隶属苋科青葙属，一年生直立草本。株高 30～80 cm；茎分枝少，近上部扁平，绿色或带红色，有棱纹突起。单叶互生，具柄；叶片长 5～13 cm，宽 2～6 cm，先端渐尖或长尖，基部渐窄成柄，全缘。中部以下多花；苞片、小苞片和花被片干膜质，宿存；胞果卵形，长约 3 mm，熟时盖裂，包于宿存花被内。种子肾形，黑色，光泽。其品种多，株型有高、中、矮 3 种；形状有鸡冠状、火炬状、绒球状、羽毛状、扇面状等；花色有鲜红色、橙黄色、暗红色、紫色、白色、红黄相杂色等；叶色有深红色、翠绿色、黄绿色、红绿色等。鸡冠花极其好看，为夏秋季常用的花坛用花。亦可药用。

12 醉蝶花 *Tarenaya hassleriana*（Chodat）Iltis（图 7-60）

隶属白花菜科醉蝶花属，一年生强壮草本。株高 1.0～1.5 m，全株被黏质腺毛，有特殊臭味，有托叶刺。掌状复叶具 5～7 小叶，草质，椭圆状披针形或倒披针形，中央小叶盛大，长 6～8 cm，最外侧的最小，基部楔形，狭延成小叶柄，与叶柄相连接处稍呈蹼状。总状花序长达 40 cm；萼片 4；花瓣粉红色，少见白色，瓣片倒卵状匙形，长 10～15 mm，宽 4～6 mm；雄蕊 6；雌蕊柄长 4 cm；子房线柱形。果圆柱形，表面近平坦或微呈念珠状，具脉纹。花期初夏。我国常见栽培。其花瓣轻盈飘逸，盛开时似蝴蝶飞舞，颇为有趣，可在夏秋季节布置花坛、花境，也可进行矮化栽培，将其作为盆栽观赏。全草亦可入药。

图 7-59 鸡冠花

图 7-60 醉蝶花

13 旱金莲 *Tropaeolum majus* L.（图 7-61）

隶属旱金莲科旱金莲属，蔓生一年生肉质草本，多浆汁。叶互生；叶柄长 6～31 cm，向上扭曲，盾状，着生于叶片的近中心处；叶片圆形，直径 3～10 cm，有主脉 9 条。单花腋生，花黄色、紫色、橘红色或杂色，直径 2.5～6.0 cm；花托杯状；萼片 5，基部合生，长椭圆状披针形，其中一片延长成一长距；花瓣 5，常圆形，上部 2 片通常全缘，着生在距的开口处，下部 3 片基部狭窄成爪；雄蕊 8，分离；子房 3 室，线形。果扁球形，瘦果。花期 6—10 月。我国普遍引种作为庭院或温室观赏植物。其叶肥花美，叶形如碗莲，花朵形态奇特，可盆栽做室内装饰，也适于做切花。也可全草入药。

14 天人菊 *Gaillardia pulchella* Foug.（图 7-62）

隶属菊科天人菊属，一年生草本。株高 20~60 cm，茎多分枝，全株被柔毛；叶互生，下部叶匙形或倒披针形，上部叶长椭圆形。头状花序径 5 cm。总苞片披针形，边缘有长缘毛。舌状花黄色，基部带紫色，舌片宽楔形，长 1 cm，顶端 2~3 裂；管状花裂片三角形，顶端渐尖呈芒状，被节毛。瘦果长 2 mm。冠毛长 5 mm。花果期 6—8 月。可庭园栽培，供观赏。其花姿优美，颜色艳丽，花期长，适合做花坛和花丛的种植花卉。

图 7-61 旱金莲

图 7-62 天人菊

15 银叶菊 *Jacobaea maritima*（L.）Pelser & Meijden（图 7-63）

隶属菊科疆千里光属，多年生草本植物，也可做一、二年生栽培。株高约 60 cm，全株被白色茸毛，多分枝。基生叶椭圆状披针形，全缘，上部叶片一至二回羽状分裂，裂片长圆形。叶片质较薄，缺裂，如雪花图案，成叶匙形或羽状裂叶。头状花序单生枝顶，花小、黄色，种子 7 月开始陆续成熟。花期 6—9 月。其叶终身银白色，尤其适合在冷色和暖色植物之间做过渡色。花坛栽植中应用较多。

16 一串红 *Salvia splendens* Ker Gawl.（图 7-64）

隶属唇形靠鼠尾草属，亚灌木状草本。株高可达 90 cm；茎呈钝四棱形，具浅槽。叶卵圆形或三角状卵圆形；轮伞花序 2~6 花，组成顶生总状花序；苞片卵圆形，红色，大，在花开前包裹着花蕾；花萼钟形，红色，外面沿脉上被染红的具腺柔毛，二唇形，三角状卵圆形，下唇比上唇略长，深 2 裂，裂片三角形。花冠红色，长 4.0~4.2 cm，冠筒筒状，在喉部略增大，冠檐二唇形，上唇直伸，下唇比上唇短，

3 裂。能育雄蕊 2，近外伸。退化雄蕊短小。小坚果椭圆形，暗褐色，光滑。花期 3—10 月。我国各地庭园中广泛栽培，做观赏用，花颜色多样。

图 7-63　银叶菊

图 7-64　一串红

17　羽衣甘蓝 *Brassica oleracea* var. *acephala* DC.（图 7-65）

隶属十字花科芸薹属，二年生草本花卉，为甘蓝的园艺变种。株高一般为 20～40 cm，叶子宽大呈大匙形，基生叶片紧密互生呈莲座状，边缘有细波状皱褶，有光叶、皱叶、裂叶、波浪叶之分，外叶较宽大，叶片翠绿、黄绿或蓝绿，叶柄粗壮而有翼，叶脉和叶柄呈浅紫色，内部叶叶色极为丰富，有黄、白、粉红、红、玫瑰红、紫红、青灰、杂色等，非常漂亮，为观叶植物。总状花序，花色金黄、黄至橙黄。果实为长角果，圆筒形，种子黑褐色扁球形。4 月抽薹开花，观叶期为 12 月至翌年 3 月。其叶色鲜艳，是冬季和早春重要的观叶植物，多用于布置花坛、花境，或者作为盆栽。

图 7-65　羽衣甘蓝

任务 筹划

● 内容筹划

为给定区域进行一或二年生草花配制，要求具备花坛、花境、林下草花配置，完成规划设计平面图和植物配置图及立面图和效果图。

● 流程筹划

（1）调查给定道路周边环境及功能需求。

（2）查阅本地常用的一或二年生草花的类型。

（3）绘制制定区域一或二年生草花配置的规划设计平面图。

（4）绘制植物配置图、立面图和效果图。

● **方法筹划**

资料查阅：查阅当地文献、植物志。

现场调研：在现场调查场地的地形、文化、急需解决的问题等。

 任务 实施

步骤一：利用课件、图片及视频资料，掌握青藏高原常见的一或二年生草花的类型。

步骤二：现场调查当地应用的一或二年生草花的类型，并形成调查报告。

步骤三：根据调查结果，为给定道区域进行一或二年生草花配置，并完成相应的规划设计图，植物配置图、立面图和效果图（要求有花坛、花境）。

步骤四：任务总结。

任务 检测

请扫描二维码答题。

项目七任务三　　　项目七任务三
任务检测一　　　　任务检测二

 任务 评价

班级：＿＿＿＿＿＿　　　组别：＿＿＿＿＿＿＿　　　姓名：＿＿＿＿＿＿＿

项目	评分标准	分值	自我评价	小组评价	教师评价
知识技能	能完成现场调查报告	10			
	能查阅文献资料	10			
	能筛选出适合本地的植物类型	10			
	能绘制规划设计平面图	10			
	能绘制植物配置图	10			
	能绘制效果图	10			
任务质量	整体效果很好为15~20分，较好为12~14分，一般为8~11分，较差为0~7分	20			
素养表现	学习态度端正，观察认真、爱护仪器，耐心细致	10			

（续表）

项目	评分标准	分值	自我评价	小组评价	教师评价
思政表现	正确处理个体与整体之间关系，树立集体观念和大局意识	10			
	合计	100			
自我评价与总结					
教师点评					

任务四　多年生草本观赏植物

任务导入

观察周边公园、广场等场所绿化、美化现状，对市区常用的多年生草本类观赏植物进行调查，形成调查报告。按生态文明建设要求，合理设计，完成校园内指定区域的规划设计平面图、植物配置图及立面图和效果图。

任务准备

● 知识准备

1　鸢尾 *Iris tectorum* Maxim.（图 7-66）

鸢尾俗名蓝蝴蝶、紫蝴蝶、扁竹花等，属天门冬目，隶属鸢尾科鸢尾属，多年生草本。根状茎粗壮，直径约 1 cm，斜伸；叶长 15～50 cm，宽 1.5～3.5 cm，花蓝紫色，直径约 10 cm；蒴果长椭圆形或倒卵形，长 4.5～6.0 cm，直径 2.0～2.5 cm。原产于我国中部以及日本，主要分布在我国中南部。可供观赏。花香气淡雅，可以调制香水。其根状茎可做中药，全年可采，具有消炎作用。

2　蓝目菊 *Dimorphotheca ecklonis* DC.（图 7-67）

菊科异果菊属花卉。矮生种株高 20～30 cm，高生种株高 60 cm，亚灌木。茎绿色，分枝多，开花早，花期长。头状花序，多数簇生呈伞房状，有白、粉、红、蓝、紫色等；花单瓣，中心呈放射状。原产南非，我国引进栽培。性喜冷凉、通风的环境。要求土壤排水性良好，在富含有机质的沙壤土中种植较好。蓝目菊株型紧凌密矮，花色缤纷，赏心悦目，花期持续数月，是园林中新型的观花地被植物。群植适合各类阳性条件的城市绿地，与灌木草坪、景石等配置均宜，也是花坛、花境的重要材料。

图 7-66　鸢尾

图 7-67　蓝目菊

3　马鞭草 *Verbena officinalis* L.（图 7-68）

隶属马鞭草科马鞭草属，多年生草本植物。茎直立暗绿色，呈四棱形，有稀疏粗毛，株高可达 120 cm，单叶对生，卵形至长卵形。顶生或腋生的穗状花序，花蓝紫色，花萼膜质，筒状，花冠微呈二唇形，小坚果。花期 7 月，果期 9 月。马鞭草多数生长于原野；原产于欧洲，我国华东、华南和西南大部地区都有分布。根据《本草纲目》记载，马鞭草清热解毒，利水消肿，可用于治疗疟疾、伤风感冒等疾病，马鞭草食用可以起到活血化瘀的作用。

4　大花葱 *Allium giganteum* Regel（图 7-69）

隶属石蒜科葱属，多年生球根花卉。根鳞茎肉质，具葱味。叶片丛生，灰绿色，长披针形。伞形花序，头状；花、果实及种子密集地着生于花葶顶端，小花紫红色，具长柄。种子圆形，黑色。原产亚洲中部，荷兰为主要鳞茎出口国。该种是花境、岩

图 7-68　马鞭草

图 7-69　大花葱

石园或草坪旁装饰和美化的品种。大花葱花序硕大如头，故名。其花色紫红，色彩艳丽，是同属植物中观赏价值最高的一种。

5 宿根亚麻 *Linum perenne* L. （图 7-70）

又名蓝亚麻，隶属亚麻科亚麻属，多年生草本。株高 40～50 cm，茎部多分枝，茎丛生、直立而细长；叶细而多，线形螺旋状排列；花顶生或腋生，花梗纤细而下垂。原产欧洲。喜光照充足，耐寒能力强。花期 6—7 月，果期 8—9 月，由于其适应能力强，可用作观赏植物。此品种种子还可食用。

6 紫花地丁 *Viola philippica* Cav. （图 7-71）

别名野堇菜、光瓣堇菜等，隶属堇菜科堇菜属，多年生草本，属侧膜胎座目。无地上茎，高 4～14 cm，叶片下部呈三角状卵形或狭卵形，上部则较长，呈长圆形、狭卵状披针形或长圆状卵形，花中等大，紫堇色或淡紫色，稀呈白色，喉部色较淡并带有紫色条纹；蒴果长圆形，长 5～12 mm，种子卵球形，长 1.8 mm，淡黄色。花果期 4 月中下旬至 9 月。原产于我国，在朝鲜、日本等地也有分布。

图 7-70 宿根亚麻

图 7-71 紫花地丁

7 耧斗菜 *Aquilegia viridiflora* Pall. （图 7-72）

隶属毛茛科耧斗菜属，原产于欧洲和北美，为多年生草本植物。根肥大，圆柱形，粗达 1.5 cm，简单或有少数分枝，外皮黑褐色。根出叶，叶表面有光泽，背面有茸毛，在 6—7 月开花，通常深蓝紫色或白色，花药黄色，供药用。生于海拔 200～2 300 m 的山地路旁、河边或潮湿草地。分布于我国东北、华北及陕西、宁夏、甘肃、青海等地。俄罗斯远东地区有分布。有较好的观赏价值，亦可入药。

8 藿香 *Agastache rugosa*（Fisch. & C. A. Mey.）Kuntze（图 7-73）

藿香又名合香、苍告、山茴香等，隶属唇形科藿香属，多年生草本植物。茎直立，茎部细柔毛，下部无毛，高 0.5～1.5 m，四棱形，粗达 7～8 mm。叶心状卵形至长圆状披针形。花冠淡紫蓝色，长约 8 mm。成熟小坚果卵状长圆形，长约 1.8 mm，宽约 1.1 mm。花期 6—9 月。在我国各地广泛分布，主要分布于四川、江苏等地。

图 7-72 耧斗菜

图 7-73 藿香

9　叶子花 *Bougainvillea spectabilis* **Willd.**（图 7-74）

隶属紫茉莉科叶子花属，被子植物，木质藤状灌木。茎有弯刺。枝、叶密生柔毛；单叶互生，卵形全缘。花很细小，黄绿色，3 朵聚生于 3 片红苞中，外围的红苞片大而美丽，有鲜红色、橙黄色、紫红色、乳白色等，被误认为是花瓣，因其形状似叶，故称"叶子花"。花期可从 11 月起至翌年 6 月。叶子花喜温暖湿润、阳光充足的环境，不耐寒，我国除南方地区可露地栽培越冬，其他地区都需盆栽或温室栽培。土壤以排水良好的沙质壤土最为适宜。

10　紫罗兰 *Matthiola incana*（L.）**W. T. Ation.**（图 7-75）

隶属十字花科紫罗兰属，二年生或多年生草本。株高 60 cm，全株密被灰白色具柄的分枝柔毛。茎直立，多分枝，基部稍木质化。叶片长圆形至倒披针形或匙形。原产地中海沿岸。我国南部地区广泛栽培，欧洲名花之一。我国大城市中常有物种，可以栽于庭园或温室中，供观赏。此花与三色堇相似，易混淆。

图 7-74 叶子花

图 7-75 紫罗兰

11 薰衣草 *Lavandula angustifolia* Mill.（图 7-76）

隶属唇形科薰衣草属，半灌木或矮灌木。分枝，茎直立。叶条形或披针状条形。轮伞花序在枝顶聚集成间断或近连续的穗状花序；苞片菱状卵形；花冠长约为花萼的二倍，冠檐二唇形，上唇直伸，在喉部内被腺状毛。小坚果椭圆形，光滑。原产于地中海沿岸、欧洲各地及大洋洲列岛，其叶形花色优美典雅，蓝紫色花序颀长秀丽，是庭院中一种新的多年生耐寒花卉，适宜花径丛植或条植，也可盆栽观赏。

12 角堇 *Viola cornuta* Desf.（图 7-77）

隶属为堇菜科堇菜属，多年生草本植物。株高 10～30 cm，宽幅 20～30 cm。具根状茎。茎较短而直立，分枝能力强。花两性，两侧对称，花梗腋生，花瓣 5，花径 2.5～4.0 cm。花色丰富，花瓣有红、白、黄、紫、蓝等颜色，常有花斑，有时上瓣和下瓣呈不同颜色。果实为蒴果；果瓣舟状，有厚而硬的龙骨，蒴果。其耐寒性强，可耐轻度霜冻，长江流域及以南地区可露地越冬，原产于西班牙及西班牙与法国之间的比利牛斯山脉。世界多地有栽培。

图 7-76　薰衣草　　　　　　　　　　　　　图 7-77　角堇

13 三色堇 *Viola tricolor* L.（图 7-78）

隶属堇菜科堇菜属，二年或多年生草本植物。地上茎较粗，基生叶叶片长卵形或披针形，具长柄，茎生叶叶片卵形、长圆形或长圆披针形，先端圆或钝，边缘具稀疏的圆齿或钝锯齿。三色堇是欧洲常见的野花物种，也常栽培于公园中，是冰岛、波兰的国花。花朵通常每花有紫、白、黄三色，故名"三色堇"该物种较耐寒，喜凉爽，开花受光照影响较大。三色堇以露天栽种为宜，无论花坛、庭院、盆栽皆适合，但不适合室内种植。

14 金鱼草 *Antirrhinum majus* L.（图 7-79）

隶属玄参科金鱼草属，多年生草本植物。株高 20～70 cm，叶片长圆状披针形。

总状花序，花冠筒状唇形，基部膨大呈囊状，上唇直立，2 裂，下唇 3 裂，开展外曲。有白、淡红、深红、肉色、深黄、浅黄、黄橙色等。可盆栽，因其花色艳丽，非常适合观赏。原产于地中海地区，分布区域北至摩洛哥和葡萄牙，南至法国，东至土耳其和叙利亚。金鱼草因花状似金鱼而得名。同时，它也是一味中药，具有清热解毒、凉血消肿之功效。亦可榨油食用，营养健康。

图 7-78　三色堇　　　　　　　　　　　　图 7-79　金鱼草

15　郁金香 *Tulipa × gesneriana* L.（图 7-80）

隶属百合科郁金香属，草本植物。鳞茎偏圆锥形，直径 2～3 cm，花叶 3～5 枚，条状披针形至卵状披针状，花单朵顶生，大型而艳丽，花被片红色或杂有白色和黄色，有时为白色或黄色，长 5～7 cm，宽 2～4 cm，6 枚雄蕊等长，花丝无毛，无花柱，柱头增大呈鸡冠状，花期 4—5 月。郁金香世界各地均有种植，是荷兰、新西兰、伊朗、土耳其、土库曼斯坦等国的国花，被称为世界花后。

16　石竹 *Dianthus chinensis* L.（图 7-81）

隶属石竹科石竹属，多年生草本。株高 30～50 cm；疏丛生，直立，上部分枝。叶片线状披针形；花单生枝端或数花集成聚伞花序；苞片 4；花萼圆筒形，长 15～

图 7-80　郁金香　　　　　　　　　　　　图 7-81　石竹

25 mm，萼齿披针形；花瓣长 15～18 mm，瓣片倒卵状三角形，紫红色、粉红色、鲜红色或白色；顶缘不整齐齿裂，喉部有斑纹；雄蕊露出喉部外，花药蓝色；子房长圆形。蒴果圆筒形，包于宿存萼内，顶端 4 裂；种子黑色。花期 5—6 月。园林中可用于花坛、花境、花台或盆栽，也可用于岩石园和草坪边缘点缀。大面积成片栽植时可做景观地被材料，另外石竹有吸收二氧化硫和氯气的本领，凡有毒气的地方可以多种。

17　小丽花 *Dahlia pinnata* 'Nana'（图 7-82）

小丽花又叫小丽菊，隶属菊科大丽花属，多年生球根花卉。小丽花植株较矮，株高 20～60 cm，多分枝，头状花序，一个总花梗上可着生数朵花，是优良的地被植物，可布置花坛，也可以盆栽观赏。小丽花的花期很长，并且由于各个地区的气候环境条件不同，花期也不同，一般花开可以持续 4～5 个月，花期 5—10 月。如果养护的条件符合小丽花生长的需求，基本上可以四季有花。

18　秋英 *Cosmos bipinnatus* Cav.（图 7-83）

俗名大波斯菊、波斯菊，菊科秋英属，一年生或多年生草本。高 1～2 m；根纺锤状，多须根，或近茎基部有不定根。茎无毛或稍被柔毛。叶二次羽状深裂，裂片线形或丝状线形。头状花序单生，径 3～6 cm。总苞片外层披针形或线状披针形，近革质，淡绿色，具深紫色条纹。舌状花紫红色，粉红色或白色；舌片椭圆状倒卵形，长 2～3 cm，宽 1.2～1.8 cm，有 3～5 钝齿；管状花黄色，长 6～8 mm，管部短，上部圆柱形，有披针状裂片。瘦果黑紫色，无毛，上端具长喙，有 2～3 尖刺。花期 6—8 月，果期 9—10 月。我国栽培甚广，在路旁、田埂、溪岸常自生。原产于墨西哥，云南、四川西部有大面积种植，秋英喜温暖和阳光充足环境。耐寒、忌荫、忌高温、忌积水。

图 7-82　小丽花

图 7-83　秋英

19 芍药 *Paeonia lactiflora* Pall.（图 7-84）

别名别离草、花中丞相，隶属芍药科芍药属，多年生草本。块根由根颈下方生出，肉质，粗壮，呈纺锤形或长柱形，粗 0.6～3.5 cm。芍药花瓣呈倒卵形，花盘为浅杯状，花期 5—6 月，花一般着生于茎的顶端或近顶端叶腋处，原种花白色，花瓣5～13 枚。园艺品种花色丰富，有白、粉、红、紫、黄、绿、黑和复色等，花径 10～30 cm，花瓣可达上百枚。果实呈纺锤形，种子呈圆形、长圆形或尖圆形。芍药被人们誉为"花仙"和"花相"，且被列为"十大名花"之一，又被称为"五月花神"，因自古就作为爱情之花，现已被尊为七夕节的代表花卉。另外，"憨湘云醉眠芍药裀"是被誉为红楼梦中经典情景之一。

20 矮牵牛 *Petunia × atkinsiana* D.Don ex Loudon（图 7-85）

隶属茄科矮牵牛属，多年生草本。常做一、二年生栽培，高 20～45 cm；茎匍地生长，被有黏质柔毛；叶质柔软，卵形，全缘，互生，上部叶对生；花单生，呈漏斗状，重瓣花球形，花白、紫或各种红色，并镶有其他色边，非常美丽，花期 4 月至降霜；蒴果；种子细小。分布于南美洲，如今各国广为流行。

图 7-84 芍药　　　　图 7-85 矮牵牛

21 千瓣葵 *Helianthus decapetalus* L.（图 7-86）

隶属菊科向日葵属，一年生草本。株高 30～50 cm。根茎先端稍块状肥大，绿色，有时具根茎。叶卵形至卵状披针形，叶互生。头状花序多数，花径 10～12 cm。在茎顶呈伞房状，总苞半球形，总苞片线状披针形，舌状花亮黄色，管状花黄色，心部为两性的管状花，黄绿色，栽培种全变为舌状，瘦果、光滑。重瓣花金黄色；瘦果灰色或黑色。花期 7—9 月，果熟期 9—10 月。原产北美。我国栽培广泛，供观赏。

22 堆心菊 *Helenium autumnale* L.（图 7-87）

隶属菊科堆心菊属，多年生草本。高 1～2 m，叶枝近无毛。叶披针形或卵状披针形，基部下延，多有锯齿。头状花序径 3～5 cm，在枝顶排成伞房状；舌状花雌性，

3裂，黄色；管状花黄色，半球形。花期7—10月，果熟期9月。株形紧凑，花朵繁茂，色泽清新怡人，适合公园、庭院等路边、小径、草地边缘片植或丛植点缀，盆栽用于室内装饰。

图7-86　千瓣葵

图7-87　堆心菊

23　美女樱 *Glandularia × hybrida*（Groenland & Rümpler）G. L. Nesom & Pruski（图7-88）

隶属马鞭草科美女樱属，多年生草本植物。原产于南美洲。株高10～50 cm，全株有细茸毛，植株丛生而铺覆地面，茎四棱；叶对生，深绿色；穗状花序顶生，密集呈伞房状，花小而密集，花色有白、红、蓝、雪青、粉红、复色等，具芳香。花期为5—11月，性甚强健，可用作花坛、花境材料，也可做盆花成大面积栽植于适合盆栽观赏或布置花台花园林隙地、树坛中。

24　勋章菊 *Gazania rigens*（L.）Gaertn.（图7-89）

隶属菊科勋章菊属，多年生草本植物。株高20～40 cm。具根茎，叶由根际丛生，叶片披针形或倒卵状披针形，全缘或有浅羽裂。头状花序单生，具长总梗，花径7～12 cm，内含舌状花和管状花2种，舌状花单轮或1～3轮，花色丰富多彩，有白、

图7-88　美女樱

图7-89　勋章菊

黄、橙红色等，花瓣有光泽，部分具有条纹，花心处多有黑色、褐色或白色的眼斑；株型高矮不一，有丛生和蔓生 2 种；花期 4—5 月。其株形低矮，花朵大，颜色艳丽，花期长，为优良的观赏植物，也可点缀庭院，是园林中常见的盆栽花卉和花坛用花。

25 蜀葵 *Alcea rosea* L.（图 7-90）

隶属锦葵科蜀葵属，二年生或多年生直立草本。株高达 2 m。茎枝密被星状毛和刚毛。叶近圆心形，直径 6～16 cm，掌状 5～7 浅裂或波状棱角。花腋生，单生或近簇生，排列成总状花序式，具叶状苞片；萼钟状，直径 2～3 cm，5 齿裂，裂片卵状三角形，长 1.2～1.5 cm；花大，直径 6～10 cm，有红、紫、白、粉红、黄和黑紫色等，单瓣或重瓣，花瓣倒卵状三角形，长约 4 cm，先端凹缺。果盘状，分果片近圆形，多数。花期 2—8 月。我国各地广泛栽培供园林观赏用，特别适合种植在院落、路侧和用于场地布置花境。其根部也可药用。

26 费菜 *Phedimus aizoon*（L.）'t Hart（图 7-91）

隶属景天科费菜属，多年生草本。根状茎短，粗茎高达 50 cm，有 1～3 条茎。叶互生，狭披针形；叶坚实，近革质。聚伞花序有多花。萼片 5，线形，肉质；花瓣 5，黄色，长圆形，有短尖；雄蕊 10，较花瓣短；鳞片 5，近正方形，心皮 5，卵状长圆形，基部合生。蓇葖果，种子椭圆形。花期 6—7 月。其株丛茂密，枝翠叶绿，花色金黄，适应性强，适宜用于城市中一些立地条件较差的裸露地面做绿化覆盖。全草可入药。

图 7-90 蜀葵 · 图 7-91 费菜

27 萱草 *Hemerocallis fulva*（L.）L.（图 7-92）

隶属阿福花科萱草属，多年生宿根草本。株高可达 1 m 以上；根近肉质，中下部有纺锤状膨大；叶一般较宽。叶基生成丛，条状披针形；圆锥花序顶生，有花 6～12 朵；花早开晚谢，无香味，橘红色至橘黄色，花长 7～12 cm；花被基部粗短漏斗状，花被 6 片，两轮排列，各 3 片，开展，向外反卷；雄蕊 6 枚，花丝长，着生于花被喉部；子房上位，纺锤形，花柱细长；蒴果嫩绿色，背裂，种子亮黑色；花果期5—7月。其花色艳丽，花姿优美，可供观赏；可在花坛、花境、路边、疏林、草坡或岩石园中丛植、行植或片植。亦可做切花。花蕾可食用，为我国的传统蔬菜之一。其根、叶亦可入药。

28 水仙 *Narcissus tazetta* subsp. *chinensis*（M.Roem.）Masamura & Yanagih.（图7-93）

隶属石蒜科水仙属，多年生草本植物。水仙的叶由鳞茎顶端绿白色筒状鞘中抽出，花茎再由叶片中抽出。鳞茎卵球形。叶宽线形，扁平，长20～40 cm，宽8～15 mm，全缘，粉绿色。伞形花序有花4～8朵；佛焰苞状总苞膜质；花被管细，顶端具短尖头，扩展，白色，芳香；副花冠浅杯状，淡黄色，不皱缩；雄蕊6，着生于花被管内；子房3室。蒴果。花期春季。水仙花独具天然丽质，芬芳清新，素洁幽雅，超凡脱俗，常于室内清水栽培。其鳞茎多液汁，有毒，可药用，外科用作镇痛剂。

图7-92 萱草 图7-93 水仙

29 玉簪 *Hosta plantaginea*（Lam.）Asch.（图7-94）

隶属天门冬科玉簪属。根状茎粗厚。叶卵状心形。花葶高40～80 cm，具几朵至十几朵花；花的外苞片卵形或披针形，长2.5～7.0 cm，宽1.0～1.5 cm；花单生或2～3朵簇生，长10～13 cm，白色；雄蕊基部15～20 mm贴生于花被管上。蒴果圆柱状，有三棱。花果期8—10月。各地常见栽培，供观赏。玉簪叶娇莹，花苞似簪，色白如玉，清香宜人，是我国古典庭院中重要花卉之一。多配植于林下草地、岩石园或建筑物背面。全草供药用。

30 长药八宝 *Hylotelephium spectabile*（Boreau）H. Ohba（图7-95）

隶属景天科八宝属多年生草本。茎高30～70 cm。叶对生，或3叶轮生，卵形至宽卵形。花序大型，伞房状，顶生；花密生，萼片5，渐尖；花瓣5，淡紫红色至紫红色，长4～5 mm，雄蕊10，花药紫色；鳞片5，长方形，先端有微缺；心皮5。蓇蒴果直立。花期8—9月，果期9—10月。其叶色碧绿，花色鲜艳，是良好的观叶、观花地被植物，可用于布置花坛、花境和点缀草坪。亦可入药。

图 7-94 玉簪

图 7-95 长药八宝

 任务 **筹划**

• **内容筹划**

为给定区域进行多年生草本植物配置，完成规划设计平面图和植物配置图及立面图和效果图。

• **流程筹划**

（1）调查给定区域周边环境及功能需求。

（2）查阅本地常用的多年生草本花卉的类型。

（3）绘制规划设计平面图。

（4）植物配置图、立面图和效果图。

• **方法筹划**

资料查阅：查阅当地文献、植物志。

现场调研：在现场调查场地的地形、文化、急需解决的问题等。

任务 **实施**

步骤一：利用图片、课件及视频资料，掌握青藏高原常见的多年生草本花卉的类型。

步骤二：现场调查当地应用的多年生草本花卉的类型，并形成调查报告。

步骤三：根据调查结果，为给定区域进行多年生草本花卉的配置，并完成相应的规划设计图，植物配置图、立面图和效果图。

步骤四：任务总结。

任务 **检测**

请扫描二维码答题。

项目七任务四 　　项目七任务四
任务检测一 　　任务检测二

 任务 **评价**

班级：_____ 组别：_____ 姓名：_____

项目	评分标准	分值	自我评价	小组评价	教师评价
知识技能	能完成现场调查报告	10			
	能查阅文献资料	10			
	能筛选出适合本地的植物类型	10			
	能识别本地常见多年生草花	10			
	能绘制植物配置图	10			
	能绘制效果图	10			
任务质量	整体效果很好为15~20分，较好为12~14分，一般为8~11分，较差为0~7分	20			
素养表现	学习态度端正，观察认真、爱护仪器，耐心细致	10			
思政表现	树立正确的生态环保意识，保护环境。	10			
合计		100			

自我评价与总结	
教师点评	

参考文献

曹春英，2001. 花卉栽培 [M]. 2 版. 北京：中国农业出版社.

崔大方，2010. 植物分类学 [M]. 3 版. 北京：中国农业出版社.

何国生，黄梓良，2016. 园林树木学 [M]. 2 版. 北京：机械工业出版社.

胡宝忠，胡国宣，2022. 植物学 [M]. 北京：中国农业出版社.

胡宝忠，刘果厚，2018. 植物分类学实验实习指导 [M]. 北京：中国农业出版社.

青海木本植物志编委会，1986. 青海木本植物志 [M]. 西宁：青海人民出版社.

任宪威，1995. 树木学 [M]. 北京：中国林业出版社.

沈建忠，范超峰，2018. 植物与植物生理 [M]. 北京：中国农业大学出版社.

肖培根，连文琰，1999. 中药植物原色图鉴 [M]. 北京：中国农业出版社.

张椿芳，陈际伸，2018. 花卉设施栽培技术 [M]. 北京：机械工业出版社.

张亚龙，陈瑞修，2015. 作物栽培技术 [M]. 北京：中国农业大学出版社.

中国科学院西北高原生物研究所，1987. 青海经济植物志 [M]. 西宁：青海人民出版社.

中国科学院西北高原生物研究所，1999. 青海植物志 [M]. 西宁：青海人民出版社.

中国科学院植物研究所，2009. 植物智 [EB/OL].[2024-02-03]. http://www.iplant.cn/frps.

朱建玲，2021. 园林植物及造景技术 [M]. 北京：中国农业出版社.